广西马克思主义理论研究和建设工程基地
研究项目(2010 年)

高校社科文库
University Social Science Series

教育部高等学校
社会科学发展研究中心

汇集高校哲学社会科学优秀原创学术成果

搭建高校哲学社会科学学术著作出版平台

探索高校哲学社会科学专著出版的新模式

扩大高校哲学社会科学科研成果的影响力

资源创造论：
新时代的资源哲学

The Theory of Resources Creation:
Resources Philosophy in New Era

肖安宝/著

光明日报出版社

图书在版编目（CIP）数据

资源创造论：新时代的资源哲学 / 肖安宝著．
－－北京：光明日报出版社，2011.4（2024.6 重印）
（高校社科文库）
ISBN 978－7－5112－1040－1

Ⅰ.①资… Ⅱ.①肖… Ⅲ.①资源科学 Ⅳ.①F062.1

中国版本图书馆 CIP 数据核字（2011）第 043077 号

资源创造论：新时代的资源哲学
ZIYUAN CHUANGZAOLUN：XINSHIDAI DE ZIYUAN ZHEXUE

著　　者：肖安宝	
责任编辑：刘书永　邓茗文	责任校对：赖先进　张天桑
封面设计：小宝工作室	责任印制：曹　净

出版发行：光明日报出版社

地　　址：北京市西城区永安路 106 号，100050

电　　话：010-63169890（咨询），010-63131930（邮购）

传　　真：010-63131930

网　　址：http：//book.gmw.cn

E－mail：gmrbcbs@gmw.cn

法律顾问：北京市兰台律师事务所龚柳方律师

印　　刷：三河市华东印刷有限公司

装　　订：三河市华东印刷有限公司

本书如有破损、缺页、装订错误，请与本社联系调换，电话：010-63131930

开　　本：165mm×230mm

字　　数：288 千字　　　　　　　印　　张：16

版　　次：2011 年 4 月第 1 版　　印　　次：2024 年 6 月第 2 次印刷

书　　号：ISBN 978－7－5112－1040－1－01

定　　价：69.00 元

序 言

资源哲学：一个关乎人类前途的研究领域

——写在《资源创造论：新时代的资源哲学》出版之际

真正的哲学是时代精华的精华，它所关注与研究的问题是时代关乎人类命运的根本性问题，而哲学家们提出的理论则是对这些根本问题的应答。黑格尔关心的是以法国大革命为代表的资产阶级革命所蕴含的历史逻辑；马克思投入其毕生精力所关注的是资本所塑造的社会结构及其历史命运；而海德格尔所关怀的则是现代科技理性主导下的人类生存方式。时代发展到了今天，人类社会进入了复杂性社会，或者如法国哲学家利奥塔所说，进入了"宏大叙事"遭遇解构的"碎片化"时代，社会发展所遇到的重重矛盾在其现实进程中，裂变为相互纠缠的无数层面的无数复杂问题。在这样的时代，人类很难用大一统的方法来寻找整个人类社会面临的统一的问题，寻找到那些能够用"口号"来概括的处理一切问题的简单的通用良方，如"阶级斗争"、"革命"、"解放"等等。我们时代的哲学需要对各个层面的问题进行深刻的哲理剖析，以寻找问题的症结，从而为各门相关的具体学科打开思路。"资源哲学"便是这样的哲学。而肖安宝博士《资源创造论：新时代的资源哲学》是我国学界对这一哲学研究领域的具有创新性意义的探索。

"资源"一词本来是经济学的基础性概念，人类经济活动面临的基本问题之一便是人类追求的财富利益与其所支配的资源之间的矛盾。在当代，随着生产力的巨大发展，对资源的需要与利用呈指数性增长态势，能源危机、土地危机、生物多样性危机，人类生存环境危机等等，正长期地威胁着人类的生存与发展。而资源的分配方式也正在引起国际政治经济局势的激烈冲撞，同时也引发各国、国内各个地区、各个阶层之间的矛盾冲突。因此，资源问题已经日益走出其经济学领域，它正通过各种途径，进入到人类社会生活的各个层面——从老百姓的日常生活直至各国政治与世界政治，乃至人类的发展道路。因此，资源问题已经不再是单纯的经济学问题，而成为社会科学各门学科的共同研究话题。哲学作为从本质层次研究人类实践面临的根本的问题的科学，对这一问题进行本质层次的研究，将责无旁贷。因此，突破经济学的视野，从根本的哲学层面上研究资源问题，乃是时代的呼唤。本书正是应时代呼唤而刚刚出生的一个婴儿。

作为对如此复杂的资源哲学的一部初步探索之作，作为"资源哲学"的一个刚刚出生的婴儿，我们需要看到的，不是它的成熟，而是看到它的旺盛的生命力，它的高成长性。我们欣喜地看到，它突破了现代西方经济学的狭隘眼界，这部刚刚诞生的关于资源哲学的研究，已经取得了富有生命力的哲学观念：

——首先，它提出了"资源的创造"的哲学观念。在西方经济学中，资源只是被作为一种既定的恒量来对待的，社会经济的最高目标只是对既定资源的优化配置，实现"帕累托最优"状态。而实现这一优化配置目标的基本途径，则是对既有资源的交换，也即改变资源的所有者及其使用方式。而本书作者以马克思主义的"实践生成论"的基本观念作为透视资源问题的切入点，提出了"资源创造"的观念。那种只是使用与消耗资源，而不能创造资源的社会经济体系，是注定要自取灭亡的经济体系。现代人类面临的极其重要的任务，是改变生产方式，一方面要建立起资源节约型经济，另一方面，更要建立资源创造型经济，后者才是人类未来的真正希望所在，也是中国的真正希望所在。

——其次，它突破了在既定社会关系格局下分配资源的观念，提出了从资本、政治、文化三个方面的改革入手来建立资源创造型经济体系。西方经济学只是在现有初始分配格局下，通过人们之间的资源交换，从而实现"帕累托最优"，这种最优是：在提高任何成员的福利水平的同时，不能造成任何其他社会成员的损害。按照这种观念，任何两极分化的社会也不能进行个人收入的累进税收政策，因为这样做在增加贫困阶层的利益的同时，损害了富翁们的利益，而各个不同个人的利益是无法相互比较的，因为它们属于不同的个体，我们不能说富人因此受到损害的利益小于贫困者由此得到的利益。因此，这种所谓"帕累托最优"是维护社会分配现状而不能加以实质性改变（除了自愿的交换之外）的学说。如果人类社会限定在这个理论的框架内，现在这种由富人与富国追逐资本而大量消耗资源，穷人与穷国在巨大生存压力下无法保护资源与创造资源的状态将维持下去，当代建立在大量消耗资源基础上的经济模式将无法改变，由争夺资源所产生的社会矛盾将永无休止，人类必将陷入万劫不复的不归之路。本书作者用马克思主义的哲学观念突破了这种西方经济学的藩篱，通过分析资本、政治、文化三个方面在资源创造上的错综复杂的辩证关系，探索如何建立资源创造型经济体系之路。

——其三，它突破了直线式的现行生产方式，探索了如此建立循环型经济的道路。现代生产系统的最根本的弊端，在于它是一个直线消耗型生产系统：从消耗资源开始，经过生产，直至消费而结束，生产过程与消费过程是单纯的自然资源消耗过程，在这个过程中自然资源转化成废物而排放到自然界之中。因此，这种直线式生产方式也就是把自然资源"废化"的生产方式，社会生产系统由此成为不断将自然界垃圾化与荒漠化的破坏系统，而这个破坏型系统的驱动力来源于资本。将这种"自然破坏系统"转变为"资源创造型系统"乃是当代人类必须完成的历史任务。作者指出完成这个历史任务的道路不是简单地消灭资本，而是以资源价值链为主线，在当代实践的基础上，研究如何通过政治、文化与市场力量，从而从根本上改变资本的功能，将资本追求增殖的动力转化为促进资源创造的力量。这的确是一条遵循客观经济运行规律来克服当代经济体系自身弊端的道路。

总之，围绕当代社会面临的资源问题，以马克思的实践生成论哲学观念作为思想主线，分析资源使用与创造过程所涉及的社会关系结构，进行资源哲学的研究，将是当代一个值得社会高度关注的研究领域，因为它探索的问题是当代人类实践面临的头等重要的问题，而它所关切的领域贯穿于人类社会关系的方方面面，为其他具体学科所无法替代。本书的出版掀开了这个深刻而复杂的研究领域的冰山一角。它像是一个呱呱坠地的婴儿期待着人们的关注，希望更多的哲学同仁关注这项研究，使哲学服务于我们的伟大时代。

鲁品越

2011 年 3 月 1 日于上海财经大学

CONTENTS 目 录

第一篇
资源观念的时代转换

前所未有的资源危机威胁人类生存与发展。人类不仅需要从经济学层面上技术地解决具体问题，而且更需要从哲学角度进行深层思考，从根本上寻找出路。

资源概念十分复杂。广义上讲，泛指一切对人们有用的事物；狭义指那些能够用以生产出满足人们需要的产品的客观事物，其中最主要的是生产要素。本文主要取后一含义。资源在主体物质生产实践活动中生成：客观的物质世界都是潜在的资源，当人们在生产实践中发现它能够进入生产系统产生满足自己需要的产品时，这些潜在资源就转化成现实资源。作为主体与客观世界能量交换及求新活动的资源创造，在内涵上是主体本质力量对象化和对象主体化，而外在表现为资源的新内容或新形式、新结构或新功能的生成。其实质是主体、主体活动、主体活动结果的一致性。所以，资源是客体性和主体性的统一，实践的发展过程也就是资源的创造过程。

资源可分为物质资源（自然资源和人工资源）与人类自身资源（劳动力资源、组织资源、社会资源和知识资源），前者有自身的演化进程，后者受历史条件的制约但具有可更新性和增殖性。而这两类资源都有公共性资源与非公共性资源之分。在人类社会的游牧时代、农业时代和工业化的初期，物质资源中的非公共性部分以及劳动力资源处于相对主导地位。在社会化大生产阶段，物质资源中的公共性部分与人类自身资源尤其是知识资源重要性凸现——知识加速了资源的创造，使循环经济成为可能，进而为社会可持续发展创造了前提条件。

第一章

导　言

　　资源是人类生存的根基，人通过资源的获得来满足需求而表现为自身的存在。然而，在经济社会高度发达的今天，人们因资源而起的困惑越来越多：物质的丰裕和精神的贫乏、科技的双刃剑、资源的充裕与枯竭、生活水平的提高与生态环境的恶化等。这些问题推动着人类对自身配置与开发资源的行为进行反思——资源哲学应运而生。

第一节　当代的资源危机

　　在人类出现以来的绝大部分时间里，地球上的物质资源看起来是取之不尽、用之不竭的。然而自资本扩张以来，人类在改造自然、获取资源能力增强的同时，也产生了威胁人类未来的资源危机。换言之，人类不仅苦于经济的不发展，也苦于经济的发展。

一、资源危机的表现

　　资源概念十分复杂，本文指那些能够用以生产出满足人们需要的产品的客观事物，其中最主要的是生产要素——物的属性和人的属性。从物方面看，它构成人类生存的前提；而人，不仅创造资源（自身就是资源），也消耗资源。当代实践表明，因资源而起的问题——如生态问题、"荷兰病"与"拉美陷阱"等深深地影响着人类的生存与发展。

　　（一）生态问题

　　引起人类全球话题的不是贫富悬殊、两极分化，而是生态问题。可持续问题的源头也在生态问题①。

---

　　①　发达国家提出可持续问题的初衷不是解决两极分化，而是自身的自然资源来源问题。

人类拥有共同的大气循环系统、共同的生物圈——共同的生存空间。然而，由于种种原因，生态问题更多地出现在发展中国家。经济的增长离不开物质资源的投入，而物质资源又是生态系统的组成部分。从生态系统中获取物质资源，从两端影响该系统：一是拿走，二是放回。但无论哪一端，在适度的范围内，系统自身的调适功能能使系统自我修复和维持。一旦超过这限度，生态系统不仅丧失该功能，而且会加速系统的恶化直至崩溃。具体而言，从生态系统中攫取过多的物质资源，不仅使某些资源短缺、枯竭，而且系统因这些资源不存在而有可能丧失许多其他功能，出现短板效应；取出来的这些资源经过循环以后，最终以废弃物的形式回到系统中，系统如果净化不了或无力净化，也会造成系统的功能弱化或消失。也就是说，生态不仅不是免费品，而且其价格无法得到确切的衡量——严重的环境污染和生态恶化会吞掉全社会创造、积累的一大部分财富，甚至将社会送回更贫穷的时期。

　　以我国采煤为例，山西累计开采煤碳 80 亿吨，消耗资源量却达 200 多亿吨。每开采 1 吨煤约损耗与煤共生、伴生的矿产资源 8 吨，每年因采煤排放的煤气约 60 亿立方米，相当于西气东输一期工程气量的一半，每挖一吨煤损耗 2.48 吨水资源，至今破坏水资源面积已达 2 万平方公里[1]。还例如，全国固体废物堆存量累积已近 80 亿吨，占用和损毁土地 200 万亩以上，对土壤和水体造成了严重污染[2]。2004 年全国因环境污染造成的经济损失为 5118.2 亿元，占 GDP 的 3.05%。如果将 2004 年排放到环境中的污染物在目前的治理技术水平下全部除去，需要一次性直接投资约为 10792 亿元，占当年 GDP 的比例约为 6.7%[3]。由于部门局限和技术限制，此核算只是环境污染损失（即实际生态成本的一部分），没有包含自然资源耗减成本和环境退化成本中的生态破坏成本——体现为一种长期破坏，这样的"隐性损毁"，可能是目前能够看到的"显性损毁"的数倍以至更多。

　　生态危机表面上是资源短缺和生态恶化，深层则是人们由资源而生成的权力关系，使资源的配置出现使用价值与价值背离产生的社会不公而造成的，即一部分人应为所得利益担负的成本和责任却让生态和他人支付和偿还。

---

① 《文汇报》，2007 年 4 月 16 日，第 9 版。

② 田雅婷：《探索资源型城市的可持续发展之路》，《光明日报》，2007 年 6 月 11 日。

③ 李斌：《经济发展透支环境资源　全国 70% 江河受到污染》，《观察与思考》，2006 年第 18 期。

（二）"荷兰病"现象

"荷兰病"即"资源诅咒"，指的是在自然资源丰富的国家，物质资源产业在繁荣时期的膨胀往往以牺牲其他行业发展为代价——高素质的劳动力和资本被吸走而带来的经济发展困境。在经济发展过程中，投资者总是在物质资源价格上升时投入资金，而在其价格暴跌时撤回资金，由此带来在繁荣时期获得的收益大都被紧接下来的经济衰退所抵消。随着国际市场上资源性产品流动性的不断增强，提供廉价初级产品的资源生产国所获得的收入很容易产生被动，经济难以稳定、持续的高速增长。

实际上在一国，繁荣部门往往是处在因实际汇率上升以及不同类型产品比价变化造成要素成本上升与产业竞争力下降的压力之下的资源消耗型的部门，如果政府非常自负，认为自然资源是最重要的资产，拥有它意味着拥有安全，且对其收入的高度依赖，不去寻求好的经济政策，往往会扭曲制度和政治家的动机和行为。如，一些政府官员就会利用手中的权力牟取私利，侵吞公共资产；市场主体注意到寻租所获得的利益大于努力工作所获得的利益，就利用相关制度不完善且执行不力等因素，不仅将主要精力放在寻租上，而且也会使经济体失去外部经济的正效应以及制造业规模效应，最终导致整个社会的生产效率下降；其他的绝大多数社会成员由于是弱小而分散的，很少能够确立一个共同分享的统一目标，于是收入下降，甚至陷入贫困的境地。

"荷兰病"意味着，自然资源对人类自身资源产生了挤出效应，许多人被锁定在劳动技能要求较低的自然资源密集型产业。这致使一部分人不愿通过努力来提高自己或者下一代的教育水平和生存能力，或者因人力资本的投入无法得到额外的收入补偿，大量具有高知识水平和技能的劳动力不断流出，知识创新缺乏机会。这样，要维持高生活水平，必然加剧对自然资源的损耗，也伴随着对自然资源的争夺引发的社会冲突。这又可能降低整个社会的福利水平，最终导致经济社会发展的不可持续。

（三）"拉美陷阱"[①]的存在

"拉美陷阱"是指拉丁美洲一些国家在引进西方的科技和一整套现成的制度模式之后曾经出现"拉美奇迹"，但好景不长，由于其背后没有支撑起这些制度的伦理文化力量，为取得短期的成功后付出沉重代价的历史现象。

---

① 注：20世纪六七十年代，拉美等国家经济高速增长，创造了被人们普遍赞誉的"拉美奇迹"。然而，进入80年代出现了持续的衰退，影响经济社会持续增长的一种现象，也就是所谓"拉美陷阱"。

"拉美陷阱"出现有其必然因素。拉美国家遵循着"先增长后分配"的指导思想，他们在税收结构上以间接税为基础，财产税所占的比重十分有限，他们财政收入主要来自占人口大多数的劳动群众，而非来自富人阶层，造成了收入分配不公。由于收入分配两极分化严重，整个社会消费也出现了畸形现象，社会主导的消费产业成了豪华游艇、别墅等奢侈产业。这些产业由于消费者数量很少，对整个经济的带动能力也就十分有限，导致社会出现"有增长无发展"。如果经济增长不能推动社会进步，不能为更多的劳动者改善生活境况，这个经济增长只能是昙花一现。因为它忽视了经济持续增长的关键性因素——劳动者——劳动者的积极性和创造性的发挥。归根到底，推动社会发展的各种资源要素没有得到有效组合，使得绝大多数劳动者不能适得其位，还承担社会发展的成本，进而使其他资源也失效。

二、资源危机的实质

事实上，自然资源及其相关的问题不仅影响人类美好的未来而且直接关涉到其生存：其一，按照目前的消费速度，在可预见的将来，自然资源将会枯竭或功能衰退。虽然绿色 GDP 的提出是对传统 GDP 神话的扬弃，能更为真实地衡量经济发展成果，可为综合环境与经济决策提供参考依据。但无论如何，自然资源的总量是有限的，人类无论怎样对其存量节约，以最少量的代价获得最大化的产出，也都不足以满足人类的可持续性。其二，伴随着富足的贫困。在一些发展中国家，贫富悬殊在增大；在国际间，发达国家与发展中国家差距在进一步拉大。如果说前者由于人自身的原因导致与自然的紧张关系会使人类过早的灭亡，后者则是由于人与人的关系的恶化带来了人类自身的灾难。

产生这一危机的根源是，人们现有的生活方式和价值观念——活的比别人好，或纯粹主客二分的外在表现。康德认为，"我们全部的认识能力有两个领域，即自然概念的和自由概念，因为它是通过这两者提供先验法则的。哲学现在也顺应这个分类而区分为理论的和实践的两个部分"[1]。理论只达于现象界，现象界背后的物自体是无法认识的；而自由则只达于物自体，却不能使它直观地表达出来。因此，主体与客体是无法沟通的，意志自由不受自然动因的规定。这样，主体虽然是主动、积极、原初、具有决定作用，但否定了客体；或者说，客体是主体的唯一的基础、原因、依据、决定的东西，主体的作用就被

---

[1] 康德：《判断力批判》上卷，宗白华译，商务印书馆，1987 年，第 10 页。

忽视。费希特的主客在自我中统一、黑格尔的"绝对精神"论，也都打上形而上学的烙印。

在主客对立的关系下，人是一个客体世界中的主体，一个臣仆世界中的君主。我们站在自然的对立面思考，确信我们的使命是统治、控制、征服自然，只存在自然客体对人类主体需求的满足，不存在主体对客体的尊重与保护：人们只注重科技的效用，把周围自然界当作科技生产的原料，利用科学技术千方百计加以开发利用，一味向自然索取，无穷追逐。可科学技术发展的本质——尽可能地使人用最简单的行为去取得最大的能量——以最低的能量输出获得最大的价值，更加有利于人的发展，才是有效的经济原则。

主客对立必然割裂人的双重性——既是主体又是客体。把自己看成主体，把他人看作客体。虽然所有的人都属于同一个种——智人，但这个本性上的共同点不断被那些不承认异族人与自己有相似性的人加以否定，或者他们自认为独占了人的全部品性。这在实际生活中表现为，劳动变成了一部分人用来剥削另一部分人的手段。非劳动者统治了劳动者，主导了劳动过程，并占有了劳动成果；而劳动者的劳动变成了仅仅维持基本生存需要的简单手段，这种劳动对于他来说是被动的、被强制的。由此，主体间也变成了在利益上根本对立、彼此对抗的关系。

实际上，人们的最终要求，不是物质财富的富足，而是幸福。对于幸福而言，物质财富是条件，是存在的基础，而不是全部。幸福中最主要的成分是自由，而自由意味着两个解放：一是从外在控制下包括各种自然控制和社会控制得到解放，二是从情欲内在的束缚下得到解放。对于已经从外在控制下得到一定程度解放的人来说，对内在自由往往比对外在自由有更深刻的理解、体验和享受。然而，"人们愈外在地获得自由，就愈内在地失去自由——在获得自由中失去自由。在这一过程中，人已经变成了一位超人……他具有超人的力量，但却没有相应的超人的理性。超人随其力量的不断增强，日益成为一个灵魂空虚的人"[1]。由于外在自由与内在自由之间的悖论，导致"痛苦指数"与"幸福指数"同步增长——基于"利益驱动"的后果是经济增长既引向文明又引向恶，从而陷入发展的悖论当中。社会发展需要与和平、人权、民主管理以及文化等诸多因素相联系，"发展是文化和物质的发展，这种发展是比买卖更为

---

① 埃里希·弗罗姆：《占有还是生存》，关山译，三联书店，1988年，第4页。

重要的问题"①。

就我国当下看，我国城乡居民逐步由以吃饱为标志的温饱型生活，向以享受和发展为标志的小康型生活转变，消费需求进一步多样化和丰富化。需要注意的是，消费水平的略微提高，个人资源消耗量和生活中污染量的略微增加，如果乘以13亿人口，都将是一个天文数字。"当一个社会认识到它不可能为每个人把每样东西都增加到最大限度时，它就必须开始作出选择。是否应该有更多的人或者有更多的财富？更多的荒地或者更多的汽车？给穷人更多的粮食，或给富人更多的服务？对这些问题确需社会的回答，并把那些回答转化为政策，这是政治过程的本质。然而，在任何社会里甚至很少人认识到，每天都要做这样的选择，更少有人问他们自己，他们自己的选择是什么？均衡的社会将不仅考虑现在的人类价值，也考虑未来的人类价值，并对由有限的地球造成的不能同时兼顾的因素，作出权衡。要做这件事，社会就需要有比现有方法更好的方法，借以阐明实际上适用的可供选择的方案，确立社会目标，并得到同这些目标最一致的可供选择的方案。"②

这就要从根本上解决资源问题，不单单从技术层面上提高资源的利用效率和创造更多的新资源，而且也要调整人与人之间既有的关系，使资源在最需要的人手中，维护人的生存权和发展权。"分配财富的目的与生产财富的目的一样，就是借此尽可能地给那个生产财富的社会以最大量幸福，给以最大量的感官的或道德上的或者知识上的快乐"，"和社会攸关的，主要是财富的使用和分配问题，而不是财富的多寡"③。这需要彰显人类的生存智慧——共生共荣。

第二节　文献综述

虽然国内外还没有系统研究资源危机的哲学专著，但有关资源危机产生的根源以及解决资源危机的出路等一些精辟观点散见于各类著作中。综合起来，可分为以下几种：

第一，科学技术的快速发展导致经济增长过快，使生态系统难以自我调

---

① 弗朗索瓦·佩鲁：《新发展观》，张宁、丰子义译，华夏出版社，1987年，第122页。

② 丹尼斯·米都斯：《增长的极限——罗马俱乐部关于人类困境的研究报告》，李宝恒译，四川人民出版社，1984年，第210～211页。

③ 威廉·汤普逊：《最能促进人类幸福的财富分配原理的研究》，何慕李译，商务印书馆，1997年，第15、20页。

节。1972 年，以米都斯为首的一群科学家向全世界提出了第一个关于人类生存危机的报告——《增长的极限》。该报告认为以制造业为核心的人类社会的经济增长已达极限，导致越演越烈的五大危机：人口爆炸、资源枯竭、淡水与粮食危机、环境污染以及穷国与富国之间差距日益扩大带来的经济政治危机。美国生物学家巴里·康芒纳在《封闭的循环——自然、人和技术》一书中认为，以技术进步来推动经济增长的模式是环境危机的最主要的原因：通过一件件污染物说明，战后技术的变迁，不仅具有很多预示意义的国民生产总值上的增长，而且还有一个在比率上高于国民生产总值 10 倍的环境污染水平的上升。环境学家们也普遍认为，环境问题的实质在于人类经济增长索取资源的速度超过了资源本身及其替代品的再生速度和向环境排放废弃物的数量超过了环境的自净能力。

据此，提出两种不同的解决路径。一种，摒弃现代科技，回归小生产阶段。

即使科技进步和经济发展给人类带来福利与希望，但收入的增长会导致对一切事物需求的膨胀。首先，科技与经济发展只是人类谋生与发展的手段而非目的。科技越进步必然要生产越来越多的新产品来满足富裕消费者的欲望，这本身意味着对环境的更大压力。虽然每单位产出的污染可能减少，但总的污染仍可能上升。这些污染物没有被真正毁掉，只是转化为其他物质——组成它们的原子被重新排列，并以稀释的形式在空气、土壤和水中消散。由于生态系统能吸收人类排放出来的废物，并重新处理成对其他生命形式有用或至少是无害的物质是有一定限度的。一旦当这些废弃物太多，天然的吸收机制饱和，便对人类造成危害。即使环境恶化是可逆的，但推迟支付污染治理费用以增加资本来实现目前的增长率，代价是高昂的。假定所有其他要素不变，那么经济增长，不可避免的是一个熵增过程，这一过程是通过已有资源的损耗耗来增加需要的满足，结果只能是废物的总量增加。环境污染直接损害经济的生产能力——不是通过损害生产的投入就是损害劳动者的健康。

就生产模式的改变而导致的污染减少而言，它不是由技术或经济成本决定的，而是人们的选择和社会常规所决定的。虽然以娱乐和文化活动来替代高污染密集型的物质产品是可能的，但这种替代并不能一直进行下去。通过进口别国污染密集型的产业所生产的产品，发达国家能够使他们的表面环境记录看起来比实际情况要干净一些，但如果人们把有关产品对资源的使用及其环境污染归结到最后消费国的头上，情况并非如此。简言之，科学技术的使用潜藏着巨大的不确定性风险。正如美国人文主义物理学家卡普拉认为："有一点可以肯定，这就是科学技术严重地打乱了，甚至可以说，正在毁灭我们赖以存在的生态系统"①。

退一步讲，即使科学技术能够解决生态问题，但维持社会所有生理活动和工业活动所需要的物质必需品，如粮食、原料、矿物、燃料和核燃料，以及地球吸收废料、并使基本化学物质再循环的生态系统，只是必要条件而非充分条件。社会必要因素构成——地球的物质系统能支持大得多的经济和人口，除受可持续经济注重资源流通率，参与生产的所有因素，如自然资源、资本和劳动力等最终来自地球的生产能力制约外，更取决于和平和社会稳定，教育和就业，以及稳定的技术进步等因素。换言之，科学技术只能承担部分而不是较为完整意义上的对人类现状和未来的考虑。科学技术在下列方面是无能为力的：在各种社会组织之间明智地选择和系统思考来计划我们的共同事务，社会强制力量的行使者创造条件——充分地发挥每个人的知识和创造力——使他们能成功地做出计划，进而根据构造的蓝图对人们的一切活动加以集中的管理和组织，以便合理地利用资源。诺贝尔经济学奖获得者哈耶克指出，科学技术"不能够创造新的伦理价值标准，无论多大的学问，也不会使人们对有意识地调整一切社会关系所引起的道德问题，持相同意见"②。

鉴于上述理由，罗马俱乐部提出了"零增长方案"，生态后现代主义者提出"稳态经济"理论——使人口和人工产品的总量保持恒定的经济，以此来维护生态平衡和人类社会的可持续发展。

另一种，利用科技本身解决资源问题。科学技术导致了资源危机的产生，解决资源危机也依靠科学技术。科学技术的发展能够通过资源配置（生产问题和生产的商品如何分配等）来解决资源危机。

通过科学技术研究，开发潜在资源，或对现有资源进行循环利用。具体地讲，科技的发展能够找出资源新的利用途径，能够更经济地利用那些现在看来还是无用的东西。如采用先进技术使人类发现新的矿藏或更有效的开采技术利用其他难得到的原料，甚至使低品位的矿山甚至普通的岩石，投入生产；利用技术的发展可更有效地重复利用可耗尽的矿藏资源，使废料资源化。人类还能

---

① 卡普拉：《转折点：科学·社会·兴起中的新文化》，冯禹等译，中国人民大学出版社，1989年，第16页。

② F·A·哈耶克：《通往奴役之路》，王明毅等译，社会科学出版社，1997年，第110页。

掌握着巨大的无生命的能源，并利用较少的海洋、空气、空间技术做很多事情，如利用太阳能和地磁力。更为重要的是，人类最大的资源是其自身。通过提高劳动者的素质，改善经营管理等，来提高劳动生产率。例如，全球劳动者若能充分利用现代科学技术，就可以把世界上的饥饿赶走。

还有，随着人们生活水平提高与改善，人们的需求多样化，不再集中于物质领域。这样，工业的份额会下降，而服务业的份额会上升；就是在工业中，重污染的制造业的份额在下降，人们愿意发展较轻的高技术制造业。同时，人们不仅能很好地表达自己的愿望，反对使他们的福利遭受损害，而且会调整生产过程和消费习惯。富裕的人们能承担得起花在环境上的费用，也有环境保护的技术手段以及社会、法律和财政的基础设施。

况且，科学技术在相关经济理论的指导下，似乎越来越有助于推动资源问题的解决。西蒙·库兹涅茨认为经济增长不可能为自然资源的缺乏所阻碍，生态环境问题是外部性问题，是市场机制的故障。因而，将环境、自然资源纳入经济学研究范畴，生态问题将迎刃而解。起源于20世纪50、60年代的环境经济学，它从理性、最大化、均衡等基本假定出发，构筑环境资源的供求曲线和均衡价格，以外部性作为分析的理论工具。资源经济学则从资源的稀缺性出发，来研究资源的定价、租金等问题，从而求得资源的永续利用。产权经济学则以产权界定为分析工具，主张通过产权界定来研究"公地悲剧"等生态问题的解决，等等。在这些经济理论指导下，通过相关的政策和措施，以市场为基础的手段——税收和交易许可证促使市场主体不仅减少资源消耗或污染排放，达到允许的水平，而且探索和开发新的污染更轻、消耗资源更少的技术，以减少付税或通过出售许可证来增加收。

为了进一步完善市场，上世纪60年代，奥尔森的集体行动逻辑的理论，把大集体内合作的失败归咎于个体理性与集体最优化之间的冲突——搭便车难题；随后的70年代的博弈理论表明，个体理性招致"囚徒困境"；而在其80年代末，大集体中集体行为的成败取决于公共权力的性质——公共权力理论；进而在90年代，出现社会资本理论。这些理论都在力图使个体行动趋向集体行动：不仅研究如何从需要的体系中产生个体从事经济活动的活力，更重要的是如何将出于诸多需要体系的个体活力，凝聚为集体合力。

然而，人类面临的物质资源短缺、生态恶化、社会分化等棘手问题丝毫没有缓解的迹象。也就是，经济学的本质决定了无法从根本上解决这些问题。一是，只关心如何最大化、高效率地配置和利用现有资源，而不会从源头上关心是否有足够的稀缺性资源可供配置和利用——正是这一先天性缺陷决定了其不可能成为可持续发展的经济学基础①。如舒马赫所言，其一，它的判断重视短期远大于长期；其二，经济学的判断基于成本的定义，而成本排除了所有免费物质——自然赋予人类的生存环境；其三，经济学处理商品的根据是其市场价值，而不是根据其真正的内涵——使用价值，忽视了人类对自然的依赖。因此，市场只体现社会的表层，其重要性与货币有关，完全不能深入探讨内在本质，以及藏于其后的大自然或社会现况②。穆勒也认为，经济学研究的只是人类活动的某一方面，即如何"在现有知识水平上以最少劳动和最小生理节制获取最多必需品、享受和奢侈品"。换言之，经济学视野中的人只能追求最大化的利益，研究的焦点是如何使外部效应内部化，都立足于自然可以为我们做什么，缺乏哲学根基。这最多是延缓资源危机的出现，而不能从根本上解决它。

表面看来，反对科技发展与追求科技进步这两种观点截然相反。"但两者都产生同样的心理上和政治上的影响——都导致想象力和意志力的麻木不仁……这两种对未来的观察方法，形成了独善其身和逆来顺受的被动状态，两者都使我们思想僵化、陷于无所作为的境地"③，是一种形而上学的世界观。

第二，庞大的人口压力。马尔萨斯在《人口原理》一书中提出，资源以算术级数增长，而人口已几何级数增长，资源危机是必然的。解决这一问题的唯一办法只能用战争、瘟疫等方式减少人口。

第三，文化的没落、信仰危机导致资源危机。鲍德里亚在《消费社会》④中指出，资本主义已进入消费阶段。在消费社会，人们追逐的不是使用价值本身，商品已成为社会价值符号，一套话语系统。这凸显了消费符号对整个生活的全面控制，而由此带来的每个社会关系都增添着个体的不足，因为任何拥有的东西在与他人相比较时都被相对化了。因此，要缓解、克服资源危机，需回归使用价值，对现行的社会组织和社会关系进行变革。

戴斯·贾丁斯在《环境伦理学——环境哲学导论》⑤指出，环境问题是人

① 刘鸿明：《可持续发展理论的经济学基础之所见》，《中国人口·资源和环境》2003年第3期。
② E·F·舒马赫：《小的是美好的》，李华夏译，译林出版社，2007年1月版，第27～28页。
③ 阿尔文·托夫勒：《第三次浪潮》，黄明坚译，新华出版社，1994年6月版，第6页。
④ 让·鲍德里亚：《消费社会》，刘成富、全志钢译，南京大学出版社，2001年5月。
⑤ 戴斯·贾丁斯：《环境伦理学——环境哲学导论》（第三版），林官明等译，北京大学出版社，2002年11月。

的问题，是人类与环境关系不协调的结果，而这种不协调正是由于人类长期以来不承认自然的价值，不承认人与自然的伦理道德关系所造成的。在传统的价值观念中，人是自然的统治者、主宰者，其他生物和生态环境的存在仅仅是为人类服务的工具，对自然无所顾忌地掠夺使人类在享受物质高度丰裕的同时，也把自身置于危险的生存困境中。所以，从深层次上看，环境问题的实质是伦理问题，是人的价值取向问题，是人类对自己生活方式的选择问题。人类行动本身是一个伦理的、经济的、政治的、社会的乃至宗教、法律的综合问题，那"解决问题的途径在于用道德和世界观进行武装，在于有意识地新建一些制度，从而克服务实世俗主义的物质功利主义，用道德重塑社会"①。

第四，资本扩张的必然结果。马克思在《资本论》指出，资本主义生产方式是以掠夺劳动力资源和自然资源为代价的②。虽然在资本支配的市场配置中自然资源虽然颇有效率，表现为副产品的再利用、部分资源效用最大化，但也造成了自然资源的巨大浪费或环境功能的衰退。一方面表现为资本的所有者根据费用效益比较原则，以获取剩余价值为目的，出现了生产剩余和消费不足并存的情况；另一方面，发达国家对落后的国家和地区的资源的掠夺，迫使该地区的人们为了生计或早日赶上发达国家对自然资源采取杀鸡取卵式的砍伐和滥用。与此同时，人与人、人与社会的博弈也消耗了大量资源。更为突出的，在私有制下的资本，使人类发生了真正的社会分裂，个人迷失了他作为群体性的人、社会性的人的本性，变成了在利益上根本对立、彼此对抗、自我孤立的个人，个人和群体、个人和社会、人和人之间，变成了敌对关系。

鲁品越教授在其专著《资本逻辑与当代现实》③ 指出，资本的拥有者对于资源的把握和开发是极端疯狂的，自然既然是他们财富的象征，也就必然是他们拼命要获得的东西，这样人对于自然环境、对于自然资源的关系只能是一种对立的关系。人来自于自然，反过来又成为自然的叛逆者。要克服资本所带来的资源危机，既要利用资本，又要限制资本。也就是在公有制基础上利用国家权力限制资本的负面效应。莱斯④认为，资本对于世界资源的掠夺是残酷的，对环境造成的污染是空前的，资本使世界中的高消费迅速演化为灾难性的生态

---

① 米歇尔·鲍曼：《道德的市场》，肖君、黄承业译，中国社会科学出版社，2003 年 6 月版，第 30 页。

② 《资本论》中虽然提及自然资源的破坏，但其逻辑前提是自然资源充足。

③ 鲁品越：《资本逻辑与当代现实》，上海财经大学出版社，2006 年 3 月。

④ 威廉·莱斯：《满足的极限》，多伦多：英文版，1976。

危机。因而，应以新的经济发展模式代替以往的资本主义唯利是图性和利润最大化的生产模式。基于资本扩张带来的全球资源危机，进一步研究如何从哲学层面，借助于科学技术的进步和经济学发展，来寻求解决该问题的根本出路，也正是本书的宗旨。

换言之，对资源危机的产生，不能仅从技术进步、人口增长、富裕化、文化没落等单方面的原因来说明它的根源。因为它们只是从不同的角度折射出了人类生存危机在社会层面上的病态，映现出市场竞争机制在生态上的巨大缺陷。因而，要解决资源危机，需要从哲学层面去研究，以寻求人类的未来趋势。人只能依靠自然界存在的能量作为自身能量转换的来源来维持生存，而获取自然资源则依赖于自身资源的开发和有效利用，进而理解避免资源危机应创造什么样的文化基础和结构，在此基础上，创造出美好的、积极的、和谐的个人和社会生活方式。

第三节　本书研究的主要内容及创新点

所有的人类问题，从根源上看，都起源于资源有限与人类欲望无限的矛盾，以及它所表现出来的人们利用资源的原则和方式之间的矛盾。一部人类史，就是一部在资源消耗中创造资源的历史。在当代，创造资源以不可抗拒的必然性，摆在人类的面前，成为"是被把握在思想中的时代"，人类不能按照工业化运动的轨迹继续下去，或者是零增长方案；而是改弦易辙，采取新的发展道路，即以循环经济为基础的科学发展。

本书由三各部分组成。第一部分是新时代的资源观。

人和自然之间在相互作用的过程中形成了极其丰富的联系。马克思认为，"从理论领域来说，植物、动物、石头、空气、光等等等，一方面作为自然科学的对象，一方面作为艺术的对象，都是人的意识的一部分，是人的精神的无机界，是人必须事先进行加工以便享用和消化的精神食粮；同样，从实践领域来说，这些东西也是人的生活和人的活动的一部分。人在肉体上只有靠这些自然产品才能生活，不管这些产品是以食物、燃料、衣着的形式还是以住房等形式表现出来。在实践上，人的普遍性正是表现为这样的普遍性，它把整个自然界——首先作为人的直接的生活资料，其次作为人的生命活动的对象和工具——变成人的无机的身体。人靠自然界生活，自然界是人为了不致死亡而必须与之处于持续不断的交互作用过程的、人的身体。所谓人的肉体生活和精神生活同自然界相联系，不外是说自然界同自身相联系，因为人是自然界的一部分"①。就连人本身单纯作为劳动力的存在来看，"也是自然对象，是物，不过是活的有意识的物，而劳动本身则是这种力在物上的表现"②。"没有自然界，没有感性的外部世界，工人什么也不能创造。它是工人的劳动得以实现、工人的劳动在其中活动、工人的劳动从中生产出和借以生产出自己的产品的材料"③。

　　自然界中的客观事物（客体）不会主动满足人类（主体）的需要，要成为资源，有赖于人们的实践与创造。客体不会因为主体的不同而改变本身属性，所改变的只是主体自身和资源的存在形态。实践本身不可能单纯是主体思维所能办得到的，而必须由主体思维转变为实际的活动，运用物质的东西才能使对象发生改变，"自然界没有造出任何机器，没有造出机车、铁路、电报、自动走锭精纺机等等。它们是人类劳动的产物，是转化为人的意志驾驭自然界的器官或在自然界实现人的意志的器官的自然物质"④。从本质上看，主体只是其中的参与者，但在参与的过程中，促使自然界在更深的层次上人化，进而使得人自身的变化速度远远快于自然界的演化。当然，实践本身在很大程度上受到主体选择的影响，或者是主体选择的结果。这不仅表现在即使人在空间上保持自身封闭的状态，一切资源的创造与取得都依赖于自身独立完成——历史更长一些；若用空间换时间，或以时间补偿空间，人类发展的进程就会大大加快。否则，我们就会陷入机械决定论之中，无法解释社会历史发展的复杂性和多样性。

　　资源随着人的需要不断扩展、丰富，呈现出多姿多彩形态。但总的说来，可分为物质资源和人类自身资源两类。前者指自然资源和人化自然资源，后者包括劳动力资源、组织资源、社会资源以及知识资源。这些资源在何种层次、多大程度上满足人们的需要，关键看这些资源在生产体系中如何结合。良性结合，在实践中创造中创造更多的资源，相反，则破坏资源。而要实现良性结合，还需要对这些资源的特性作进一步的分析和把握——是公共性资源（在什么界限内）还是非公共性资源。

　　在当代，最重要的资源是人类自身资源中的知识资源。知识的继承和传播

---

①　马克思：《1844 年经济学—哲学手稿》，人民出版社，2000 年 5 月第 3 版，第 56～57 页。
②　马克思：《资本论》第 1 卷，人民出版社，2004 年，第 235 页。
③　马克思：《1844 年经济学—哲学手稿》，人民出版社，2000 年 5 月第 3 版，第 53 页。
④　《马克思恩格斯全集》第 31 卷，人民出版社，1998 年，第 102 页。

为人类创造资源提供了便利。知识的创造是一种社会过程。对单个主体而言，在保持事物向前发展的同时维持选择权，抛弃成见，脱离旧的思维模式，甚至走出整个知识与专家群体，会使知识永葆活力，并推动知识发展。相反，知识以僵化和拘泥的形式出现会抑制创造力和新知识的发展，紧紧控制知识进程的行为是在浪费物质资源和精力。

第二部分：当代创造资源的社会力量。

人与人之间以资源为中介组成了复杂的社会。社会和个体表现为两个既互补又对立的现实：社会一方面向个体施加制度和约束，另一方面又提供了使它可以表现自己个性的机会；个体需要的多样性和变化性滋养着社会复杂性与多样性，这种个体的多样性不会由于偶然性而消散，而是以半随机的方式融合在等级制和不同社会中，这给予社会一定程度的自组织的伸缩性。由此，人们在维持社会的存在与个体的自由中，以资源有效利用为核心，生成社会环境。这个环境一般地存在着三种社会力量。

其一，经济力量。不论是古代社会、近代社会还是现代社会，谁拥有的资源越多，谁拥有的力量越大。在当代，经济力量突出表现为资本力量。"把商品当作交换价值来保持，或把交换价值当作商品来保持以来，求金欲就产生了。随着商品流通的扩展，货币——财富的随时可用的绝对形式——的权力增大了"①。对剩余价值的追求，使得资本中的人类自身资源比物质资源力量更为强大，"生产过程的智力同体力劳动相分离，智力转化为资本支配劳动的权力，是在以机器为基础的大工业中完成的。变得空虚了的单个机器工人的局部技巧，在科学面前，在巨大的自然力面前，在社会的群众性劳动面前，作为微不足道的附属品而消失了；科学、巨大的自然力、社会的群众性劳动都体现在机器体系中，并同机器体系一道构成主人的权力"②。只要是收益高于成本，资本就会促使人们不断地从自然和他人与社会中掘取更多的资源。资本促使人们为了自身利益最大化而不断地交换货物和金钱。在马克思看来，"就使用价值来看，交换双方都能得到利益，但在交换价值上，双方都得不到利益"③。因为"交换按其性质来说，是一种契约，这种契约以平等为基础，也就是说，是在两个相等的价值之间订立的。因此，它不是致富的手段，因为所付和所得

---

① 《资本论》第1卷，人民出版社，2004年，第154页。
② 《资本论》第1卷，人民出版社，2004年，第487页。
③ 《资本论》第1卷，人民出版社，2004年，第184～185页。

是相等的"①。由此带来诸多问题。

其二，政治力量。在一般意义上，政治权力只是改变资源的配置格局，不增加或很少增加资源总量。而在资本条件下，创造资源成为政治权力重要的一项职能。随着"物质生产方式的改变和生产者的社会关系的相应的改变，先是造成了无限度的压榨，后来反而引起了社会的监督，由法律来限制、规定和划分工作日及休息时间"②，进而通过财政转移支付提供公共品等措施来营造资源创造的环境。罗素指出："人们的冲动和愿望可以分成创造性的和占有性的……典型的创造性冲动是艺术家的冲动；典型的占有性冲动是占有财产的冲动。最好的生活是创造性的冲动占最大的地位而占有性冲动占最小的地位的生活。最好的制度是能够产生最大可能的创造性和最少的适合于保全自己的占有性的那些制度"③。

其三，文化伦理力量。该种力量渗透于人们的内心，通过宗教、道德、伦理、风俗习惯等表现出来。在一般意义上，它有利于维护整体利益和长远利益，彰显社会正义和种族延续。但也有落后和阻碍资源创造的一面。如马克思所言，"是由于古老的陈旧的生产方式以及伴随着它们的过时的社会关系和政治关系还在苟延残喘。不仅活人使我们受苦，而且死人也使我们受苦。死人抓住活人！"④ 而中国传统文化中的"天人合一"理念蕴推动资源创造，营造人与自然和谐的生态环境。

第三部分，资源创造的社会经济回路。

历史表明，人类的本质在几千年长河中并没有改变，改变的只是人类自身的行为：一方面，人类运用自身的自然创造力为生存创造新的环境并把自己从历史狭窄、日渐衰微的习俗中解放出来，朝着属人的方向进发；另一方面，人的贪欲被激发出来，促使其向着非人的行为——威胁人类自身的生存逼近。因为"地球提供给我们的物质财富足以满足每个人的需求，但不足以满足每个人的贪欲"⑤。这个贪欲在资本时代，演化为使用价值链和价值链的对立，产生资源危机。

满足人类需要的经济产出的真正尺度不是生产出的物质数量，而是向人们

① 《资本论》第 1 卷，人民出版社，2004 年，第 185 页。

② 《资本论》第 1 卷，人民出版社，2004 年，第 345 页。

③ 柏特兰·罗素：《社会改造原理》，张师竹译，上海人民出版社，1959 年，第 138 页。

④ 马克思：《资本论》第 1 卷，人民出版社 2004 年版，第 9 页。

⑤ E·F·舒马赫：《小的是美好的》，李华夏译，译林出版社，2007 年，扉页。

提供的最终服务的质量和价值。根据能量守恒与转化定律，对于给定的一份物质，它能够传递的服务数量不存在可定义的上限，在其生命周期有可能无限延长的情况下更是如此。人类自身资源对需求的满足彰显了它们是社会发展的基本动力，每一次人类的变革都留下巨大的后续改进和完善空间。这是一种通过不断地提高自然资源的生产率来实现经济增长的策略，是与通过消耗物质资源提高劳动生产率来实现经济增长的策略形成对照。

使用价值链与价值链的统一———立足于使用价值，以价值为纽带实现使用价值的创造与优化配置，使得生产过程中的伴生物和生活中的废弃物能够重新进入生产过程，形成一个封闭、环状的生产形式，把废弃物降到最低点。这样，一方面，自然资源耗竭在无穷尽的劳动循环中看起来并不存在———种资源都可以被另一种资源、人造资本、技术进步或它们之间的某种结合所替代，有助于维护良性的生态系统；另一方面，人们利用资源满足需要，满足需要之后又创造新的需要，构成社会进步的必要条件。只有在此时，不仅在现实层面使生态环境得到保护，而且是人的存在的形而上境界和超越性的表征———种精神的向度和人的存在的独特性和创造性。

二、本研究的创新点

第一，通过以资源为中介思考人与自然、人与社会以及人自身的诸多关系，从中尝试性提出从根本上解决资源危机的路径。进而试图开拓新的研究领域———资源哲学：哲学对于资源及其变迁的关注与追问，即追问何为资源，其出现、扩展的最一般的趋向，以及资源对于人的自由全面发展的定位。

第二，原有的研究都是建立在如何使现有资源得到充分利用的基础上的。实际上，对现有资源的利用无论多么高效，都不足以满足人类的各种需求，都需要人类从生活于其中的生态圈中获取更多的资源。可是一旦打破生态圈的平衡或破坏净化条件，带给人类的不是福祉而是灾难。因而，创造资源主要表现为推动使用价值链与价值链统一，这不仅促进生态系统的自身的良性循环，而且使主体力量得以确证，社会整体利益获得提升。

第三，这是在生态危机、环境恶化的时代，运用马克思主义的观点和方法思考人类何去何从，是对马克思主义的继承与发展。马克思以自然资源丰裕为前提，从人类劳动的共性中寻求人类的出路。本研究立足于自然资源是人类生存与发展的基础，人类通过自身资源的开发推动使用价值链的生成，从而摆脱生存发展困境。一旦社会追求的不是价值，而是使用价值，人们的生存方式就可能发生根本改变———"在一个经济的社会形态中占优势的不是产品的交换价值，而是产品的使用价值，剩余劳动就受到或大或小的需求范围的限制，而生产本身的性质就不会造成对剩余劳动的无限制的需求"①。

第四，方法论上坚持生成论观点。资源的生成、权力的维护与使用都需要消耗一定的资源，因而研究资源创造主要看成本与收益之间的比率，资源的获得与运行是否有利于维护整体利益和长远利益，促进人的自由全面发展。

第四节　研究的方法

对资源问题的研究，在科学原则上体现为按照资源的固有属性来认识和把握，进而寻求资源创造、生成的规律；在价值原则上体现为资源在满足人类生存的基础上，促进社会和谐发展与每个人自由而全面发展。在研究方法上，以历史唯物主义为研究范式，坚持生成论、系统论为方法论指导，批判继承已有的研究成果，运用经济学、复杂性科学、政治学与社会学等学科的知识对资源问题进行审视和再认识。

一、哲学方法

哲学是以理解人类错综复杂的存在方式作为自身存在的形式，既有对理性的批判考察，也有对直觉的批判性欣赏；既是普遍的又是具体的，事实、理论、各种选择以及理想要被一起研究权衡，进而揭示出各种可能性以及它们与现实的关系，从中体现出人类的洞察力与预测力，以及一种对生活的价值感。若仅靠一时的原始自发的思想，人类往往可在低级的生活阶段繁荣起来。但是，当文明达到一定高度，如果在整个社会中没有一种协调生活的哲学，便会出现堕落、厌烦和懈怠。

对于人类的生命之源——资源问题研究所采用的哲学方法，就是要"澄清前提，划定界限"，划定的是人类经验中所揭示的世界，澄清理论所指导的有效范围——即反思现行的以资源为核心的世界观、价值观、方法论等。具体而言，物质资源枯竭、人类资源开发利用不当等资源问题的发生，不仅包含着经济的、社会的、政治因素，最重要的是它们之间的相互作用及其背后的发展观问题、价值观问题和伦理观问题，即哲学问题。资源困境源于哲学的贫困，没有哲学导向的"繁荣"，不仅是灾难性的繁荣，而且繁荣本身也是不可持

---

① 马克思：《资本论》第1卷，人民出版社，2004年，第272页。

续的。

人类现在正处于转换其世界观的关键时刻。单纯的传统强制已失去了力量，"看不见的手"也不完美。哲学的任务便是重新设计这个世界的形象，回归经济与社会的人本真义，恢复人之全貌。这需要超越已有的狭隘的人类中心主义、西方中心主义，推崇文化互补意识、欣赏多元差异之美，以激发人类深处的力量源泉。

二、逻辑与历史相一致的方法

人与世界的关系是一种历史的、现实的联系。要正确认识这种联系，就必须坚持逻辑和历史相统一的研究方法。

思维的逻辑方法，就是遵循着"存在者不变、变者不存在"的逻辑，从"多"追问"一"、从特殊追问一般、从现象追问本质、从"变"追问"不变"、从暂时追问永恒、从相对追问绝对，把一切处于变化中的具体的存在物都说成是不真实的"现象"，而本体或本质则被说成是世界真正的永恒存在。由此得出的人的抽象本质，必然要求资源的唯一性和单调性。若用此方法来解读资源问题，会在理论上出现对理性的过分迷信，对自由的单向度的理解。当科学和技术进入人类生活，人类就把生活世界完全建构在技术的框架之上，并且以"人类"的身份和模式对抗自然，最终会导致人类生活世界的普遍对立——表现为资源困境。

"那在科学上是最初的东西，必定会表现在历史上也是最初的东西"[①]。历史是人的存在和发展的时间。思想进程的发展不过是历史过程在抽象的理论上前后一贯的形式上的反映；这种反映是经过修正的，是按照现实的历史过程本身的规律修正的。况且历史呈现出增长、停滞、衰落或突然改变方向的各种发展形式，人们只有回顾往事时才能明确地辨别出历史发展的转折点。

历史的方法意味着：第一，条件性和具体性；第二，非终极性和非永恒性；第三，过程性。唯物辩证法揭示的正是历史性的含义，用现实的相互主体取代了单一主体。还原了人需要的差异性和资源的多样性以及相互间的复杂性。在对人、自然界以及人与自然界的关系的理解上，"费尔巴哈不能找到从他自己所极端憎恶的抽象王国通向活生生的现实世界的道路。他仅仅抓住自然界和人；但在他那里，自然界和人都只是空话。无论关于现实的自然界或关于

---

① 黑格尔：《逻辑学》上卷，杨一之译，商务印书馆，1982 年，第 77 页。

现实的人，他都不能说出任何确定的东西"①。要实现从抽象的人向现实的人的转变，就必须把这些人当作在历史行动中的人去研究。马克思提出了"生活的生产"这一重要理论预设和命题，强调人的"生活"是生产力和生产关系赖以存在的舞台，又是一切物质生产的最终目的，揭示了"生活"的本源性和生活与生产的互动生成关系，从而把社会发展的合目的性与合规律性统一起来。历史中每一个要素可以在它完全成熟而具有典范形式的发展点上加以考察②。

三、系统方法

人的实践活动总是在一定的关系中进行，孤立于关系之外的"人"是不存在的。人的发展不可能在"真空"中进行，"个人的真正的精神财富，完全取决于他的现实关系的财富"③。人存在两种关系，自然关系和社会关系。

从人与自然关系看，人类不是生活在一个星状的网络里，而是一个弹簧床垫的网络。人类的活动若过分地触动一根弹簧，那么将牵动其他所有的弹簧，有的牵动得多一些，有的少些；若推压另一根，会产生同样的情况。在这里，不存在单一的中心点，但也并非每一点都是中心点。但初始条件的微小变化有可能导致后来非常大的变化，甚至出现无法预料的"偶然现象"。这就要求我们考察资源问题某一部分时，不仅仅是看成整体的一个方面，而且也注意到它的变化会导致其他因素的变化，某一资源的匮乏或病变就如构成人体的某种元素出了纰漏影响了自身健康一样，招致环境污染甚至生态恶化。

人的本质离不开同自然的关系，但更重要的是由社会关系决定的，"人的本质不是单个人所固有的抽象物，在其现实性上，它是一切社会关系的总和"④，如经济的、政治的、法律的、道德的、宗教的以及行业间的等复杂的社会关系。在这些关系中，生产关系是决定其余一切关系的基本的原始的关系。生产关系的性质决定着资源创造者的积极性，也影响已有资源效用的发挥。也就是说，在资源创造中，必须充分考虑文化、社会、伦理和价值等因素，而不能仅仅以简单的因果思维来进行。资源的主体是政府、企业、社区、非营利组织与公民个人，他们之间构筑起共同治理资源问题的网络和信任关

① 《马克思恩格斯选集》第4卷，人民出版社，1995年，第240页。
② 《马克思恩格斯全集》第13卷，人民出版社，1962年，第532页。
③ 《马克思恩格斯选集》第1卷，人民出版社，1995年，第89页。
④ 《马克思恩格斯选集》第1卷，人民出版社，1995年，第60页。

系，建立起资源、信息交流与互补的民族内部平台，进而民族政府之间突破国界构筑各个寻求解决资源问题的国际网络和国际间的信任关系。

四、生成论方法①

在理想的物理世界中，处于自由状态的原子，其内在能量具有一切可能的表现方式，从而可以呈现出各种可能的状态。但实际上，原子的能量在相互作用中被用于两个途径：一是用来驱使本身遵循相互作用规律，减少运动的随机性。然而，相互作用对微观粒子的某一方面的自由运动进行的限制必须付出相应的代价，从而导致对微观粒子的另一方面的自由度难以控制。因此，对自由粒子运动的各种限制本身有其极限。另一是遵循相互作用规律时能量转化、动量传递等等，表现为事物遵循客观规律从一个状态向另一个状态转化时其所具有的运动量的继承性，它由相互作用规律所描述。这自由运动与相互作用量的总和，总体上遵循相应的守恒规律。

于是，宇宙间存在两种对立的秩序：一种是进化，另一种是退化。"进化能量的作用，是通过吸收无机物质，提高低于其本身的能量，进而生成组织。而生命本身功能（除了吸收、生长和繁殖）则是一种退化的秩序，是能量的衰弱，而不是能量的增长"②。由无生命物质组成的生命，在相互作用中消耗能量，只有从外界吸收能量才能维系——不断吸收物质材料，将物质材料有机化，从而使生命得以延续。正是通过这个过程，时间的流逝以能量耗散的形式进行着，从而使过去的时间凝结为当前的物质材料的形式。

至于在相互作用中消耗多少能量，取决于相互作用的程度和事物本身的性质。这在经济学语境中，也就是，产权界定的成本、生产成本与交易成本的多少。产权是资源创造的一种社会工具，是在争夺资源的过程中达成的一种行为规范。清晰可靠的产权，使得社会从浪费资源向有效使用的活动转移变得容易，同时也有助于拥有社会保障体系或社会安全网络以保护运气不佳的个人。"个人要求财产所有权，为的是获得保持处置资源的自由，如果没有这种自由，就不可能有希望改善生活条件"。更为重要的是"这些权利将保持甚或提高价值的生产率，这种价值的实现因扩大了的专业化而成为可能，而且同时获得了或者重新获得了受到广泛重视的独立生存所需要的那些品质的某些部分"。对于社会来讲，"在一系列限于保障财产权和协约安全的法律和制度之

---

① 来自鲁品越教授的研究成果。
② 亨利·柏格森：《创造进化论》，姜志辉译，商务印书馆，2004年，第35页。

下，可分割物品的市场的扩大，使社会的效率边界向外移动"①。

然而，人类从产权明晰中获得的制度收益与其付出的成本之间存在着内在矛盾，制度收益越大，其付出的相应成本也就越高。资源公有容易引起资源的过度利用，而资源垄断则容易引起资源的利用不足。界定产权需衡量投入产出，人们不仅要弄清一个要素的贡献和衡量相继的生产阶段和最后阶段的产出（包含残次的、污染等"隐产品"），而且在生产过程的每个阶段上的产品或劳务定出合意的产权的费用是否值得投入。一般地，生产能力的增强既导致了资源人均需求量的飞跃，又引起了衡量资源创造效率种类的存在，如分类、定级、作标记、商标、保证书和许可证都是为资源的有效配置需付出代价的发明。

另外，有些产权本身就是模糊的、测不准的。它是人类经济生活基本矛盾在产权界定上的体现。环境的所有权和使用权无法界定清楚，那些外部成本内部化的措施并不能使价格体现污染物的有害影响。最优 GDP 水平不是由投入的资源限制所决定的，而是由经济活动的各种收益之间的平衡，以及相伴随的无法估价的社会和环境服务的损失决定的。从当下社会看，当人均 GDP 达到一定水平后，社会核心价值已从经济发展提升到增进民生福祉的高级层面，而民生福祉的内涵绝非仅指 GDP 或物质财富增长。作为最重要的非经济因素，幸福指数不仅可以监控经济社会运行态势，而且可以了解民众的生活满意度，是社会运行状况和民众生活状态的"晴雨表"，也是社会发展和民心向背的"风向标"。也就是，幸福感的增强意蕴着人们的消费量和消费需求远远超过了以往的要求。这不仅要求现有资源高效利用，而且还需创造更多的资源。

总之，既要满足人类的发展需要，又要维护人类的生态环境，迫使当代人在生成论指导下，从赚钱中谈节能，谈责任，谈发展。这不仅是道德问题，而且更是一个智慧问题——蜂蜜捉到的苍蝇比醋多，由此要求我们要摆脱过于乐观和盲目悲观，进而切实解决资源问题。

---

① 詹姆斯·布坎南：《财产与自由》，韩旭译，中国社会科学出版社，2002 年，第77页。

第二章

资源的生成论解释

资源是能生产出满足人类现实需要的产品的客观事物，体现出人与自然、人与社会、人与自身之间关系——"生命的生产，无论是通过劳动而达到自己生命的生产，或是通过生育而达到他人生命的生产，就立即表现为双重关系：一方面是自然关系，另一方面是社会关系。社会关系的含义在这里是指许多个人的共同活动，至于这种活动在什么条件下，用什么方式和为了什么目的而进行的……这种共同活动方式本身就是生产力"①。同样"自然界的人的本质只有对社会的人来说才是存在的。因为只有在社会中，自然界对人来说才是人与人联系的纽带，才是他为别人的存在和别人为他的存在。只有在社会中，自然界才是人自己的人的存在的基础，才是人的现实的生活要素"②。人类发展史，就是一部资源不断丰富的历史，一部不断证明和充实人的本质力量的历史。

第一节　资源的经济学哲学概念

一、经济学中的种种资源界定

虽然资源与人一起产生，但资源成为学者研究的主要对象却是近代以来的事，且研究成果主要体现在经济学领域。在不同的人眼中，资源的外延并不一致。总体上可分为三类：

（一）一般地，资源就是某种自然存在物，即自然资源。如，国内较为权威的《辞海》和《现代汉语词典》对资源的界定分别是："资财的来源，一般指天然的财源"；"生产资料或生活资料的天然来源"。英国的《大不列颠百科

---

① 《马克思恩格斯选集》第 1 卷，人民出版社，1995 年，第 80 页。
② 马克思：《1844 年经济学哲学手稿》，人民出版社，2000 年，第 83 页。

全书》则解释为，人类可以利用的自然生存物及生产源泉的环境能力，前者指土地、水、大气、岩石、矿石及其积聚的森林、草场、矿床、陆地、海洋等，后者如太阳能、地球物理循环机能和生态的循环机能。联合国环境规划署对资源的理解则是："在一定时间和技术条件下，能够产生经济价值、提高人类当前和未来福利的自然环境因素的总称"。

但在经济学家看来，把所有的自然存在物都当做资源，显然不符合经济学中资源稀缺这一不证自明的前提。只有这样的自然存在物才是资源：由人发现的、自然状态的或未加工过的但可被输入生产过程，变成有价值的物质或者直接进入消费过程，给人们以舒适而产生价值的物质。换言之，一种自然物是资源，不能满足下列两个条件中的任何一个：①没有被发现或发现了但不知道其用途的物质；②虽然有用，但与需求相比数量太大而没有价值的物质①。

（二）把生产过程的各种有形要素当作资源。在古典经济学家亚当·斯密等看来，资源由三大类组成：劳动力资源、土地资源（含矿藏、淡水等自然资源）、由土地资源与劳动力资源相结合生产出的人工资源②。诺贝尔经济学奖获得者库普曼斯说得更清楚：（生活）资源是一种维持生命所必需的、不能完全再循环，而且不论现在和将来，在其可得到的剩余时期内没有替代品的东西③；（生产）资源，就企业而言，包括各种现有设备的生产能力；从国家角度，对主要的投入如，燃料、原材料、劳动力服务的配给；在市场经济条件下，一种可供按照给定市场价格购买到的要素④。

（三）把与人类自身有关的知识看做是重要的资源。随着社会的发展，由于劳动力资源（不需要任何知识和技能的体力劳动能力，所有的劳动者都同样地拥有这种能力）无法解释产出增长率总是大于所测量出的主要资源增长率这种现象，舒尔茨等经济学家于是认为，"使经济持续增长的主要原因，是

① 阿兰·兰德尔：《资源经济学：从经济角度对自然资源和环境政策的探讨》，施以正译，商务印书馆，1989 年，第 13 页。

② 亚当·斯密：《国民财富的性质和原因的研究》，郭大力、王亚南译，商务印书馆，1997 年，第 346~350 页。

③ 诺贝尔奖讲演全集编译委员会：《诺贝尔奖讲演全集》经济卷上，福建人民出版社，2003 年，第 268 页。

④ 诺贝尔奖讲演全集编译委员会：《诺贝尔奖讲演全集》经济卷上，福建人民出版社，2003 年，第 256 页。

获得有益于降低生产成本和扩大消费者选择范围的追加知识"①。这些知识转化为一种经营能力，"一种经济的基本投入物或组成部分，人们常常认为包括劳动、土地和资本。但现代经济学家把经营能力作为第四种资源。经营能力指一切可以帮助人们把其他资源组合起来的能力，包括管理、创新、风险承担以及应用分析。土地、劳动和资本本身不会创造产出，因而需要与这种能力相组合。这种能力越大，产出的潜力也越大"②。而知识的获得、能力的形成在当今社会则依赖于教育，舒马赫强调，"所有的历史以及所有当前的经验都指出这项事实：提供最主要资源的是人，而不是大自然。所有经济发展的最重要因素就是人的大脑。突然间，处处都涌现了大胆、创新、创造、有建设性活动，而且不仅限于某一个领域……教育是所有资源里最根本的一项"③。

除了可言传的知识，不可言传的知识也是资源。不可言传的知识包括人们通过规则、程序和先例建立起来的社会网络和在这网络中享有平等、公正、参与和民主治理的社会角色以及社会主体共享的规范、价值观、信任、态度和信仰等。这些，在普特南看来，能够通过推动协调行动来提高社会效率④。科尔曼则认为，具有社会结构的某些特征，能够促使结构内部的参与者——无论私人参与者还是组织中的参与者——都行使某种有效行为⑤。弗朗西斯·福山指出，若群体内的成员按照这一套价值观和规范能很好地彼此合作，就能促进发展⑥。

二、哲学对这些经济学资源概念的反思

这些对资源的种种认识和界定，反映了人类对自然以及人类自身的历史进程的一定程度的认识与把握。但若用这些对资源的解读来说明当今人类面临的资源问题——"资源诅咒"、"拉美陷阱"与全球的生态危机，则不能从根本上使问题得以解决，因为它无法说明以这些资源为媒介的人们之间的错综复杂

① 西奥多·W·舒尔茨：《论人力资本投资》，吴珠华等译，北京经济学院出版社，1999年，第124页。

② 周秋月：《资源配置与金融深化》，中国经济出版社，1995年，第3页。

③ E·F·舒马赫：《小的是美好的》，李华夏译，译林出版社，2007年，第57页。

④ Puntnam R., Leonard R. and Naetti R, *Making Democracy Work：Civic Traditions in Modern Italy*. Princeton：Princeton University Press，1993，P. 35~36.

⑤ 格瑞泰特、巴斯特莱尔编：《社会资本在发展中的作用》，黄载曦、杜卓君、黄治康译，西南财经大学出版社，2004年1月。

⑥ 弗朗西斯·福山：《大分裂：人类本性与社会秩序的重建》，刘榜离等译，中国社会科学文献出版社，2002年。

的社会关系以及人与自然的本质联系。

（一）缺乏对自然资源存在于其中的自然界的全面认识

我们注意到，经济学对资源的理解，最多是把生态系统中的某一要素看作是资源，没有包括系统本身这最大的资源。如，只看到石油、铁矿、土地等单一的物质资源，而看不到这些资源与之共存的其他因素及其生态系统。实际上，这仅仅是把生态系统看作一台机器。第一，这台机器既没有理智也没有生命，因而不能自我运动，只能在人这一外力操纵下运动；第二，机器是由要素构成的，构成的要素是同质的，不同的机器构成之差异纯粹是量上的。因此，机器与组成它的元件是同质的，孤立地从组成元件的特殊性能出发就能描述整体的特性。更为重要的是，机器从它被建好开始，就注定要退化：虽然是由可靠的多的元件组成的，但它发生故障的风险等于这些元件损坏的风险的总和。由此，在自然是机器的时代，对自然的关心就是把自然当作一组可以操纵和可以测量的机器，降低损耗。这样，人能占有自然，统治并控制自然，然而却不理解自然。进而，若把他人也看做是机器，可以推出同样的结论。

实质上，生态系统是一个有机体，是一个自组织的整体。该系统由独特的、不同质的、不可还原的要素组成。不同的要素意味着具有不同的质，每一质都承担着独特的功能。例如，湿地不仅是蓄水、防洪的天然海绵，还是生物多样性、自然生命基因库，也是地球化解污染的肾脏和人类精神生活的训练场所。森林，通过绿色植物的光合作用，不但能转化太阳能而形成各种有机物，为人类提供丰富的生物资源，而且靠光合作用吸收大量的二氧化碳和放出氧气，维系大气中二者的平衡，净化了环境，使人类不断获得新鲜空气。每一种质都有一个形式来表示，不同质的相互作用构成了复杂的丰富多彩的自然界。因而，它既有结构又有历史，在一段时间里既可能退化，也可能进化，增加其复杂性。生态系统在外部环境的作用下逐渐对环境因素予以选择和吸收，（使其成为一种要素）纳入自己的内部组织结构；在同一过程中，系统逐渐顺应环境的要求，引起系统内部组织结构的改变或器官的变异。

在生态系统内部，各种生物之间、生物与非生物之间，也在进行着物质循环和能量流动，它们相互依赖、相互制约，保持着一定的生态平衡。例如，从无机物到有机物，从植物到食草动物到食肉动物再到人类，构成生命的链条。这链条之间的有序与平衡是地球上所有生命赖以生存的根本和前提条件。一旦该系统的某个环节遭到破坏，例如水是人类生存与发展的"慢变量"，若水因开发、使用不当，超过一定的阈值，不仅造成自身的短缺，而且引起生态系统的恶化，如土地荒漠化等。简言之，生态系统对人类文明过程有承载能力和包容能力——稳定能力、对人类所释放的废弃物的缓冲能力、有毒物质的自然降解能力、对于各类干扰和破坏生态系统平衡的抗逆能力、生态系统受破坏后的修复能力（环境自净能力）。

如果说以前人类由于无知和幼稚，对生态系统的整体价值和综合价值的了解非常有限，很难预料改变体系中的某些部分会引起哪些价值的缺失，破坏资源在所难免。但在当代，随着人们生活水平的提高，这两种价值凸现其重要性，再也不能把自然看做是一块块碎片了。

（二）缺乏对人类自身资源的深刻认识

自然资源只为人类生存与发展提供前提，究竟怎样为人类所用、人类用它来满足何种需求，取决于人类自身。

人是目的与手段的统一体。人是目的，指人是主体；人是手段，是从自身获取满足需要的资源。只有通过人自身的资源运用才能使客观世界满足人的需要——人是生产力中最活跃的因素。同时，"任何人如果不同时为了自己的某种需要和为了这种需要的器官而做事，他就什么也不能做"①。

起初"人们自己开始生产自己的生活资料的时候，这一步是由他们的肉体组织所决定的，人本身就开始把自己和动物区别开来。人们生产自己的生活资料，同时间接地生产着自己的物质生活本身"②。人类历史也就在"已经得到满足的第一个需要本身、满足需要的活动和已经获得的为满足需要而用的工具又引起新的需要"③ 中展开自己丰富多彩的画卷。"各个人的出发点总是他们自己，不过当然是处于既有的历史条件和关系范围之内的自己……然而在历史发展的进程中，而且正是由于在分工范围内社会关系的必然独立化，在每一个人的个别生活同他的屈从于某一劳动部门以及与之相关的各种条件的生活之间出现了差别"④。但是，这些生产，不仅要遵循客观世界本身的规律，还受自身所处的社会关系的制约。但最终，社会与集体以首要的现实的方式为个人的全面发展创造条件。人的全面发展的历程也就是对象化、自我异化和异化的扬弃三个阶段的连结，就是自我和对象由同一到对立再到对立同一的过程，就是"主客体的对立同一"。在某种意义上，人类自身提供的资源不受其稀缺性

① 《马克思恩格斯全集》第3卷，人民出版社，1960年，第286页。
② 《马克思恩格斯选集》第1卷，人民出版社，1995年，第67页。
③ 《马克思恩格斯选集》第1卷，人民出版社，1995年，第79页。
④ 《马克思恩格斯选集》第1卷，人民出版社，1995年，第119页。

或排他性的制约。马克思通过他的资本逻辑所揭示的个人的全面发展取决于人自身的发掘程度，给我们打开透视人类自身资源的一个窗口。

然而，如果审视人类历史本身，就会发现人对自身重视不够。历史唯心主义不是把命运寄托给"上帝"，就是托付给上帝化身的他人。在阶级矛盾尖锐的环境中，人们往往会得出物质资源比劳动力重要，强调生产资料所有权，进而强化"以物为本"，人类自身的力量没有得到完全的确证。究其原因，一是长期以来，人类的需求（包括生活水平和人口数量）可以从自然界中直接获得满足；二是人的认知水平和实践能力有限，无法替代自然资源；三是形而上学的思维方式一直在左右着人类自身，不是上帝创造了人，人为上帝服务，就是人为自然立法，自然是为人服务的。"由于这些条件在历史发展的每一阶段都是与同一时期的生产力相适应的，所以它们的历史同时也是发展着的、由每一个新的一代承受下来的生产力的历史"①。

随着市场化、工业化的进程，人的主体性在社会生活中得以彰显。可是，在资本主义社会中，个体能力的增强并没有推动其全面发展，而是造就了"单向度的人"。从"单向度"向全面发展的人转变，需要正确处理个体与共同体、人类的关系。

如把"人"仅仅理解为个人，必然强调以自己为目的，在实践上把他人作为工具。也就是一旦越过个体的平等权利这个边界，便会造成缺乏正当性的、极端化的个人主义行为，出现社会的负面效应。"劳动者在经济上受劳动资料即生活源泉的垄断者的支配，是一切形式的奴役即一切社会贫困、精神屈辱和政治依附的基础"②。在资本主义国家中，资本所有者以追求资本增殖为目的，无产者则为资本创造剩余价值的，只是资本的工具——不论是舒尔茨的人力资本投资理论、索罗的"技术进步残差"，还是罗迈尔的"内生的特殊性知识"与卢卡斯的"专业化的人力资本"。它们所表现出来的不是人支配物，而是物统治人——人本身的活动对人来说成为一种异己的、同他对立的力量。该种力量仿佛不是为了满足人的需要而生产商品，而是人为了消费商品而存在——不是商品为人服务，而是人围绕着商品活动。由此带来的是物的世界的增值同人的世界的贬值成正比。也就是，在资本与劳动力相结合的生产力系统中，存在着"一味追求增长的逻辑"——更多的生产、更多的消费、更多的

---

① 《马克思恩格斯选集》第 1 卷，人民出版社，1995 年，第 124 页。
② 《马克思恩格斯全集》第 16 卷，人民出版社，1964 年，第 15 页。

就业。由此，造成了当下的人类生存困境：不可再生资源逐渐枯竭、环境污染与生态破坏——全球气候变暖，等等。正因为如此，人类（还不如说发达国家）提出可持续发展的要求——既满足当代人的需求，又不影响后代人的生存与发展。然而，正如有的学者所言："所谓人类的可持续性，归根结底不过是人类一部分的可持续性，所谓的平等隐含着严重的种族歧视和国别歧视。所谓的代内平等和代际平等，实际上不过是发达国家和地区国民的代内平等和代际平等，至于作为'另类'的发展中国家的国民，则被无情地排除在代内平等和代际平等的视野之外"①。

这是因为，走可持续发展道路需要一系列条件：不仅社会成员具有相应的观念，先进的技术及其相关的设备，但更重要的是人与人之间关系的变革和调整——有利于社会整体的个人获取，"社会消费力既不是取决于绝对的生产力，也不是取决于绝对的消费力，而是取决于以对抗性的分配关系为基础的消费力。这种分配关系，使社会上大多数人的消费缩小到只能在相当狭小的界限以内变动的最低限度②"。从当下的世界看，发达国家充分利用他们的技术和成本优势，极力扩大高技术含量与低端产品价格之间"剪刀差"，以获取发展中国家因经济增长而生成的红利。在全球关注的气候变暖的根本哈根会议上，发达国家不愿为减少二氧化碳排放量承担应该承担的责任。一旦这种状况得不到根本转变，经济增长的结果只能是著名历史学家汤因比所说的，人类"通过求生走向毁灭"。由此可以推论，马克思主义之所以具有强大的生命力，就在于它和"整个社会主义理论都要求对与少数人的奢侈和强权形成鲜明对照的多数人所受到的不公正和不平等对待以及遭受剥削的现象，对他们的堕落和苦难进行无情的批判，并作出现实的解释……社会主义理论之所以具有如此大的吸引力，因为它了解了一个不公平的世界的意义"③。

如把"人"仅仅理解为共同体或"类存在物"，在实践中就极有可能忽视个体的差异需求，进而失掉社会进步活力之源。因为个体在人类社会的历史进程中，在不同阶段体现出不同的存在状态，即马克思所指出的，"人的依赖关系（起初完全是自然发生的）是最初的社会形态，在这种形态下，人的生产能力只是在狭窄的范围内和孤立的地点上发展着。以物的依赖性为基础的人的

① 卢凤、刘湘溶主编：《现代发展观与环境伦理》，河北大学出版社，2004年，第65页。
② 马克思：《资本论》第3卷，人民出版社，2004年，第273页。
③ 杨雪冬：《全球化时代与社会主义的想象力》，《文汇报》，2009年4月4日。

独立性，是第二大形态，在这种形态下，才形成普遍的社会物质变换，全面的关系，多方面的需求以及全面的能力的体系。建立在个人全面发展和他们共同的社会生产能力成为他们的社会财富这一基础上的自由个性，是第三个阶段。第二个阶段为第三个阶段创造条件"①。由于选择意愿以及能力的不同，个体的生存和发展状态也必然会呈现出一种差异性。每个个体的基本权利与利益的获得不取决于自己，而取决于一系列的社会安排，如准则、制度、法律和能发挥作用的经济环境等。因而，只有根据生产力状况，使每个个体赖以生存和发展的基本权利和利益，如体面的生活、足够的营养、医疗以及其他经济增长所带来的社会福利得到保障，即落实到具体的个体那里，才具有真实和充分的意义。

社会化大生产，也就是"许多人在同一生产过程中，或在不同的但相互联系的生产过程中，有计划地一起协同劳动，这种劳动形式叫协作……通过协作不仅提高了个人生产力，而且创造了一种生产力，这种生产力必然是一种集体力"②。即使"许多人只是在空间上集合在一起，并不协同劳动，这种生产资料也不同于单干的独立劳动者或小业主的分散的并且相对地说花费大的生产资料，而取得了社会劳动的条件或社会劳动的性质"③。也就是，"个人在这里不过是作为社会力量的一个部分，作总体的一个原子来发生作用，并且也就是在这个形式上，竞争显示出生产和消费的社会性质"④。换言之，个人不仅要以自己活动的成果满足自身、他人和社会的需要，又要通过他人的劳动满足自身的需要。于是，个人、集体与社会三者在复杂的社会关系——合作、竞争和对抗基础上生成各种类型的资源：劳动力资源、组织资源、社会资源以及它们的综合——知识资源。

（三）不能揭示资源短缺与生态恶化、社会不公之内在关系

整个世界就是一个大的系统，该系统有许多子系统组成，各子系统之间内在地存在着有机链条，是一个把无序物质有序化的循环链。作为子系统的地球生态系统，又有更小的系统构成：经济系统、社会系统与自然系统，其中经济系统是社会系统与自然系统的纽带。这些关系表明：人来自于自然，生活于自然，并在生活境域中获得了更多的自主性。

① 《马克思恩格斯全集》第30卷，人民出版社，1995年，第107~108页。
② 马克思：《资本论》第1卷，人民出版社，2004年，第378页。
③ 马克思：《资本论》第1卷，人民出版社，2004年，第377页。
④ 马克思：《资本论》第3卷，人民出版社，2004年，第215页。

在漫长的人类历史中，由于生产力低下，人类的需要停留在较低、较少的层面，自然界留给人们的是似乎是用之不尽、取之不竭的；即使一个地方枯竭——例如绿洲变成荒漠，还可以迁徙到别处生活。即使造成影响的也只是局部，没有带来全球性的资源短缺和生态恶化。同样的，社会不公也往往以地区或民族为界限，不至于对整个人类产生毁灭性影响。

而在现代化进程中，在资本这个催化剂的作用下，资源突破国家与地区的限制，在全球范围内配置。由此带来的，一是物质资源的大量投入与"隐产品"①的大量产出，不仅加快某些资源的短缺，而且加剧了生态的恶化；二是由于资本有机构成的提高，带来劳动力资源的大量浪费，失业或没有充分就业者不能取得自己所需要的基本生活资料。于是，一些人从中获得各种满足，并且还有剩余，另一部分人则苦苦为生存而挣扎。这两个问题，一个起源于资源创造的不合理——从自然取得过多，排放的过多；一个起源于资源配置的不合理——资源效用与人们需求的一致性没有得到较好的体现，因而，实质上是一个问题——资源问题，就是资源生成与配置的无序性和不确定性在经济社会与生态系统之间的极大增长。

这种增长仍在继续。资本要求源源不断地从生态系统中取得物质资源和人类社会中攫取人力资源，在有限的环境中实现无限扩张。这种扩张引起系统内部的刚性，使得差别演变为对立，互补演变为对抗：不仅消耗大量物质资源，同时向环境倾倒越来越多的废物，导致环境恶化；同时，必然伴随着剥削和牺牲当代绝大多数人的利益，和损害后代人的利益。因为，那些对人类社会具有最直接影响的环境条件和因素，诸如水资源及其分配、不可再生资源的分配与保护、废物处理、核能开发以及与工业项目选址相关的要求等，都牵涉到后代人的生存环境。"到目前为止的一切生产方式，都仅仅以取得劳动的最近的、最直接的效益为目的。那些只是在晚些时候才显现出来的、通过逐渐的重复和积累才产生效应的较远的结果，是完全被忽视了"②。

因而，面对当前的困境，人类再也不能形而上地对资源短缺、环境恶化与贫富悬殊割裂开来研究，必须从根源上进行剖析，才有可能找到走出困境的方式。

---

① 鲁品越：《汇率与中国经济的深层问题：兼论"隐产品"价格机制》，《学术月刊》2005 年第 10 期。

② 《马克思恩格斯选集》第 4 卷，人民出版社，1995 年，第 385 页。

三、哲学范畴中的资源概念

要想从根本上解决资源问题，使人与自然和谐共处，人与人和睦相处，不能停留在经济学领域，首先需从哲学层面厘清何谓资源。

从哲学上看，事物要成为资源，必须具备两个要件。第一，事物本身具有某种属性。这种属性不因人的存在而存在。例如构成生产要素进入社会再生产过程的，或者为再生产提供环境条件和前提条件的；还有进入和没有进入人类视野其他的自然存在物和社会存在物。这是它们成为资源的物质前提而不是资源本身。否则，宇宙中的一切事物都是资源。

第二，这个事物能够进入生产过程生产出满足人们需要的产品。换言之，资源需要从生活于世界中人们需求的满足中来理解。人们的需要和客观事物进入生产过程，受历史条件的制约。亚伯拉罕·马斯洛把人们的需要分成五个层次：第一个层次是生理需要，是人类维持自身存在的最基本要求；第二个层次是安全需要，即生活有保障、有秩序；第三个层次是希望自身成为群体中的一员，并得到关心和照顾；第四个层次是尊重需要，体验到自己存在的价值；第五个层次是实现自身理想、抱负，使自己成为所期望的人。前一需要的不断满足以及新的（后一）需要的不断生成，构成了人类社会发展的历史。为了便于说明问题，我们把人们的需要分为两类——生存的需要和发展的需要。生存需要，针对人的低层次需求即自然需求——人的生命是最高价值，如安全防范、危险之中逃生。正如马克思指出，"我们首先应当确定一切人类生存的第一个前提，也就是一切历史的第一个前提，这个前提是：人们为了能够创造历史，必须能够生活。但是为了生活，首先就需要吃喝住穿以及其他一些东西。因此第一个历史活动就是生产满足这些需要的资料，即生产物质生活本身，而且这是这样的历史活动，一切历史的一种基本条件，人们单是为了能够生活就必须每日每时去完成它，现在和几千年前都是这样……因此任何历史观的第一件事情就是必须注意上述基本事实的全部意义和全部范围，并给予应有的重视"①。

人的发展需要，主要内容是获得科学与人文知识以及心智的养成。科学知识与人文素养是人类进步的两个车轮：科学知识将使人文关怀获得新的理性工具、实证方法和技术手段，而人文关怀则向科学知识注入真、善、美的文化底

---

① 《马克思恩格斯选集》第 1 卷，人民出版社，1995 年，第 78～79 页。

蕴。心智是自我认识、自我调适、自我控制的能力，是对自己如何做人、做何种人的思考与设计等等，构成了自身能力的软件。

由于人一开始就是社会存在，所以有被他人、被社会承认的需要。"获得认可的欲望"来自人的精神本能，是精神的自我需要，是一种自我肯定，是自己价值在外部世界的镜像化。历史上的许多冲突并非为了存在，而是为了获得认可。马克思主义从来不否认个人的独立价值，但与把个人的价值孤立起来考虑不同，是把个人命运与人类的命运结合在一起。马克思指出："人是类存在物……因为人把自身当作普遍的因而也是自由的存在物来对待"①。人的不同规定性总是在人的不同类存在状态中获得的。否则，这个存在物在社会存在的意义上就不称其为"人"。

因而，人们利用资源生产和消费物品，除了获得使用价值，还为了满足人的伦理文化需要。当需要和需要的满足与文化伦理相联系时，也就与等级相连。它们不仅是一个个体内在的精神体系或价值体系的载体，而且是一个社会关系体系的载体。在社会中处于较高等级的"消费者与物的关系从特别用途上看转变为从它的全部意义上去看，洗衣机等除了作为器具之外，含有另外一层意义——广告、生产的商号和商标加强着一种一致的集体观念，好似一条链子、一个几乎无法分离的整体，不是一串简单的商品，而是一串意义，使消费者产生一系列更为复杂的动机"②。在这里，人们不在于"消费物的本身（使用价值），而是用来当作能够突出你的符号，或让你加入视为理想的团体，或参考一个地位更高的团体来摆脱本团体"③。这是由于，"消费领域是一个富有结构的社会领域。随着其他社会类别相对攀升，不仅是财富而且是需求本身，作为文化的不同特征，也都从一个模范团体，从一个起主导地位的优秀分子向其他类别过渡"④。以奢侈品为例，奢侈品——一种不为人强烈欲求的物品，拥有它的人会感到不错但没有也不会造成痛苦的东西——在于品质上的精美而不是数量的多少——该物在当时不是生存的必需品，而且可以轻易被取代的东西，但后来被认为是必需品⑤。享有奢侈品的人在社会中必然有很高地位。

① 马克思：《1844 年经济学哲学手稿》，人民出版社，2000 年，第 56 页。
② 让·鲍德里亚：《消费社会》，刘成富、全志刚译，南京大学出版社，2001 年 5 月，第 4 页。
③ 让·鲍德里亚：《消费社会》，刘成富、全志刚译，南京大学出版社，2001 年 5 月，第 48 页。
④ 让·鲍德里亚：《消费社会》，刘成富、全志刚译，南京大学出版社，2001 年 5 月，第 50 页。
⑤ 克里斯托弗·贝里：《奢侈的概念：概念及历史的探究》，江红译，上海世纪出版集团，2005 年 5 月，第 27 页。

当每个人在物质意义上都很贫穷时，物质资源增长显然使每个人受益。但到一定程度，物质增长不能取代可感知的幸福。幸福不是可计量的单位，它主要包含高度的自尊、可感知的对生活环境的高度控制、乐观主义和外向性等。而这些，需要更多的人类自身提供。另外人类自身在活动中所形成的有助于社会的稳定、促进社会发展的也是必不可少的资源——人世间的一切事物、运动、组织、制度、共同的庆典以某种方式再现所有社会风俗以及对存在的普遍解释，进而加强所有参与者对某些价值体系的信奉——在这个世界里，人一方面从贫困和贫乏中解放出来，获得客观性自由，另一方面又从本能的欲望的控制下解放出来，获得主观性自由。

因而，从事物属性和人类自身生存与发展需要来看，现在能够满足人们需要的是资源，没用的或有害的或许在将来成为资源。但这要取决于人类的实践能力，即能否推动——资源自身有限性与人类需求无限性的矛盾——人认识能力有限性与资源无限生成的矛盾——资源有用和有害（处所不当）矛盾的不断解决。

总之，资源是与人类实践能力相联系，并在社会历史中形成的，能满足人类生存和发展需要的客观（有形或无形）事物。需要特别指出，在商品世界中，资源是指使用价值——人与客观世界的关系。没有凝结人类劳动的资源能够满足人们的需要，凝结了人类一般劳动的资源，最终意义上仍然是以其客观属性满足人们的需要。商品的另一属性——价值，体现的是人与人之间的关系。作为价值化身的货币，本质上是一般等价物，促进交换，便于使用价值的实现。若将占有货币作为目的，虽然交换双方平等，但也有可能阻碍使用价值的实现或者效用的最大化。因而，它既可能加速社会的进程，也可能影响人类的发展。

第二节　资源在人类实践中生成、创造

客观世界中的一切事物，或是潜在的、或是现实的资源。而潜在的资源在何时、何种程度上成为满足人们的需要的现实资源，取决于人们的社会实践能力。换言之，资源是一种已经主体化的客体或客体化的主体，而联结主体与客体的是实践。

一、实践、主体、客体

实践作为哲学范畴，是人类的根本属性和存在方式，是自然、社会和思维

统一的基础。实践通过其感性活动，改变现存世界（包括改变自然和社会两部分），创造满足人的物质需求和精神需求的产品。正如马克思所言，"社会生活在本质上是实践的"①；"环境的改变和人的活动一致，只能被看作是并合理地理解为变革的实践"②。这一实践过程，其实质就是主体与客体之间交换物质、能量和信息的过程。要想这一过程延续，还必须不断地调整主体间关系。这种主体间关系不断调整、生成的过程，实质上也是人类自身资源生成的过程，它们表现为政治、经济和文化等各方面的社会关系。只有在此意义上，才能正确理解"劳动首先是人和自然之间的过程，是人以自身的活动来中介、调整和控制人和自然之间的物质变换过程。人自身作为一种自然力与自然物质相对立。为了在对自身生活有用的形式上占有自然物质，人就使他身上的自然力——臂和腿、头和手运动起来。当他通过这种运动作用于他身外的自然并改变自然时，也就同时改变他自身的自然。他使自身的自然中蕴藏着的潜力发挥出来，并且使这种力的活动受他自己控制"③。若对"对象、现实、感性，只是从客体的或者直观的形式去理解，而不是把它们当作人的感性活动，当作实践去理解，不是从主体方面去理解"④ 的话，那只能说是旧唯物主义（包括费尔巴哈的唯物主义）没有揭示人的实践本质。

当然，并不是所有的人都自然地是主体。主体意蕴的是一种人的存在对于其他事物的支配、中心、目的的地位与意义。不论从空间或时间上看，主体都来源于并从属于无限的物质本体及其存在形态。正如马克思所说，"人作为自然存在物，而且作为有生命的自然存在物，一方面具有自然力、生命力，是能动的自然存在物；另一方面作为自然的、肉体的、感性的、对象性的存在物，和动植物一样，是受制约的和受限制的存在物，他的欲望的对象是作为不依赖于他的对象而存在于他之外的"⑤。

作为能动的一面恰恰是主体的表征：一是，主体作为一种社会性的存在物，在现实生活中往往以个体、集体、社会三种形式存在。"因为人的本质是人的真正的社会联系，所以人在积极实现自己本质的过程中创造、生产人的社会联系、社会本质，而社会本质不是一种同单个人相对立的抽象的一般的力

---

① 《马克思恩格斯选集》第 1 卷，人民出版社，1995 年，第 60 页。
② 《马克思恩格斯选集》第 1 卷，人民出版社，1995 年，第 59 页。
③ 马克思：《资本论》第 1 卷，人民出版社，2004 年，第 207～208 页。
④ 《马克思恩格斯选集》第 1 卷，人民出版社，1995 年，第 58 页。
⑤ 《马克思恩格斯全集》第 42 卷，人民出版社，1979 年，第 167～168 页。

量，而是每一个单个人的本质，是他自己的活动，他自己的生活，他自己的享受，他自己的财富"①。也就是说，只有与类主体生活内在联系的单个主体的生活才是真正的主体生活，也只有与单个主体生活内在联系的类生活才是真正的类生活。只有个体、共同体与社会具有内在统一性，才能确证主体的本真。

二是计划性和目的性。马克思指出，"蜘蛛的活动与织工的活动相似，蜜蜂建筑蜂房的本领使人间的许多建筑师感到惭愧。但是，最蹩脚的建筑师从一开始就比最灵巧的蜜蜂高明的地方，是他在用蜂蜡建筑蜂房之前，已经在自己的头脑中，把它建成了。劳动过程结束时得到的结果，在这个过程开始时就已经在劳动者的表象中存在着，即已经观念地存在着。他不仅使自然物发生形式变化，同时他还在自然物中实现自己的目的，这个目的是他所知道的，是作为规律决定着他的活动方式和方法的，他必须使他的意志服从这个目的"②。康德也指出，"人，是主体，最适合于服从他给自己规定的法律——或者是给他单独规定的，或者是给他与别人共同规定的法律。物，是指那些不可能承担责任主体的东西，他是意志自由活动的对象，它本身没有自由"③。

三是主体的能动性突出表现为创造性。创造性是主体具有的内在特性，是主体性的最高表现，其实质是追求主体、主体的活动与主体活动的结果的统一，最终达到自由全面发展。正如马克思所言，"黑格尔把人的自我产生看作一个过程，把对象化看作失去对象，看作外化和这种外化的扬弃；因而，他抓住了劳动的本质，把对象性的人、现实的因而是真正的人理解为他自己劳动的结果"④。

创造是主体自身的本质力量的对象化和外部世界及其与主体的关系的观念化、非现存化，是在人与世界关系中主体本质力量非重复性地外在化、对象化、客体化的过程，同时也是外部世界、对象、客体内在化、观念化与主体化的过程，是主体的力量和能力的表现。恰如一位学者所言，"在世界与人的存在之间建立了一种附加的联系，增添和开拓出新领域而使世界更广阔，同时又由于使人的内在心灵能体验到这种新领域而丰富发展了人本身"⑤。人类的生

① 《马克思恩格斯全集》第42卷，人民出版社，1979年，第24页。
② 马克思：《资本论》第1卷，人民出版社，2004年，第208页。
③ 康德：《法的形而上学原理》，沈叔平译，商务印书馆，1997年，第26页。
④ 《马克思恩格斯全集》第3卷，人民出版社，2002年，第319～320页。
⑤ S·阿瑞提：《创造的秘密》，钱岗南译，辽宁人民出版社，1987年，第5～6页。

存史表明，"现有的一切美好事物都是首创性所结的果实"①。

由于创新是主体的求新活动，表现为新的内容或形式、新的结构或功能的生成，其内涵和外延都具有相当的不确定性和可延展性。当主体用状态构成变化，一切创造都是不可理解的，即使可能，也是有限的。一旦主体置身于、横贯于实践变化过程中，进而区分出各种状态，创造性就成为可能。毕竟，在变化中的东西多于在一系列位置上的东西。对于单个主体来说，创造是偶然的、是有限的；对于人类主体而言，创造是普遍的、必然的。主体的延续性和继承性使得创造性认识与实践活动有可能揭示无限未知客体与已知事物的未探讨方面的关联性，促进客体的资源化。

人作为主体之外受动性的方面，以及本然的、原始的自然界，被改造了的自然界（人化的自然），主体活动创造的一个感觉的、情绪的、新鲜的、观念的、符号的世界都是客体。这些客体以三种面貌呈现在主体面前：一是有用状态，能够被利用；二是有害状态，构成对主体生存与发展的威胁与破坏；三是暂时既无害又无用的状态。把有用状态的客体称之为资源；后两者若经过人的实践活动，也能满足人们的需要，是一种潜在的资源。潜在资源在何时、何种程度上成为满足主体需要的现实资源，视主体的实践能力而定。

主体、客体与主体改造客体的物质实践活动构成了社会生活本身。由于每个人的情况、所处的环境、所具有的禀赋、天资都不尽相同，因而不可能按照同一模式来生活。通过实践，人呈现出一种集自然与社会、物质与精神、个性与全面、理想与现实、历史与生成等为一体的总体性存在，这种存在通过继承前人创造的历史成果不断走向一个"自由人联合体"的阶段。

二、客体资源化与主体资源化

作为主体的人的发展不是自然过程，也不是脱离自然的过程。客体始终作为客观因素和客观条件制约着主体的活动：主体对客体的对象性关系不能离开一定的社会生产力水平和生产关系状况；自然的规律也不可能完全消融到对它占有的社会过程中。"宇宙的一切现象，不论是由人手创造的，还是由自然的一般规律引起的，都不是真正的新创造，而只是物质的形态变化"②。

然而，主体不囿于这种制约，总是力图且能够超越这种制约，面向未来无终点地开放性发展。这表现在：人们沿着其认为合理的方向，运用特定的手

① 约翰·密尔：《论自由》，程崇华译，商务印书馆，1959 年，第 70 页。
② 马克思：《资本论》第 1 卷，人民出版社，2004 年，第 56 页。

段，把自己与自然分开，通过实践在可能的范围内有效地改造客观世界，使需要不仅能直接从自然界取得满足，也能通过劳动实践变天然自然物为人工自然物而获得满足。马克思指出，"动物只是按照它所属的那个种的尺度和需要来改造，而人懂得按照任何一个种的尺度来进行生产，并且懂得处处都把内在尺度运用于对象。因此，人也按照美的规律来构造"①。

"种的尺度"，即"真"的尺度，要求主体根据客体的属性进行实践活动，创造自身需要的资源。主体对客体认识的越深刻，越利于在实践活动中客体向主体性转化，这是主体所追求的工具理性和科学境界。换言之，"意志自由只是借助于对事物的认识来做出决定的能力。因此，人对一定问题的判断越是自由，这个判断的内容所具有的必然性就越大；而犹豫不决是以不知为基础的，它看来好像是在许多不同的和相互矛盾的可能的决定中任意进行选择，但恰好由此证明它的不自由，证明它被正好应该由它支配的对象所支配"②。

"内在尺度"是主体需要的尺度。从客体中获取自己所需要的资源，是主体进行实践活动的动力与目的。主体总是使自己成为衡量一切生活关系的尺度，按照自己要求去估价这些关系，根据自己的本性的需要来安排世界。如果主体学会了怎样有效地作用于这个宇宙，进而成为这个宇宙不可分割的组成部分，即当"真"与需要的满足一致时，主体会感受到主客体之间的协调美，进而产生愉悦、恬适、崇高、充实、温馨等情感。此时，主体在与客体统一中得到升华。

然而，实践活动有着内在矛盾。这个矛盾不仅表现在主体与客体之间的对立统一，也表现在主体自身的冲突中。一方面，主体在情感和理智、理想和现实、选择和放弃、有为和无为之间，在这样和那样想、这样和那样做之间，常常困惑、犹豫，甚至不知所措；另一方面，在单个的主体之间、群体主体以至人类主体中间，它们的差异不可避免地会在实践过程中表现出来，甚至发生激烈的冲突。这些冲突影响客体向资源转化的效率及其速度，即资源创造的效率。

主体改造客观世界获取满足需要的资源的实践活动，就是创造资源的活动。主体的创造性把主体无限的自身欲望、无限的客观事物连接起来。虽然创造性不仅受主体自身认识与实践能力的制约，并且主体的对象性关系也受制于

① 马克思：《1844 年经济学哲学手稿》，人民出版社，2000 年，第 58 页。
② 《马克思恩格斯选集》第 3 卷，人民出版社，1995 年，第 455～456 页。

历史条件和生态环境，但一旦突破这些制约，实现其创造性，主体就能够不断地使客体资源化、主体客体化，不断地调整主体间、主客体间的相互关系，朝着有利于主体发展的方向前进。

客体资源化的过程，也就是主体客体化的过程。一方面，主体通过实践活动，使客体向着满足主体需要的资源转化，使客体在相互作用中成为适应主体需要和确证主体本质的资源。随着主体实践能力的增强，客体呈加速状态向资源转化。另一方面，主体在自然中延伸，主体使自身的某些部分也具有资源的属性。在这个过程中，主体自身资源属性的作用越来越突出，例如科学技术等。主体资源化意味着单个主体由原来的与群体、社会相敌对的、自我孤立的个人回归到本来意义上的和自己的群体、社会和谐地结合在一起，成为社会有机的一分子。

主体客体化与客体主体化的矛盾运动不仅彰显人类进化的历程与动力源，而且凸现主体的求真、求善、求美更多依赖于主体自身，而且也为人类可持续发展提供了哲学根据。

其一，主体全面发展依赖于其自身资源的开发。不论何时何地，主体都具有自然的"未定化"性，人的天性不单单只是遗传，更是变化着的文化造就，是人在生命实践中的自我生成。"人的生活并不遵循一个预先建立的进程，而大自然似乎只做一半就让他上路了，把另一半留给人自己去完成。……人可以并必须塑造自己"[1]。同时，本然的、既有的自然不能满足人的多样复杂性需要，尤其是人所特有的发展性、主动性需要。马克思说，"人以其需要的无限性和广泛性区别于其他一切动物"[2]。主体满足需要的实践活动是在有目的、有意识的指导下进行的。这里的意识不仅指科学技术，也指艺术、道德、信仰等内容，具有照亮其他东西而自身处于阴影中的事物，是总体性的和不确定的统一。换言之，意识是主体与客体、主体与主体之间的相互关系、相互作用的产物，存在于想象和现实彼此搭接的相互干预的边缘地带。当主体思考意识并由意识指导行动时，主体就向着自我完善迈出了最重要的一步。

其二，主体的生存样式、内容、结构决定着创造资源的实践活动的内容与形式，也决定着主体的需求定位与需求取向。主体以自己为根据，通过创造活动，广泛运用自然的能量充实生命，充实主体的本质内容，并把生存变成

---

① 米夏埃尔·兰德曼：《哲学人类学》，张乐天译，上海译文出版社，1988年，第7页。
② 《马克思恩格斯全集》第49卷，人民出版社，1982年，第130页。

"自我规定"的自由的存在，让主体性不断得以展开和澄明。主体这一实践活动的方式、生存的类型、生存时空的展开、生存的自由程度、生存方式的不断转换与更新，构成人类生存的历史，构成现实与未来承接与发展的链条。该链条充满着生命激情和人生理想，充满着种种可能性筹划。这种筹划在超越的"无"与现存的"有"的过程中不断展开，使文化得以延伸，创造性得以增添。在这过程中，主体不断地积累着、孕育着、塑造着自己生存本质、意义本质；不断地丰富主体自身的心智和感悟，懂得如何追求与放弃。

换言之，主体通过认识，思维把握客体，掌握事物本质和普遍规律，使之朝着满足主体需要的方向转化，进而达到主客体统一。这正是"自由不在于从幻想中摆脱自然规律的独立，而在于认识这些规律，从而能够有计划地使自然规律为一定的目的服务"①。

第三，客体主体化与主体资源化趋势的加强，促使主体间、主客体间走向和谐。历史在经历了客体的时代——前现代社会，又经历了"我思故我在"与"人为自然立法"的"主客二分"时代。没有主客二分，就没有自然科学的迅速发展；停留在主客二分上，终因主客彼此外在，而达不到人与自然的交融。

具体而言，单纯地在客观规律（科学技术）的指导下，容易招致在操作层面把自然物仅仅当作对人有利的资源加以保护，但由于自身的局限，会遇到一些难以克服的问题：它把枯燥乏味的实事抬到首位，进而给自然科学知识一种与世隔绝的品格；根本不可能确切知道，一个物种的毁灭或一个特定有限生态系统的破坏会产生哪些影响——有些自然物现在看来觉得无用，但在未来的某一天成为资源；而有用的，从长远的观点看未必就真的有用。如，以为征服和掠夺大自然是我们的福祉所在，但事实证明是错的。超越"主客二分"的是"天人合一"，这是对"主客二分"的"否定之否定"。科学技术的进步为主体提供了更多的休闲时间②，但主体如何休闲，以及休闲交往的自由性和非功利性则依赖于人与人之间关系等提供的空间：一方面主体在这里摆脱了物质利益的纠缠，主要以欣赏体验为主，而不以占有与消费为主，此时形成主体与客体间的和谐；另一方面，艺术、道德、信仰等理念的发展，不仅成为自然资源有效利用的不可缺少的条件，而且促使它们愈发成为更适合主体生存发展的

---

① 《马克思恩格斯选集》第 3 卷，人民出版社，1995 年，第 455 页。
② 王景全：《休闲对于个体幸福的社会意义》，《光明日报》2007 年 6 月 5 日。

精神家园——允许并鼓励主体流露、分享感情，缓解精神疲劳，释放心理压力。这在一定程度上抑制或化解社会冲突的诱发因子，形成主体间和衷共济、平等发展，利己利他平衡、代与代协调，自助互助共信、自律互律制约的社会环境。

总之，人类社会的发展是建立在人类利用其自身拥有的资源对自然界进行开发、萃取、利用和加工等过程的基础上的。一部人类社会发展史，就是人类社会开发、利用和保护资源的历史。

第三节　资源的种类：从生成论的视角

资源存在于两大领域：自然界和人类社会。根据资源的属性与主体需要满足的方式，有多种划分标准。例如，以满足人们的生活性还是生产性方面的需要为根据，可分为生活性资源与生产性资源。生产性资源，根据资源的形态及其人化程度，又有初级资源、中级资源、高级资源之分；其中初级资源主要指资本、土地、区位、自然资源，中级资源指知识、技术、才能、制度，高级资源有组织、网络、文化、艺术、信仰、伦理观念等。按照资源是否有形与无形来划分，有有形资源、无形资源两类。有形资源是由有形物质构成的资源——如矿藏、机器、设备等等；而无形资源则包括非物质的无形事物——时间、空间、气候、自然信息，以及人文信息资源（如信誉、知识、社会关系网络）等等。按照资源是否能够贮存，可分为可贮存的资源和不可贮存的资源，前者如物质资源，后者如时间、注意力、记忆力、思维力，等等。

本研究立足于走科学发展之路，根据资源在人类历史进程中作用的变化及其演进特点，分为物质资源和人类自身资源。人和自然关系的和谐，依赖于科学认识和有效利用物质资源，而要有效地利用，又离不开人类自身资源有效开发和合理配置，而这又需要人和人之间真正平等合作关系的形成。

一、物质资源

物质资源，指在一定的技术、经济条件下，能够转化为满足人们生存和发展的物质和精神需要的客观存在物。它由自然资源和人化自然资源组成。

（一）自然资源，指自然物质、自然条件、生态环境等资源，它们是在长期的宇宙演化中生成的。

根据生成时间的长短和是否枯竭，自然资源有不可枯竭资源、可再生的可枯竭资源和不可再生的可枯竭资源之分。不可枯竭资源，指能够通过自然力以某一增长率保持或不断增加流量的资源，如土地、风力、地热、潮汐、海水、太阳能等等，不因为人类的使用而枯竭；可再生的可枯竭资源，如淡水资源，绝大多数是以极地冰盖和高山冰川的形式存在，人类生存所依赖的河流、湖泊、地下水和生物体内的水不到全球总水量的1%，而这些的2/3在水循环中蒸发了。如果开发利用不合理，也可变成可耗竭资源（如物种消失）。即一旦主体消耗超过它们的再生速度，它们便会面临枯竭，而主体采取一定的措施，就可延缓其枯竭。正如马克思所言，"这些自然条件可以归结为人本身的自然和人的周围的自然。外在自然条件在经济上可以分为两大类：生活资料的自然富源，例如土壤的肥力，渔产丰富的水域等等；劳动资料的自然富源，如奔腾的瀑布、可以航行的河流、森林、金属、煤炭等等。在文化初期，第一类自然富源具有决定性的意义；在较高的发展阶段，第二类自然富源具有决定性的意义。……绝对必须满足的自然需要的数量越少，土壤自然肥力越大，气候越好，维持和再生产生产者所必要的劳动时间就越少"①。

不可再生的可枯竭资源，有石油、煤、各种金属矿藏等等。到目前为止，世界发现矿产近200种，其中较为丰富的有铁、钒等，其静态储量的保证年限在132～230年之间，而较为紧张的有铜、铅、锌和镁等，仅在30年左右。对不可再生资源而言，又可分为可回收的不可再生资源和不可回收的不可再生资源。前者指不可再生资源产品的效用丧失后，大部分物质还可回收利用，主要指金属矿产资源；后者指不可再生资源在使用过程中不可逆，在使用后不能回复原状，主要指煤、石油、天然气等能源资源。这类自然资源的再生速度以地质年代计，是几百万年前被地球吸收的太阳能积累而成，若对这类资源不能高效地开发与利用，不仅会使它们自身加剧枯竭，还极有可能导致其他资源处于闲置状态，使生态环境恶化，加剧人类的生存危机。

在当下，全球关注的资源问题主要是能源问题。它突出表现在两个方面：一是短缺，二是全球气候变暖。能源主要有四种：一是来自太阳的能源，如直接利用的太阳能、生物质能以及水能、风能、海洋能等，属不可枯竭类；煤炭、石油、天然气等矿物燃料也是由太阳能转换来的能源，但可枯竭；二是地热能，主要表现为温泉和火山爆发喷出的岩浆；三是原子核能，主要是铀原子的核裂变反应和氘的核聚变反应；四是地球和月球、太阳灯天体之间有规律的运动及相对位置变化所形成的能源，如潮汐能。这些能源在人类历史的进程中

---

① 马克思：《资本论》第1卷，人民出版社，2004年，第586页。

可分为常规能源和新能源，前者指已经得到大规模利用、技术较成熟的能源，与人类相处时间较久，如化石燃料、水能等；后者指通过新技术和新材料开发利用的能源，如风能、氢能、核能等，出现的时间较晚。

人类最基本的自然资源是土地，马克思曾指出，"土地（在经济学上也包括水）最初一食物，现成的生活资料供给人类。它未经人的协助，就作为人类劳动的一般对象而存在。所有那些通过劳动只是同土地脱离直接联系的东西，都是天然存在的劳动对象。例如……相反，已经被以前的劳动滤过的劳动对象，我们称为原料。土地是他的原始的食物仓，也是他的原始的劳动资料库"①。

在土地资源基础上，人类从事种植业、养殖业和渔业。种植业包括粮食作物和经济作物等，粮食作物有谷类、薯类和豆类等，对其进行深加工，可形成产、供、销产业链；经济作物包括蔬菜、瓜果、花卉等园艺作物，宜于专业化生产和经营。养殖业，包括家畜家禽饲与经济动物驯养，除了提供肉等丰富食品，还为工业提供原料和农业提供役畜和粪肥。渔业主要提供食品和工业原料等。

除了这些传统的资源外，农村还有一种重要的资源——生物质能源，它包括：农业废弃物、农产品加工废弃物（包括稻壳、玉米芯、花生壳、甘蔗渣和棉籽壳等），林地的有机废弃物（枯枝、藤条、锯末等）、动物粪便等，加上不适宜种植农作物的盐碱地、荒地等劣质地和气候干旱地区以及边际土地可种植的植物；每年通过正常的灌木平茬复壮、森林抚育间伐、果树绿篱修剪以及收集森林采伐、造材、加工剩余物，以及工业企业每年排放的（可转化为沼气）有机废水和废渣可生产沼气等。"原料的多元化"与"产品的多元化"是生物质能源的主要特征。这些资源或多或少已被认识或被利用，如直接燃烧、沼气原料、生物乙醇等，但由于认识不到位或技术跟不上，这些资源没有得到有效利用，没有生成产业链。大都在田间地头白白烧掉了，既浪费资源也污染环境。

以秸秆资源化为例，若秸秆得到充分利用，能够带来可观的经济和生态效益。其一，据专家测算，每生产1吨玉米可产2吨秸秆，每生产1吨稻谷和小麦可产1吨秸秆，并且一吨普通的秸秆营养价值平均与0.25吨粮食的营养价值相当，并含有一定量的钙、磷、钾等矿物质。其二，秸秆还田（沤肥含沼气渣、根茬、过腹粉碎等）不仅调节耕层水、肥、气、热，增强各种微生物

---

① 马克思：《资本论》第1卷，人民出版社，2004年，第209页。

的活性；还提供丰富的养分，减少除草剂的使用等等，使得平均每亩增产幅度在 10% 以上。其三，秸秆还可用于培育食用菌的培养基、造纸、制作板材等。更为重要的是，秸秆是一种人类利用最早、最直接的、而且是重要的能源，能够替代石油、煤、林木、肥料，减少它们的投入。经测算，秸秆发电与同样中等规模烧煤的火电厂相比，一年可节约标准煤 7.5 万吨，减少二氧化硫排放量635 吨，烟尘排放量 400 吨，燃烧后的秸秆灰还可加工复合肥实现再利用。由于秸秆在生产过程中要消耗 CO_2，正好抵消其燃烧过程中产生的 CO_2，基本可以认为秸秆发电是 CO_2 零排放。生物质的这种多功能性使它在众多的可再生能源不可替代。中国每年农作物秸秆资源量约占中国生物质能资源量的一半，每年产生的农作物秸秆，就折合 1.5 亿吨标准煤。再看甘蔗这种生物质，提取糖以后的甘蔗渣不仅可作为锅炉燃料、人造板、制浆造纸或包装材料以及制备木糖、木糖醇、糠醛、活性炭、膳食纤维等许多高附加值产品等，还可用于开发乙醇、生物柴油等可再生燃料。

畜禽粪便及其废水含有很多的有机物。若经沼气池发酵后，一是提取沼气，减少农村与城市争夺化石能源；二是经处理后的水可用于农业灌溉和其它杂用；三是残渣用作土壤改良剂，不仅减少农药化肥的使用量，而且农产品一般也可增产 10% ~30%。因而，通过沼气工程建立以养殖业为中心，集农业、林业、渔业、加工业为一体的生态农业系统，达到系统内部物质和能量的循环利用。这些生物质能源的利用，不仅在于缓解化石能源短缺，更在于通过生物质能源利用减少二氧化碳排放，减少碳氢化物、氮氧化物等对大气的污染，以达到改善能源结构、提高能源利用效率、减轻环境压力。如种植 0.15 亿公顷草本植物，相当于增加 1500 万公顷森林碳汇，可固定 1.1 亿吨二氧化碳；每年生产 2000 万吨生物燃料，可发出 500 亿度电，节约能源 0.16 亿吨标准煤，减少二氧化碳排放 0.33 多亿吨①。若能充分利用农村的生物质能源，不仅能够解决农村自身的能源问题，还可为城市输送电能。

然而，不同性质的自然资源之间的相互作用形成一个复杂的生态系统，系统中的每一种资源都是一个环节、一个链条，任何一种自然资源的变动都会引起其他自然资源的连锁反应以至整体结构的变化，如某个链条、环节的缺损或破坏都可导致整个生态系统平衡扰动甚至崩溃。兽类对周围环境有着高度的适应性，一旦环境发生变化，就必须调整自身与环境的关系方能生存下去。有的

---

① 窦观一、蒋高明：《"种石油"应对气候变化有助于再就业》，《科学时报》2009 年 11 月 27 日。

科学家计算过，1只燕子在夏季里就能吃掉50万到100万只苍蝇、蚊子和蚜虫；除此而外，有的鸟类嗜食腐烂尸体，对清洁环境有益；啄花鸟和太阳鸟以取食花蜜为食，从而为花木传播花粉。生态系统的复杂程度愈大，愈能够以极其丰富和多样的食品和产物来滋养人类社会，愈是能够促成社会秩序的丰富和多样化。

总之，不论人类社会发展到哪种形态，自然资源始终是不可或缺的物质基础和生存发展的基本条件。即使在知识经济时代，知识只是催化加速剂，不能也无法代替自然资源。因而，需要人类慎重对待自然资源，依据自然的规律开发和利用。人与自然的关系用一句话概括：如果人按照自然生活，人将永远不会贫穷；如果自作主张，人将永远不会富有。

（二）人化自然资源，即经过人类改造过的自然资源，主要指利用自然资源的机器设备及其基础设施（包括利用太阳能、风能、地热能、海洋能、生物质能、氢能、新颖高效的磁流体发电技术和核能等设施），以及对这些进行可"通约"的货币等。在生产生活中投入这些资源，实质上也就是间接地投入自然资源，"在人类历史中即在人类社会的生产过程中形成的自然界是人的现实的自然界；因此，通过工业——尽管以异化的形式——形成的自然界，是真正的、人类学的自然界"①。

对自然的改造和利用以及对人化自然资源的再加工，反映了主体的实践能力。不同时期的资源环境开发有着不同的空间扩展表现。

在古代，由于水、土资源开发的空间扩展能力有限，造就了封闭的自给自足经济——一方水土养一方人。作为现代农业发展必不缺少的物质基础的化肥和农药等的生产和使用过程，不仅生产消耗着大量不可再生的化石矿物，如石油、天然气、煤炭等，而且运输过程也消耗着大量的能源。据统计，一般工业化生产的终极消费产品占资源原料的20%～30%，即70%～80%成为工业废弃物，而不同的消费产品的使用寿命周期又决定了它必然或迟或早地作为废弃物排放，成为垃圾的一部分。随着资源开发广度和深度的不断增加，人类逐步建立起了一种与自然能量交换相佐的物质交换机制，通过有效控制物质自身物理和化学的变化过程来实现满足人类生活自身生存与发展需求的一切物质再创造。于是，产品结构的多元化发展和产业链条的不断延长便构成了整个现代社会的两大基本特征。

---

① 《马克思恩格斯全集》第42卷，人民出版社，1979年，第128页。

在当下对经济社会发展有全局性支配作用的资源——金融，成为自然资源、人化自然资源的"蓄水池"，成为各种不同资源相同的符号和衡量标准。"资本的祖国不是草木繁茂的热带，而是温带。不是土壤的绝对肥力，而是它的差异性和它的自然产品的多样性，形成社会分工的自然基础，并且通过人所处的自然环境的变化，促使他们自己的需要、能力、劳动资料和劳动方式趋于多样化"①。对货币的过分追求，也就是追逐占有更多的物质资源和人类自身资源，加速资源的消耗。

煤、天然气和石油等这些来自地下贮藏的能源，为工业文明提供了大量补贴，大大促进了经济增长，但与此同时这意味着人类文明开始吃的不是"利息"，而是自然界的"老本"（老本总有吃尽的时候）。能源矿产的开发和利用涉及了人类生产与生活的整个过程，目前全世界每人每年直接消耗的能源矿产量在 2～4 吨，如果考虑由于资源开发和基础设施建设所造成基础开发与水土流失的隐性消费物，则将达到 4～42 吨。与此相伴随的，物质不灭定律表明，在科学技术不很发达的条件下，生产和生活中过多的副产品带来的将是加倍的影响：不仅恶化环境的自净能力，而且损害人类自身资源。长此以往，终将出现熵定律所蕴含的哲学意义：可见的和相互异质的变化会逐渐弱化为不可见的和同质的变化，太阳系千变万化的不稳定性将逐渐让位于无限重复的基本振动的相对稳定性，使人类生存环境处于"热寂"状态。

二、人类自身资源：劳动力资源、组织资源、社会资源和知识资源

物质资源固然重要，但其自身的特性加上数量的有限性，无法满足人类主体多方面的需求和自觉推动主体的全面发展，"改善穷人福利的决定性生产要素不是空间、能源和耕地，决定性要素是人口质量的改善和知识的增进"②。也就是，主体的认知能力加上当代生活世界所赋予本身的意义，使主体不断从自身挖掘资源，以获得更好的生存条件。"资本和自然要素是被动的生产要素，人是积累资本，开发自然资源，建立社会、经济和政治组织并推动国家向前发展的主动力量。显而易见，一个国家如果不能发展人民的技能和知识，就不能发展任何别的东西"③。

可是，人"不仅仅是自然存在物，而且是人的自然存在物，就是说，是

① 马克思：《资本论》第 1 卷，人民出版社，2004 年，第 587 页。
② 舒尔茨：《人的投资：人口质量经济学》，经济科学出版社，1991 年，第 4 页。
③ 哈比森：《作为国民财富的人力资源》（英文版），牛津大学出版社，1973 年，第 3 页。

自为地存在着的存在物,因而是类存在物。他必须既在自己的存在中也在自己的知识中确证并表现自身"①。作为自然存在物的人,是指人作为一种生命体,来自于自然,存在于自然。"不仅五官感觉,而且连所谓的精神感觉、实践感觉(意志、爱等等),一句话,人的感觉、感觉的人性,都是由于它的对象的存在,由于人化的自然界,才产生出来的"②。

实际上,人不只是自然的和实践的存在物,而且是社会的存在物。"生命的生产,无论是通过劳动而达到的自己生命的生产,或是通过生育而达到的他人生命的生产,就立即表现为双重关系:一方面是自然关系,另一方面是社会关系;社会关系的含义在这里是指许多个人的共同活动"③。

"自然关系"是指"现实的人"通过劳动创造满足"他们的物质生活条件"④。然而,这一关系除了受自然的制约,还受前人创造的和自己创造的物质生活条件的制约。在物质生产过程中结成的"生产关系总和起来就成为所谓社会关系,构成所谓社会,而且是构成为一个处于一定历史发展阶段上的社会,且有独特的特征的社会"⑤。"一定历史阶段"与"独特的特征"等表明,社会是人们交互活动的产物,其"本质不是一种同单个人相对立的一般的抽象的力量,而是每一个单个人的本质……人们——不是抽象概念,而是作为现实的、活生生的、特殊的个人"⑥。而个人不仅是"全部人类历史的第一个前提",而且有自己的特点和爱好,并以"一切社会关系的总和"与其他人或群体相区别。在社会中,人们基于相近的社会地位、职业和收入,或因地缘、血缘等相同的因素,会形成的较大的社会单元,如家庭、家族、商会、社区,政党、阶层、阶级、国家,以及其他的社会团体或共同体。也正是这些,构成了人类社会纷繁复杂的状况。基于此,社会的自然与自然的社会所构成的世界——"就是人的世界"。

然而,不论现实的人以个体还是类的方式存在,"人们的社会历史始终只是他们的个体发展的历史"⑦。

在人们关系演变的这一历史进程中,"人们自己创造自己的历史,但是到

① 《马克思恩格斯全集》第 3 卷,人民出版社,2002 年,第 326 页。
② 《马克思恩格斯全集》第 3 卷,人民出版社,2002 年,第 305 页。
③ 《马克思恩格斯选集》第 1 卷,人民出版社,1995 年,第 80 页。
④ 《马克思恩格斯选集》第 1 卷,人民出版社,1995 年,第 67 页。
⑤ 《马克思恩格斯选集》第 1 卷,人民出版社,1995 年,第 345 页。
⑥ 马克思:《1844 年经济学哲学手稿》,人民出版社,2000 年,第 170~171 页。
⑦ 《马克思恩格斯选集》第 4 卷,人民出版社,1995 年,第 532 页。

现在为止，他们并不是按照共同的意志，根据一个共同的计划，甚至不是在一个有明确界限的既定社会内来创造自己的历史，他们的意向是相互交错的。正因为如此，在所有这样的社会里，都是那种以偶然性为其补充和表现形式的必然性占统治地位。在这里通过各种偶然性而得到实现的必然性，归根到底仍然是经济的必然性。……恰巧某个伟大人物在一定时间出现于某一国家，这当然纯粹是一种偶然现象。但是，如果我们把这个人去掉，那时就会需要有另外一个人来代替他，并且这个代替者是会出现的，不论好一些或差一些，但是最终总是会出现的"①。这种出现意味着"他周围的感性世界决不是某种开天辟地以来就已存在的、始终如一的东西，而是工业和社会状况的产物，是历史的产物，是世世代代活动的结果，其中每一代都在前一代所达到的基础上继续发展前一代的工业和交往方式，并随着需要的改变而改变它的社会制度"②。

因而，"首先要研究人的一般本性，然后要研究在每个时代历史的发生了变化的人的本性"③。也就是，"个人怎样表现自己的生活，他们自己就是怎样。因此，他们是什么样的，这同他们的生产是一致的———既和他们生产什么一致，又和他们怎样生产一致。因而，个人是什么样的，这取决于他们进行生产的物质条件"④。

因此，人类自身的资源包括劳动力资源、组织资源、社会资源和知识资源。

（一）劳动力资源

作为手段的个体，反映的是人作为资源的一面，是为了实现人的目的而需要付出的体力与智力。进入劳动力市场的，正是人的这一面。作为目的的"人"，反映的是人的主体的一面，是运用资源的主体。它是人之为人的内在的、本质的属性——生命的意义，是人类不可转让的权利。但如果只要求具备后者而不履行前者，马克思曾明确指出，"只是在由必须和外在目的规定要做的劳动终止的地方才开始；因而按照事物的本性来说，它存在于真正物质生产领域的彼岸"⑤。

劳动力资源是社会活动的细胞，是把自然资源转换为社会需要的加工器，

① 《马克思恩格斯选集》第4卷，人民出版社，1995年，第732～733页。

② 《马克思恩格斯选集》第1卷，人民出版社，1995年，第76页。

③ 《马克思恩格斯全集》第23卷，人民出版社，1972年，第669页。

④ 《马克思恩格斯选集》第1卷，人民出版社，1995年，第67～68页。

⑤ 《马克思恩格斯全集》第25卷，人民出版社，1975年，第926页。

是二者之间的中介。一般地，劳动力资源包含三个要素：自然的体力、掌握基本技术与遵守基本规则、一般社会属性的脑力。自然的体力是人力资源的物质基础，掌握基本技术与遵守基本规则是劳动力资源的基本内容，社会属性的脑力——适应性、创造性、细心、耐力与意志、工作责任心等是人进一步发展所应具备的基本要求。此外，在活动过程中出现的情绪现象，并不是神经活动中一种没有用处的附带现象，它很可能控制着过程的进程及其结果。当然，在历史进程的不同阶段，劳动力资源的具体内涵并不完全一样，具有时代所赋予的要求。

必须指出，在一定经济发展过程中，并不是劳动力越多越好，而是需要质和量的统一。当前中国劳动年龄人口比重大，劳动力资源丰富，为经济快速发展提供了强大的动力。在一定意义上，农村改革释放出的大量劳动力，带来了我国三十年来 GDP 的高速增长。

但庞大的劳动年龄人口也给就业带来了巨大的压力。据测算，我国农村劳动力资源总量为 53100 万人，土地最多只需要 1 亿农业劳动力；截至 2008 年底，农民工大约为 2.25 亿，依旧有近 3 亿剩余劳动力①。由于农业劳动者受教育程度偏低，维权意识不强，在权益受损时，多期待他人付出维权成本以供自己免费享用；同时，也抑制了寻求和采用先进技术的积极性。据重庆大学课题组的"农民工问题实证研究"抽样调查表明，农民工文化程度偏低，小学、初中文化程度占 88%。由于受教育程度偏低，使他们在就业市场上往往只能选择工资相对较低的建筑业和制造业的体力劳动岗位，并大量集中在个体、民营企业中，报酬少——年收入水平集中在 15000 元左右，低于城镇单位就业人员 24721 元的年平均劳动报酬，只能满足自身在城市中的基本生活。但是，农村劳动力也有追求利益的标准——被证实能够增收且无风险时，学习和应用科技的积极性将会很高。

劳动力资源的生成需要支付一定的成本。在一定周期内，劳动力资源不加利用就会自然耗损，同时仍然消耗着物质性生活资料。据研究，体力、技能与脑力所支付的成本不一样，前一部分所需较少，其他两部分则较多，即成本比大概是 1：3：9，而三者为社会所创造的经济价值之比却是 1：10：100。劳动力资源的获得不仅取决于医疗水平、人口年龄结构、劳动人口的供需、经济发

① 中华人民共和国国家统计局，第二次全国农业普查主要数据公报（第五号），2008 年 2 月 27 日。

展水平，还主要依赖于教育与培训、活动经验与社会传统习俗等社会环境。因而，形成的劳动力资源也各具特色：个人型劳动力资源和背景取向型劳动力资产。前者拥有在某种功能层级有效的认知和决策规则的心智程序就可从一个决策层级转移到另一个决策层级，后者其价值不能在不同的组织中自由转移。有效使用认知和判断协同机制所需要的技能一旦获得，就只能和同类型的参与人合作才是有价值的。

（二）组织资源

劳动力资源的生成离不开组织资源。诺贝尔奖得主斯蒂格列茨认为："影响一个国家和地区发展的关键因素除了物质资本、人力资本和知识外，另一种资本是社会和组织资本"[①]。何谓组织？罗素认为，"组织就是一批因追求同一目标的活动而结合的人，或许是纯粹自发的，或许是自然的生物团体，或许是强制的，或许是某种复杂的混合体。随着人类越发文明，技术越发复杂，联合的利益也愈加明显。但是，联合总不免放弃几分独立，我们支配他人的权力可以增加，但他人也获得支配我们的权力。……随着组织的增加，权力的不平等也会增加，扩大政府发挥主动性的范围"[②]。

组织资源，高于劳动力资源，就在于系统功能大于要素，整体效能超过部分。一方面，组织不仅在于塑造劳动力资源，从而作为社会活动的载体，也在于对自然资源的组织力，提高资源效率。组织将各成员拥有的分散、稀少的自然资源及财产、知识、技能，通过合作的方式集中起来，使资源共享。这样，组织使各成员一方面适应社会需求的变化，减少外界不利的影响，并根据成员提供的资源，调整其使用方向，形成技能互补关系和关键生产流程，创造报酬递增收益。马克思在《资本论》中写到，"由协作和分工产生的生产力，不费资本分文。它是社会劳动的自然力"[③]；"这里的问题不仅是通过协作提高了个人生产力，而且是创造了一种生产力，这种生产力本身必然是集体力"[④]；"工场手工业分工通过手工业活动的分解，劳动工具的专门化，局部工人的形成以及局部工人在一个总机构中的分组和结合，造成了社会生产过程的质的划分和量的比例，从而创立了社会劳动的一定组织，这样就同时发展了新的、社会的

① 郭重庆：《从经济全球化看发展制造业》，《光明日报》2007年1月7日。
② 勃兰特·罗素：《权力论》，靳建国译，中华书局（香港）有限公司，2002年5月再版，第108页。
③ 马克思：《资本论》第1卷，人民出版社，2004年，第443页。
④ 马克思：《资本论》第1卷，人民出版社，2004年，第378页。

劳动生产力"①。尤其在社会化大生产环境中，组织显得尤为重要。

另一方面，在提高劳动力资源质量的进程中，通过互助过程，成员之间可以相互学习和创新知识，进行"智力嫁接"，完善自己的知识结构，形成合意的价值认同，适时调整自己心态和社会心态的差距。在现实生活中的个人偏好是千差万别的，但通过组织内部的协调沟通，稳定规范、承诺预期，辅助弱小、促进社会公平，形成有序竞争和稳定和谐的力量。

组织有多种形式：家庭、经济组织、民间组织、政治组织等。个人是社会的元素，家庭是以亲情为纽带的社会细胞。经济组织则以企业（公司）的形式存在，当然，公司的形式可以多种多样，不管是通过合作形式的、伙伴形式的、独资形式的，还是有限公司的形式，体现的是人与人之间的经济生活，一般地是资源初次配置。

政府组织与民间的群众组织（非政府组织）是根据其所具有的权力性质不同而划分的。政府组织在所有组织资源中是最重要的资源，它制约或影响其他组织资源的生成、性质和使用价值的发挥，是资源的第二次配置。这一点将在第五部分详细论述。非政府组织力图通过资源的第三次配置，集中弱势群体的声音和力量，以便发挥其应有的作用——本着民主平等的精神实现价值，增加了弱势群体不少锻炼合作的机会和经验性知识，原本无用的资源甚至可以被挖掘、发扬而具有价值；通过互助合作，强化了的整体竞争能力，提高了弱势群体的自信心。

在经济全球化的时代，组织不是单一和均质的状态，而是体现为一种复杂的结构，在亚国家、国家和跨国家层面上以竞争或互补方式相互作用。由于经济与科技的发展，这种结构一直处于变动之中，但其演化的趋势朝着有利于经济社会的可持续发展。但无论如何，超国家的组织不可能代替国家所起的作用。

（三）社会资源

社会资源，主要指在社会层面上，主体之间因利益而产生的冲突与合作所形成的复杂社会关系、文化伦理等方面的资源。在资本世界里，它往往表现为社会资本。"社会资本是实际的或潜在的资源的集合体，那些资源是同对某种持久性的网络的战友密不可分的，这一网络是大家共同熟悉的、得到公认的，而且是一种体制化关系的网络，或者说，这一网络是同某个团体的会员制相联

---

① 马克思：《资本论》第1卷，人民出版社，2004年，第421~422页。

系，它从集体性拥有的资本的角度为每个会员提供支持，提供为他们赢得声望的'凭证'，而对于声望则可以有各种各样的理解，这些关系也许只能存在于实际状态之中，只能存在于帮助维持这些关系的物质的和/或象征性的交换之中。这些资本也许会通过运用一个共同的名字（如家族的、班级的、部落的或学校的、党派的名字等等）而在社会中得以体制化并得到保障，在这种情况下，资本在交换中就或多或少地真正地被以决定的形式确定下来，因而也就被维持和巩固下来了"①。

也就是说，一是处于一个共同体之内的个人、组织通过与内外部对象的长期交往、合作互利形成的一系列认同关系以及在这些关系背后积淀下来的历史传统、价值和行为范式。在一定的传统与信仰背景下以象征的方式进行的社会交换博弈有助于塑造参与人的内心的道德生活，释放现实的或潜在的社会和心理压力。地位差异的合作规范和地位分层机制的一般性结构的符号化在参与人的下意识里再产生出来，反过来促进社会均衡结果的再生产。"它不是某种单独的实体，而是具有不同形式的不同实体。其共同特征有两个：它们由构成社会的各个要素所组成；它们为结构内的个人行动提供便利。和其他形态的资本一样，社会资本是生产性的，是否拥有社会资本，决定了人们是否可以实现某些既定的目标。与物质资本和人力资本一样，社会资本并非可以完全替代，只是对某些特殊活动而言，它可以被替代。为某种行动提供便利条件的特定社会资本，对其他行动可能无用，甚至有害。与其他形式的资本不同，社会资本存在于人际关系的结构之中，它既不依附于独立的个人，也不存在于物质生产的过程之中"②。

二是一种以社会交往为载体，通过信任规范机制以及成型化关系网络产生社会信任的社会活动方式。"建立在社会或其特定的群体之中，成员之间的信任普及程度，这样的信任也许根植于最小型、最基础的社会团体里，也就是我们熟知的家庭，也可能存在于规模最大的国家，或是其他居于两者之间的大大小小的群体中。社会资本和其他形态的人力资本不一样，它通常是经由宗教、传统、历史、习惯等文化机制建立起来的……虽然契约和自我利益对群体成员的联属非常重要，可是效能最高的组织却是那些享有共同伦理价值观的社团，

---

① 皮埃尔·布迪厄：《文化资本与社会炼金术》，包亚明译，上海人民出版社，1997年，第202页。

② 詹姆斯·S·科尔曼：《社会理论的基础》（上），邓方译，社会科学文献出版社，1999年，第354页。

这类社团并不需要严谨的契约和法律条文来规范成员之间的行为和关系，原因是先天的道德共识已经赋予了社团成员互相信任的基础"。① 例如，企业的信誉、品牌商标、营销关系网络、电视的黄金节目时间、具有特殊意义的重要历史时刻与场所地址等历史文化、历史档案等等成为重要的社会资源。它们折射出社会整体的精神信仰，体现着人类生存意义的价值追求和对公共精神空间和个体精神空间的认同程度，蕴藏着丰富而巨大的社会能量。

还有，每个个体的闲暇和休闲是以时间形态存在的社会资源。马克思指出，自由时间是人类真正的财富，……整个人类发展的前提就是把这种自由时间的运用作为必要基础的。凯恩斯说，解除经济忧患之后如何利用自由，如何休闲以使自己"理智地、舒适地和更好地"生活，如何利用闲暇时间提高生活质量，是人类面临的永久性问题②。当代哲学家让·鲍德里亚指出，"休闲是对非生产性时间的一种消费，是一种价值生产时间——区分的价值、身份地位的价值、名誉的价值。因此，休闲变成了一种特定的活动。时间在这里并不自由，而且也没有被纯粹地浪费，因为这对社会性个体来说是生产身份地位的时刻。不仅成为社会交换循环中的商品，而且成为在休闲中获得了社会交换价值的符号与符号材料。没有人需要休闲，只是证明他们不受生产性劳动的约束。在我们所处的一体化的、总体的系统中，不存在对时间的自由支配。它是由劳动时间的缺席规定的，这种构成了休闲价值的区分到处被解释、强调为多余、过度展示。在其一切符号中、在其一切姿态之中、在其一切实践之中、及在其表达的一切话语之中，休闲靠着对这样的自我、对这种持续的炫耀、对这个标志、对这张标签的这种展示和过度展示而存在"③。从个体角度看，拥有休闲意味着摆脱了必要劳动的束缚，有更多的剩余时间发展自己多方面的才能。从社会角度看，闲暇时间越多，可供人们选择的机会也就越多，人们也就越有可能摆脱物质财富的羁绊，丰富自身的精神生活。科学的休闲对于减少不可再生资源的损耗，促进生态协调，提高人们的身心健康水平，增进知识，加强对社会整体人际关系的协调，都是有好处的。

然而，在资本时代，由不同的文化背景的人们组成的社会是一个极为复杂

---

① 弗朗西斯·福山：《信任——社会道德与繁荣的创造》，李婉容译，远方出版社，1998年，第35页。

② 转引自《健康的休闲益养生》，http：///www.100md.com/html/parer/1671－2269/2004/05/01.htm，2004年5月1日。

③ 让·鲍德里亚：《消费社会》，刘成富，全志刚译，南京大学出版社，2001年，第176页。

的系统，该系统包含着巨大数目的分叉——冲突与合作交织在一起。这样的系统对涨落高度敏感，哪怕是小的涨落也可能增长并改变整个结构。换言之，人类正生活在一个危险的和不确定的世界中，通过资本，引导出人类缓解或解决人类面临的资源危机的希望；也带来一种威胁，这种威胁来自人类仍坚持目前的价值观念和生活方式。

（四）知识资源

知识是人类在实践过程中对自然、社会和人自身的认识，即围绕着对"我们是谁，我们从哪里来，我们将向何处去"的理解而组织起来的资源。知识是多层次的，不仅是指科学技术、教育、信息、管理、文化等面貌出现的资源，还网罗一国的战略概念、语言以及新观念、新信息和创新想象在其中得以流通的幅度，使许多主体能以相同的方式阐述他们的经验，并根据共同约定规范自身的行动。这些知识的最深处，是由环境状况、生活状况以及人类本质等综合升华而成的世界观。它在一定意义上涵盖了组织资源和社会资源。

知识有明确的知识和默会知识之分。明确的知识可以通过文件、形象以及其他精确的沟通过程而传达。例如，智力的资产包括专利、商标、版权和注册设计，拥有者享有独占权，并受到法律保护，进而就有可能被估价、买卖、出租、抵押。进入生产体系的知识，有助于物质资源的高效利用和创造更多的资源。第一，起初的实物产品和设备的淘汰必然导致对资源的大量浪费，并且给环境带来巨大负担。虽然知识产品的最初生产需要消耗大量的脑力劳动以及相关的物质资源，但它的复制所花费的劳动和物质资源几乎为零。这是因为，当新的知识取代旧知识时，往往只需要更换"软件"。总体上造成的实物资源浪费小得多。第二，与实物产品的边际效用递减不同，拷贝的知识产品的边际效用往往是递增的：因为一项知识被社会采纳得越广泛，其边际效用往往越大。通过拷贝知识产品，可以用极小的物质资源与劳动的消耗，极大地增加社会福利。第三，实物产品一旦被消费，便会逐步消失，而知识产品的消费过程不是对知识本身的耗损过程，因为消费之后，知识仍然存在，耗损的只是作为知识载体的实物。第四，知识可以取代其他资源：替代生产过程中革新所增加的成本，节省原料、库存和运输成本；新知识让人们可以改变分子结构来组合出符合我们特殊需要的材料、节省时间、取代自然资源和运输的替代品等。第五，知识的使用过程不仅仅被用于以较低的成本来生产更多的商品，而且也生产过去并不存在的商品，还能够用于提高已有产品的质量——达到一个过去从未有过的水平。它体现了人类自身资源在社会发展中的作用：不仅决定着物质资源开发利用的方法及其效率，而且在人的生存与发展中占有越来越重要的位置——从根本上改变了社会的结构，创造了新的社会动力和经济动力。知识已不单纯是一种隐性的力量，它已凸显为一种显性的实践力量。

默会知识是存在于个体中的私人的、有特殊背景的，且依赖于体验、直觉和洞察力的知识，包括以自己内在携带的意念模型——概念、形象、信仰、观点、价值体系以及帮助人们定义自己世界的指挥原则，也包括一些技术因素——具体的技能、专门技术以及来源于实践的经验。这些无法通过简单加总的数码式信息获得，只能在有限的局部域通过关系合同或特定经历得到，或者是组织的已建立起来的日常工作中得到，并且在不能进行常规的传达或再生产时获得。在这类知识中，智慧——懂得人不能认识万事万物，但仍寻求真理，希望能够达到确实的程度，是看穿事物核心或实质的一种能力，用来抽象出事物的本质和事实的一种高创造力的连接方式。

从默会知识流向明确的知识又流回默会知识，这是知识的社会化和共享的过程。知识社会化（从明确到默会）→外在化（从默会到明确）→合并（明确与默会相交织）→内在化（从明确到默会）的过程，使知识的总量不断地增加。如若寻找现存的知识之间的相互关系，则是：事实、统计数字→易传授技能→技术专长→专业知识→理论和概念→伦理和原则→价值观。从这一链条可以发现，明确的知识（如科学技术等）重要，"但不能给我们安全，真正的安全依靠我们的辨别力和我们所遵照的那些维持、滋润我们生命、健康、幸福的永恒的原则。这些价值观和原则是我们组织社会的真正思想精髓"①。换言之，科学技术等只是人类谋求生存与发展的手段与工具，如果一味地追求它的发展，企图消除知识中带有个人色彩的部分，实际上是致力于消灭知识本身，也就是消灭人类自身。知识活动虽然也要凭借必要的物质手段（如笔墨纸张、仪器设备等）、物质资料（如调查实践材料等），并需付出一定的体力劳动，但它本质上是通过意识活动而实现的脑力耗费。它既是智性的，又是感性的。世界本来是一个整体，在知识积累到一定程度时，把本来是整体的东西分门别类，这种表层的分类并不意味着内在整体关联的消解。

知识的积累与创造始于问题——也就是在不知和需要知之间的一个有生命力的、有创造性的提问　将向我们打开一个又一个新的知识世界。可以这样认为，廉价劳动力绝不是经济社会延续的持久基础，原材料也不是可依靠的长

---

① 维娜·艾利：《知识的进化》，刘民慧等译，珠海出版社，1998年，第49页。

期资产，只有知识的增长潜能是无止境的。虽然知识是个人或群体的一种能力，即指导、引导其他人去从事一个能够对物质对象的可预见的改变过程的能力，但这种能力一方面来自前人的经验总结，另一方面是他人为个人获得知识创造的必要条件。这一切，充满了不确定性因素。如若这一不确定性加上运用知识来进行生产的不确定性——以物质资源为基础的规模生产转向以知识为基础的设计和再创造，会增加人类生存与发展的更深刻的不确定性因素，这些因素同样使人类面临机遇与挑战。

在前现代社会，由于人的能力极为有限，人的生产劳动主要是参与并协助自然物的生长，为此要顺应自然界的时空特性，自然因素而非人自己创造历史的因素在社会中占主导地位。马克思指出，"蒙昧时代是以获得现成的天然产物为主的时期；人工产品主要是用作获取天然产物的辅助工具。野蛮时代是学会畜牧和农耕的时期，是学会靠人的活动来增加天然生产的方法的时期。文明时代是学会对天然产物进一步加工的时期，是真正的工业和艺术时期"①。人类进入现代社会，知识在急剧膨胀，反过来也加速了文明前进的步伐，人类在不断地增添自身的丰富多彩。"人的依赖关系（起初完全是自然发生的），是最初的社会形态。在这种形态下，人的生产能力只是在狭窄的范围内和孤立的地点上发展着。以物的依赖性为基础的人的独立性，是第二大形态。在这种形态下，才形成普遍的社会物质变换，全面的关系，多方面的需求以及全面的能力的体系。建立在个人全面发展和他们共同的社会生产能力成为他们的社会财富这一基础上的自由个性，是第三个阶段"②。

这三个阶段从人与人的关系看，第一阶段中，绝大多数人追求着能活着就好，那时候生存是一个大问题。第二个阶段为近现代社会，在这个生产力不够发达又要彰显人的个性的时期，往往会产生强权，即自己就是要比别人活得更好。第三个阶段则是社会主义和共产主义社会，知识经济成为主导经济形态，个性的张扬的背后是生产力的高度发展和每个人的自由、全面发展，凸显了全体社会成员一起好才是真的好，即和谐社会的实现阶段。这三个阶段所体现的人与自然的关系则是，初期是人类敬畏自然，中间是人类征服自然，第三阶段则是人和自然和谐相处。

当然，人类自身资源的生成过程也是既有资源的消耗或破坏的过程。这一

---

① 《马克思恩格斯选集》第 4 卷，人民出版社，1995 年，第 24 页。
② 《马克思恩格斯全集》第 46 卷上册，人民出版社，1979 年，第 104 页。

过程资源形成的效率的高低取决于社会的状况——资源的产权界定——资源配置的原则和方式，能否有效调动社会成员的积极性和创造性。

第四节　公共性资源与非公共性资源的历史变迁

物质资源与人类自身资源各自生成规律揭示了客体所固有的一些属性，以及这些属性在何时、何种程度上能够为人们所利用，取决于人们的实践能力。然而，在特定的时空中，人类创造、利用相同的资源带来的结果却并不完全相同，有时甚至相反。例如，发达国家和地区越来越富，生态环境也相对较好；而发展中国家和地区显得却更加贫穷，生态环境也大不如前。在同一国家和地区内，也存在贫富悬殊、甚至两极分化。简言之，相同的资源不同的配置，效果却不一样。这需要进一步分析资源是否具有非公共性或公共性特征，以揭示这些资源的属性如何配置更为有效。

一、公共性资源与非公共性资源

就一些资源而言，是同时能被多个主体利用，还是仅被一个或极少数主体所利用？这涉及资源是非公共性还是公共性的问题。当极少数主体享有这个资源，其他主体无法享有时，这个资源可称为"非公共性资源"；若某一资源在满足某一主体需要时而又不影响他人利用，则把该资源称为"公共性资源"——表现为无偿性、非排他性和不可分割性。虽然其生产包含着失去生产其他产品的机会成本，但对其消费却没有机会成本。对物质资源中的自然资源而言，若从生态系统中分离出来的呈孤立、静止状态进入人类生产过程的资源如煤、石油等可看作非公共性资源；像生态环境这样的整体性、系统性资源和其中的大气环境、河流等具有流动性的资源，以及国防、法律和秩序、灯塔、街道及其街道照明物、公路、桥梁、天气预报、公共图书馆、国家公园、教育、医疗服务、公共运输等等则是公共性资源。

实际上，绝大多数资源不止有一个属性，其中有些具有公共性，而有些则不具有公共性，无法明确地说它们是非公共性资源还是公共性资源。例如，劳动力资源，尽管生产率依赖于某些交换，如劳动与工资的交换、物质与货币的交换，但个人的技能、物质愿望、劳动态度、创造力、计划和错综复杂情况下合作的能力等，是由社会创造出来的，来源于制度和服务。现代社会积累起来的物质资本和知识资本，包括配备和维持劳动者的生活条件、私营行业所依赖的社会基础结构、培养国民认同性和公民对国家感情的公共标志和服务设施，没有这些，没有哪个社会做到有效率。因此，资源自身也是一个复杂的矛盾统一体。

因而，在实际的社会生活中，并不存在公共性资源的有无问题，存在的只是公共性资源的多少和实现方式问题①。马克思认为，"人们用以生产自己生活资料的方式，首先取决于他们已有的和需要再生产的生活资料本身的特性。这种生产方式不应当只从它是个人肉体存在的再生产这方面加以考察，它在更大程度上是这些个人的一定的活动方式，表现他们生活的一定方式、他们的一定的生活方式。个人怎样表现自己的生活，他们自己就是怎样。因此，他们是什么样的，这同他们的生产是一致的——既和他们生产什么一致，又和他们怎样生产一致。因而，个人是什么样的，这取决于他们进行生产的物质条件"②。从发生学的角度看，公共性资源的生成有两个基本的路径——系统论与生成论。在系统论的视野内，讨论的是公共性的根据问题（环境与条件问题），公共性的需要奠基于人的片面性和非自足性之上，即社会性本质所决定的，由此所表现出来的公共权力、法律、制度和各种公共组织形成、演进的过程以及所有人的自由发展是每一个人自由发展的条件。在生成论的框架内，公共性表现为通过分工、交换所产生的"合作剩余"，也是人的社会化过程。"合作剩余"是公共性的重要标志，也是人的丰富性、全面性和多样性的重要标志，其内在要求：每一个人的自由发展是所有人自由发展的条件。这是因为，在公共性资源情况下，权利不会因使用而丧失，而且也不必然意味着每个持有人对有关资源的使用量是均等的，即个人可以使用一定份额的资源，但并不以某一特定的物质单位来表示。

二、资源的公共性与非公共性特征在人类历史进程中的变迁

公共性资源的扩大是社会发展的结果，也是它进一步发展的必然要求。从衡量生产力发展水平的劳动工具的转换来看，人类早期的劳动工具主要是石器，进入农业社会则是金属工具，跨入工业社会体现为机械化、电气化，进入信息时代表现为知识。石器和金属工具主要是非公共性资源，而机械、电气虽呈公共性特征，但被私人占有和支配；知识是集体合作的产物，较多以公共资源形态出现。马克思明确指出，"各种经济时代的区别，不在于生产什么，而在于怎样生产，用什么劳动资料生产。劳动资料不仅是人类劳动力发展的测量

---

① 《教学与研究》2007 年第 4 期刊发一组文章讨论这一问题。
② 《马克思恩格斯选集》第 1 卷，人民出版社，1995 年，第 67~68 页。

器，而且是劳动借以进行的社会关系的指示器"①。

"人们在生产中不仅仅影响自然界，而且也相互影响。他们只有以一定的方式共同活动和互相交换其活动，才能进行生产。为了进行生产，人们相互之间便发生一定的联系和关系。只有在这些社会联系和社会关系的范围内，才会有他们对自然界的影响，才会有生产"②。进而，"社会的物质生产力发展到一定阶段，同它们一直在其中运动的现存生产关系或财产关系（这只是生产关系的法律用语）发生矛盾，于是这些关系便由生产力的发展形式变成生产力的桎梏"③。这些"联系和关系"在不同的社会阶段，有其特定的存在形式。它们的变化反映了在社会发展的不同阶段的个人之间、个人与集体（人类）之间关系的演变与调整，反映了人自身追求自由、全面发展的不同阶段和实现程度。

前农业时代——采摘野果和狩猎的氏族时期。面对大自然的赐物，人们以氏族、部落进而部落联盟为生活圈子，共同劳动和占有，结成平等合作的关系。人们所能获得的资源只能是天然存在物，如土地、风、水原始森林中的树木，野生动物与植物的果实、人的天然体力等。此时的资源只是充当使用价值的要素，而不是充当经济价值的形成要素。

农业社会时代，特别是在农业社会的早期，一片洪荒的土地几乎无限，需要依靠投入大批劳力来开发，劳动力资源占主导地位，成为统治者们争夺的对象。随着铁制农具的发明及其普及，开发土地的能力增强及其人口逐渐增加，耕地地位在上升。加上劳动者——农民——虽然处于弱势地位没有改变，难以象在初期那样任意掠夺和奴役，形成了以土地、农民这两种资源捆绑在一起的多样的封建制度形态。

农业社会的居民，挤在很小的半孤立的村社中，每个群居之处（生活围绕着村落）都是自给自足的，经济是分散的、分工简单。此时的资源可称作"活的电池"——人力、畜力、太阳、风和水等，它们可以再生，是大自然的"利息"。人们所使用的工具有早期绞盘、楔子、石弩、弩炮、杠杆与吊车等，劳动以低水平的相互依赖为特征。人类所生产的产品以手工制作为主，大部分食物、货物和提供的服务，都是为他们的家庭所消费——没有长期储备粮食的

① 马克思：《资本论》第 1 卷，人民出版社，2004 年，第 210 页。
② 《马克思恩格斯选集》第 1 卷，人民出版社，1995 年，第 344 页。
③ 《马克思恩格斯选集》第 2 卷，人民出版社，1995 年，第 32~33 页。

设备，没有产品远销的道路。换言之，生产和消费融为一体，是一个与生产实际相适应的消费系统，该系统单纯维持延续生命的功能，一旦有任何增加，都会被他的主人所掠夺、享用。

以货币化的物质资源为核心的工业时代，非公共性资源开发利用达到顶峰。资本主义的核心资源从初期的铁矿、煤、石油等主要的自然资源——这意味着人类文明开始吃自然界的"老本"而不是吃自然界的"利息"。进而落到由这些自然资源转化为而来的人化自然资源身上，如电力、铁路、电信等。最后金融作为可量化的一般资源的化身，成为调动和配置全社会资源的基本手段，从而成为核心资源。此时，追求更多的货币构成人类生活本身。但"随着市场的不断扩大，来自专业化的潜在收益也在增长；任何个人都不应当独享各种资产的（或者某一资产的不同属性）所有产权，而应与其他投入的所有者签定合同，以获取相应服务，从而获得收益。一般地，来自独占所有的收益必须与较低的专业化水平所造成的较低产量相平衡"①。

"资本主义生产方式在生产力的发展中遇到一种同财富生产本身无关的限制，而这种特有的限制证明了资本主义生产方式的局限性和它的仅仅历史的、过渡的性质；证明了它不是财富生产的绝对的生产方式，反而在一定阶段上同财富的进一步发展发生冲突"②。"在资本对雇佣劳动的关系中，劳动即对它本身的条件和对它本身的产品的关系所表现出来的极端异化的现实，是一个必然的过渡点。因此，它已经自在地、但还只是以歪曲的头脚倒置的形式，包含着一切狭隘的生产前提的解体，而且它还创造和建立无条件的生产前提，从而为个人生产力的全面的、普遍的发展创造和建立充分的物质条件"。在极端崇尚个人利益的资本主义主义的私有制下，市场主体只想获取收益，而把成本踢给他人、社会或自然，由此带来生态恶化和两极分化。相反在社会主义条件下，市场主体若能做到责权利相一致，资源的有效配置在带给经济高速发展的同时，也有益于社会，不损害自然。

社会形态的更替所意蕴的是，同样的劳动形式，可以在不同的制度中存在。"在资产阶级社会里，活的劳动只是增殖已经积累起来的劳动的一种手段。在共产主义社会里，已经积累起来的劳动只是扩大、丰富和提高工人的生

① 詹姆斯·布坎南：《财产与自由》，韩旭译，中国社会科学出版社，2002 年，第 39 页。
② 马克思：《资本论》第 3 卷，人民出版社，2004 年，第 270 页。

活的一种手段"①。资本主义社会必然被共产主义社会取代，内含着"劳动工具不应当被垄断起来作为统治和掠夺工人的工具……它注定要让位于带着兴奋愉快心情的资源进行的联合劳动"②。但在生产力不发达条件下，这需要而且"应该善于干预，而且要大胆地干预现在所有制和劳动方面普遍存在的经济混乱，对于它们进行整顿，把它们加以改造，使任何人都不丧失生产工具，使有保证的生产劳动最终成为人们早就在寻求的正义和道德的基础"③。

随着结合的范围越来越大和资源要素间结合的有机性越来越高，对资源的公共性和非公共性更加难以作出明确的划分。在这种情况下，不仅要考虑谁应该优先获得这些资源，谁实际上能得到这些资源，更应该考虑这些资源在谁手中能得到充分利用。正如巴泽尔指出的，"商品的多样性和人们行为的复杂性使所有权格局也变得很复杂。商品的一些属性归某人所有，其使用效率可能会很高；但这并不能保证，当该商品的另外一些属性也归其所有时，其使用的效率必然很高。因此，商品本身虽不能拆成几半，但不同属性归不同人所有，可能效率会更高"④。在当代的全球化环境中，因为人类共同活动的区域是复数的、多层面的，有民族—国家内部的公共性层面、民族—国家之间的公共性层面、跨越国家界限的个体之间的公共性层面、人类与自然之间的公共性层面，这些层面加上人类所面临的资源危机，使得人类的出路要求资源更多地以公共性面貌出现。

换言之，社会化大生产"本身已经创造出了新的经济制度的要素，它同时给社会劳动生产力和一切生产者个人的全面发展以极大的推动"，"以便最后都达到在保证社会劳动生产力既高度发展的同时又保证每个生产者个人最全面的发展的这样一种经济形态"⑤。

在社会主义初级阶段，进行市场取向的改革，使市场经济与社会主义相结合，建立一种既调动个体的积极性又能够使发展成果由全体社会成员共享的体制，是生产力发展的必然要求。社会主义与市场经济相结合，就是在基本生产关系不变的基础上，通过调整、丰富其具体的存在方式，不仅发挥政府在教育培训、医疗卫生等公共品方面的功能，而且鼓励民众在各个领域的参与，以此

① 《马克思恩格斯选集》第 1 卷，人民出版社，1995 年，第 287 页。
② 《马克思恩格斯全集》第 16 卷，人民出版社，1964 年，第 12 页。
③ 《马克思恩格斯全集》第 45 卷，人民出版社，1985 年，第 184 页。
④ 巴泽尔：《产权的经济分析》，费方域、段毅才译，上海人民出版社，1997 年，第 97 页。
⑤ 《马克思恩格斯全集》第 25 卷，人民出版社，2001 年，第 144、145 页。

"培养社会的人的一切属性，并且把他作为具有尽可能丰富的属性和联系的人，从而将具有尽可能广泛需要的人生产出来——把他作为尽可能完整的和全面的社会产品生产出来（因为要多方面享受，他就必须有享受的能力，因此他必须是具有高度文明的人）——这同样是以资本为基础的生产的一个条件"①。也就是在共同体中充分发挥个体的价值和作用，充分展示个体的本质力量。

从开始解决温饱到全面建设小康社会，从西部大开发到免除农业税的惠农政策等，都是在经济发展的基础上，着力使民众学有所教、劳有所得、病有所医、老有所养、住有所居。在这一过程中，个体的主体地位越来越受到尊重，发展的成果越来越能满足每一个个体的基本需要，最终使得"社会化的人，联合起来的生产者，将合理地调节他们和自然之间的物质变换，把它置于他们的共同控制之下，而不让它作为一种盲目的力量来统治自己，靠消耗最小的力量，在最无愧于和最适合于他们的人类本性的条件下来进行这种物质变换"②。

三、寻求以知识为核心的资源组合

知识是资源公共性与非公共性的统一。知识是集体智慧的产物，它在人与人的合作与交流中产生进而促使其增长；不同的人群之间的交流产生的知识也各异。在人类实践中生成的不论是明确的知识还是默会知识及其发展，不因为某人拥有，别人就得不到；并且由它带来的收益不是递减，而是递增。以科学技术的发展与制度的演变为例来做说明，由于人类技术知识的积累和应用，才导致了劳动工具的演进；工具是技术的载体，技术是工具的内核。制度是人类在经济活动和社会活动中逐步积累的知识：从形式上来看，制度是一套整规则与规范，这种规则与规范以知识的形式体现出来的；维护整体利益乃是制度形态知识的本质特征。

从发展的进程看，知识的非公共性特性推动知识的更新周期缩短。尤其在当代的全球化环境中，知识的创造和互补——扩展或更新速度明显提速。在漫长的历史长河中，技术变革速度缓慢的主要原因在于新知识不是可以毫无代价地被别人模仿，就是无须付给发明者或创新者任何报酬。而实践表明，只有通过优先满足其最先拥有者的需求，进而通过扩散带来整体利益。即，缩短从最初的概念到确定技术可行——再到从发明到商业上可行、从创新到以后的扩散

---

① 《马克思恩格斯全集》第 46 卷上，人民出版社，1979 年，第 392 页。
② 马克思：《资本论》第 3 卷，人民出版社，2004 年，第 928～929 页。

的过程。

合理地利用、创造知识资源有助于实现人与自然双赢。一是，物质资源与知识相结合，可以用最少的物质资源、最高的效率达成目标——只要掌握正确的信息，可以避免浪费钱财与力气——它争取速度，变成经济的最高原则。二是，物质资源与知识结合在一起，形成超级经济权力——人们可以用知识进行政治议事日程、激发新的需求、开辟新的市场、重新定义和说服人们相信新的目标。如通过奖惩、说服等，常让对方乐于接受你的行为计划，甚至让对方自己去创造我们所想要的行动计划。知识不仅在于为高效利用物质资源提供了可能性和现实性，而且在于自身更多的公共性。虽然人们的生命是一个不确定的形式，但自身具有超越所有其他生物的生与死的控制力量，这个力量就在于有能力学会对知识的目的、价值部分提出一种自我反省的艺术，更新和回收知识中的落后的成分，重新认识和理解人类的新的需要，建立新的知识，产生新的行为，使人类逐渐过渡到更加适宜生存发展的新的境界。

然而，以知识为主形成的超级力量会左右一国政治权力之消长，并决定这个国家在面临危机或冲突时，可以动用何种性质的权力。人类虽然不了解这种力量，但人类在追求其目标时，实际上很大程度上得益于这种力量。在社会领域里，这种权力的运用可能导致授予某些权威对他人进行强制的新权力。即使这种权力本身并不坏，它的运用也可能妨碍那些自发的协调力量起作用。

进而，以知识资源为中心的资源错置带来的可能是更大的灾难。在资本产生剩余价值的环境中，知识的增加加剧了生态系统的矛盾。一是知识带来的报酬是递增的，而且是一种正反馈机制。递增产生的不是平衡，而是不稳定：如果在众多对手相互竞争的市场中，某种产品、某个公司或某种技术，靠机会或聪明的战略居于领先，递增的报酬就会扩大这一优势。就单个主体而言，收入偏爱那些受过良好教育、有能力对这些高技能领域做出贡献的个人，中、低技能工人的收入将继续相对下降。进而，由于企业在不同的国度里整合生产与销售，购并企业，并从全球各地吸取知识和人才，不可避免地推动简单劳动为基础的制造业继续在全球内分散，由此加剧全球两极分化和分裂。在这一环境中，建立一个单一又彻底开放，只有些最起码规定的资金系统，就好比建造一艘没有密封舱的超级油轮；哪怕船舱上的一个很小的洞也能叫整艘油轮沉没。而如果有适当的隔间或缓冲空间，一个大系统即使部分遭到破坏也还能存活下去。二是社会经济系统循环量越大，循环速度越快——经济发展速度越快，社会物质生产与消费系统吸收的资源和抛出的废物便越多，资源日益枯竭，环境日益恶化。根据利比希"最小因子定律"，在众多的资源中，如果无可替代的资源（如淡水和生态环境）一旦成为社会发展的"瓶颈"，人类难以为继。

所以人们运用所掌握的知识，不是像工匠塑造工艺品那样塑造结果，而是要像园艺师培育植物那样，通过提供适合的环境来促进其成长。也就是，利用知识资源必须考虑社会利益结构与实现这种利益的社会结构，即对知识资源而言，只有在适合社会化生产的同时，又能够有效地保证劳动者能够直接而自由地占有它，才是有效的。前者只是社会所有制存在的前提和它达到的结果，后者才反映社会所有制的本质特征规定。知识资源既要属于个体，更要属于集团、国家进而全人类。若把把知识束缚在特定的共同体之中，使得知识资源无法通过自由流动而得到优化配置，也使得知识丧失了扩大的条件。知识归国家，即国家享有知识资源法律上和最终的所有权，因为国际社会的约束力较低。这种所有权决定了这种知识投入生活——以不危及社会发展为前提。知识的非公共性一面归首创者，即享有占有、使用、获益、让渡等权利。实际占有权总是从所有权中派生的和从属于所有权要求的，但分化出来的实际支配权，在其运行中又会和所有权发生矛盾。即使这样，也比"当人们不必对自己的行为负全部责任时，就可能冒过大的风险；而不让他享有全部剩余索取权，冒这种过大风险的动机也就被削弱了"[1] 有利。

总之，当代知识的多样性、复杂性与多变性表明，市场经济只是人类存在的一个重要方面，而不是唯一，需要对市场力量进行限定，即运用知识扩大资本的含义——以货币形式出现的资本或以实物形态出现的资本，知识在资本的价值构成中所占的份额也越来越大——不再仅仅为个人，更多的是为所有社会成员谋取福利，以此培育共同的生活理念和营造共同的生活空间，使人类在生存的基础上向着自身完善迸发。对于以最大限度地满足全体社会成员的需要为目的的社会主义国家，更有利于构建符合知识特性的产权制度——实现公共产品的最有效的供应和最充分地贯彻节约原则，使知识资源得以合理使用和优化配置，进而创造更多的资源。

---

① 巴泽尔：《产权的经济分析》，费方域、段毅才译，上海人民出版社，1997年，第147页。

第二篇
当代创造资源的社会力量

在既有资源有限与潜在资源无限的矛盾中，资源创造具有相当的可延展性和不确定性。一方面，人们实践能力的增强，能使更多潜在资源生成现实资源。另一方面，新资源的生成，需要消耗既有资源；而既有资源的消耗量有下限，没有上限；成本越低，创造资源的效率越高。

但资源创造效率的决定性因素不是主客体关系，而是以资源为中介形成的社会主体间的权利所构成的社会力量。因此，在当代，提高资源创造效率离不开考察由资本力量、政治权力与伦理力量所构成的社会权力结构。

资本力量。资本的生成与扩展，虽然是主体理性化的过程，但是以资源的巨大损耗为代价的。从本质上看，资本以牺牲资源来获得价值增殖：对人力资源的掠夺性使用，产生了贫困化人口，形成经济危机与社会冲突；对自然资源的无止境消耗，使自然资源日益枯竭，生态环境日益遭受破坏，造成生态危机；对社会资源的无止境开发，产生了使人片面发展的社会分工体系与相应的社会文化系统，产生人在社会性方面的发展危机。还有，为了实现价值，个体理性之间的博弈必然产生巨大的交易成本，虽然交易成本有助于使用价值的实现。

政治权力。政治权力的行使在于创造一个有利于资源生成的制度环境：它一方面通过规制资源产权、设置法律制度等，营造资本发挥的空间，提高资源的创造效率；另一方面自身通过转移支付发挥乘数效应来参与资源创造，进而推动社会公平建设。当然，政治权力的运行需要一定的行政成本。而且，由于政治权力也存在自我膨胀的趋向，这不仅会产生冗余秩序，助长了寻租行为；而且可能降低资源创造的效率，加剧社会不公。

伦理制度。伦理制度是对资本与政治权力的补充与制约。由于资源产权不能完全明晰和主体认知的局限性，主体的行为不可能都是理性的；而且完全依靠政治权力来规范理性，行政成本会高于收益。伦理制度通过规定各种主体之间可能合作与竞争的方式及其界限以利于资源的创造。然而，伦理的生成与转换以及不同伦理之间的交流与融合必然消耗大量的资源。尤其是相互对立的伦理价值观及其相对滞后的一面，是制约资源创造的深层根源。当代伦理呼唤代内公平、代际公平，以推动社会的可持续发展，使资源创造富有时代特征。

第三章

资源在社会关系中运动与创造

资源在人类实践中生成，但资源创造的效率取决的不是主体和客体之间关系，而是主体间的力量关系。人类社会中这种力量关系在一定意义上都是以资源为中介建立起来的，主体支配多少资源，便拥有多少权力。这种关系影响和制约着主体自身积极性和创造性的发挥，而这种关系最终以制度形式而存在。也就是，制度不管形式如何，体现的总是主体创造、利用资源的方式、方法，也体现着有限资源在主体间的分配原则。

第一节　以资源为中心所生成的社会制度

资源的创造与利用形式表现出一种社会选择，这种选择既取决于资源的质和量，也取决于该社会的权力结构。而这一结构既反映着人们对正常生活秩序的祈求，也体现着渴望加入一些新意。马克思说，"不同的共同体在各自的自然环境中，找到不同的生产资料和不同的生活资料。因此，它们的生产方式、生活方式和产品，也就各不相同。这种自然的差别，在共同体互相接触时引起了产品的互相交换"①。

一、资源与权力结构

现实生活中的人们，总是处在这样、那样的关系之中，如人与自然、人与人、人与自身的关系。其中人与人的关系体现了人的社会性本质，反映了人与人之间的相互依赖关系。这种依赖关系在于一方拥有能够满足另一方需要的资源。一般地，人有多少种需求，相应地产生多少种依赖。于是，社会形成一张依赖网，个人是网中的一个节点，联结节点的纽带就是资源。这个节点的行为

---

① 马克思：《资本论》第 1 卷，人民出版社，2004 年，第 407 页。

直接或间接、或多或少影响网的稳定性。由于人类的本性，这张网在空间和时间的宇宙架构中扩展。从时间上看，生成代际关系；空间上，跨越区域、文化的差异形成代内关系。

实质上，人与人之间的联结，源于生产实践。"在任何社会生产中（例如，自然形成的印度公社，或秘鲁人较多是人为发展的共产主义），总能区分出劳动的两个部分，一部分的产品直接由生产者及其家属用于个人的消费，另一部分即始终是剩余劳动的那个部分的产品，总是用来满足一般的社会需求"①。"用于个人的消费"的劳动是必要劳动，其成果表现为生存资料，用以维系作为生物物种的人类的生存与繁衍；它是人的社会属性的物质基础——生命的存在——不论在何时，生命的存在都是最重要的。"满足一般的社会需求"的劳动是剩余劳动，其产品则是生存之上的发展资料，它使人从动物世界中提升出来——不再受肉体需要的支配，不再整天为生存而忙碌，有一定的时间来思考人之为人的事情——对人自身命运的探索，对宇宙为何物的冥想等等。必要劳动与剩余劳动的统一使人成为处在一定条件下进行的、可以通过经验观察到的发展过程中的人。

作为节点的个人维持生存离不开必要劳动，而要发展就需要剩余劳动。在剩余劳动不足以满足每个人需要时，劳动所需要的资源的获得意味着其拥有者拥有一种能力（或权力）。谁掌握资源，谁就拥有权力；掌握资源越多，权力就越大。而权力越多越大，意味着拥有或掌握、支配越多的资源。"权力者具有经济、军事、制度、人口、技术、社会或其他方面的资源，一个国家或群体的权力通常通过衡量它所支配的资源同试图影响的其他国家或群体所支配的资源的对比来估价"②。如，富人与穷人之间不平等的谈判的权力，下层社会中的变相暴力——讹诈、盘剥、绑架等现象，国家通过法律惩罚和预防犯罪和违法行为，上帝则以其教义去培养教民服从。"那些占据中心的人已经确立了自身对资源的控制权，使他们得以维持自身与那些处于边缘区域的人的分化。已经确立自身地位的人或者说局内人可以采取各种不同形式的社会封闭，借以维持他们与其他人之间的距离，其他人实际上是被看做低下的人或者是局外人。"③ 总之，权力的大小与资源的多少之间是一种正反馈机制。

———————————
① 马克思：《资本论》第 3 卷，人民出版社，2004 年，第 993～994 页。
② 塞缪尔·亨廷顿：《文明的冲突与世界秩序的重建》，新华出版社，2002 年第 3 版，第 78 页。
③ 安东尼·吉登斯：《社会的构成——结构化理论大纲》，李康、李猛译，三联书店，1998 年，第 222 页。

进而，权力代表着一个结合了概率与必然性、混乱与秩序的世界：既依存于事先规划的事件——依存于人类行为中所存在的机会，也依存于随机出现的一些突变状况。只要有新的权力或权力组合的出现，就意味着有新资源的出现和创造资源的新方式的出现。如，权力会从那些原料的大量生产者手中，转移到那些目前握有大量重要物资的人那里；并且再从他们手中，转移给那些用知识来创造新资源的人。权力的流动性、链的形成、泛化，说明在社会方面增加了可利用的资源，也说明了权力是一个极不稳定的领域。如果每个人不能同时得到他们想得到的东西，选择的就不是有权力或无权力，而是什么样的人有权。

只要有限资源不能合理分配，权力冲突就不可避免。"只要特殊利益和共同利益之间还有分裂，也就是说，只要分工还不是出于自愿，而是自然形成的，那么人本身的活动对人来说就成为一种异己的、同他对立的力量，这种力量压迫着人，而不是人驾驭着这种力量……受分工制约的不同个人的共同活动产生了一种社会力量，即扩大了的生产力。因为共同活动本身不是自愿的而是自然形成的，所以这种社会力量在这些个人看来，就不是他们自身的联合力量，而是某种异己的，在他们之外的强制力量……这种力量现在却经历着一系列独特的、不仅不依赖于人们的意志和行为，反而支配着人们的意志和行为的发展阶段"①。

然而，为了避免"丛林法则"和"公地悲剧"，在争夺资源的活动中，主体必然遵循一定的规则相互合作，组成了各个层次上的社会利益集团，进而形成相对稳定的社会结构。"一切人群关系都是合成的，是由斗争与合作、冲突与互助组成的"②。也就是，权力一旦形成也就以相对稳定的形式固定下来，由此生成某种社会力量格局以及他们的社会组织形式——这就是恩格斯所说的人类创造历史活动中"力的平行四边形"："最终的结果总是从许多单个的意志的相互冲突中产生出来的，而其中每一个意志，又是由于许多特殊的生活条件，才成为它所成为的那样。这样就有无数互相交错的力量，有无数个力的平行四边形，而由此就产生出一个总的结果，即历史事变，这个结果又可以看作一个作为整体的、不自觉地和不自主地起着作用的力量的产物"③。

---

① 《马克思恩格斯选集》第 1 卷，人民出版社，1995 年，第 85 ~ 86 页。

② 弗朗索瓦·佩鲁：《新发展观》，张宁等译，华夏出版社，1987 年，第 1 页。

③ 《马克思恩格斯选集》第 4 卷，人民出版社，1995 年，第 697 页。

这可从人类发展的历史进程中得到说明。当剩余劳动不足以满足每一个社会成员需求时，就处于各个社会成员或所组成的各种社会力量对它的支配权的争夺之中，由此产生了社会中各种各样的阶级关系（网）结构，以及体现这些社会关系的社会制度与社会意识。这些构成了人类文明内在统一的多样性。

在占据人类文明迄今为止的大部分的奴隶社会与封建社会时期，生产力发展缓慢——剩余劳动积累量少。其主要原因是处于统治地位的阶级（奴隶主与地主）把本来就少的剩余劳动，想方设法攫取归自己支配——用在日常消费中，而不是投入到社会再生产过程。为此建立起一整套的暴力机构，如军队、法庭、监狱等政治机构和相应的意识形态。随着被统治者争取自己剩余劳动支配权斗争的加剧，官僚机构也越来越庞大。这一庞大的官僚机构的开支日益庞大，终有一天超过社会生产系统的剩余劳动的总和。若遇上天灾，使得社会简单再生产也难以为继，社会由此陷入恶性循环。"起初是自主活动的条件，后来却变成了它的桎梏，它们在整个历史发展过程中构成一个有联系的交往形式的序列，交往形式的联系就在于：已成为桎梏的旧交往形式被适应于比较发达的生产力，因而也适应于进步的个人自主活动方式的新交往形式所代替；新的交往形式又会成为桎梏，然后又为别的交往形式所代替"①。

然而，把任何一种社会关系或社会制度永恒化的企图都注定要落空。"人们永远不会放弃他们已经获得的东西……为了不致丧失已经取得的成果，为了不致失掉文明的果实，人们在他们的交往方式不再适合于既得的生产力时，就不得不改变他们继承下来的一切社会形式"②。对剩余劳动的追求不停止，生产力的发展就不会停下脚步。

剩余劳动的创造者的生活境况并没有随着剩余劳动的丰富而得到改善，这使得"同它们一直在其中活动的现存生产关系或财产关系（这只是生产关系的法律用语）发生矛盾。于是这些关系便由生产力的发展形式变成生产力的桎梏。那时社会革命的时代就到来了。随着经济基础的变更，全部庞大的上层建筑也或慢或快地发生变革"③。但它们都立足于既有的生产力，结成合适的生产关系以推动历史继续前进。"历史的每一阶段都遇到一定的物质结果，一定的生产力总和，人对自然以及个人之间历史地形成的关系，都遇到前一代传

---

① 《马克思恩格斯选集》第 1 卷，人民出版社，1995 年，第 123～124 页。
② 《马克思恩格斯选集》第 4 卷，人民出版社，1995 年，第 532～533 页。
③ 《马克思恩格斯选集》第 2 卷，人民出版社，1995 年，第 32～33 页。

给后代的大量生产力、资金和环境，尽管一方面这些生产力、资金和环境为新的一代所改变，但另一方面，它们也预先规定新的一代本身的生活条件，使它得到一定的发展和具有特殊的性质"①。政治冲突、社会冲突与民族冲突混合在一起，一个唤醒另一个，一个触发另一个，它们有时导致权力机构的重组，有时甚至导致社会组织的重组。

总之，个体的生存与发展等基本权利虽具有自主性和公认性特性，但不会自动获得或得到保护。获得与保护须拥有一种能力，但该种能力又不是孤立存在的，一个人的机会受制于其他人的机会，一个人对利益和资源的选择也受制于其他人在其机会集合内预期的和实际的选择。主体之间的相互作用、相互依赖也不是无代价的，其所需的成本也很少按人口平均分摊。不管怎样，人的生存权与发展权应该优先得到尊重和维护。这需要由道德、法律等社会规范体系所确认和保障，并以此协调人类的相互依赖性，解决主体之间的矛盾。

二、制度——影响乃至决定资源效用的社会力量

所谓制度，是以资源为中介的社会关系存在方式，具有规范意味的——实体或非实体的——历史性存在物，调整着人们之间的相互关系，以强制性的或潜移默化的方式影响乃至决定资源效用的社会力量。它是人类对资源创造与使用的权利与义务在具体行为主体之间进行匹配和约束的规范体系，以满足具体行为主体之间确定化的历史和现实要求。一部人类的发展史，也就是一部制度演变的历史——原始社会、奴隶社会、封建社会、资本主义社会、社会主义社会。若对这些社会进一步考察，不难发现，合理的制度有利于资源的创造和有效配置；而制度一旦阻碍个体创造性的发挥或置整体利益于不顾，则会加速资源损耗。

个人并非只存在物质需要，还有政治需求和精神生活等方面，因而由个人集合而成的社会是一个多种重叠的权力网络，其中任何一种权力网络都不能完全控制和系统地组织整个社会生活，但每一种权力网络都能控制和改组其中的某些部分，以至对整个人类社会产生影响。正如恩格斯所言："正像达尔文发现有机界的发展规律一样，马克思发现了人类历史的发展规律，即历来为繁芜丛杂的意识形态所掩盖的一个简单事实：人们必须吃、喝、住、穿，然后才能从事政治、科学、艺术、宗教等活动；所以，直接的物质的生活资料的生产，

---

① 《马克思恩格斯选集》第 1 卷，人民出版社，1995 年，第 92 页。

因而一个民族或一个时代的一定的经济发展阶段，便构成为基础，人们的国家制度、法的观点、艺术以至宗教观念，就是从这个基础上发展起来的，因而，也必须由这个基础来解释，而不是像过去那样做得相反"①。一般地，社会有三种权力维系而成：文化伦理权力、政治权力和经济权力，其中经济权力最基本。而这三种权力则通过三种制度表现出来：文化伦理制度、政治制度与经济制度。

（一）文化伦理制度

人既是文化的创造者，又是文化的创造物。人只有在一定的文化中才能实现自我理解和相互理解并找到自己的精神家园。

文化伦理蕴藏着文化的精神实质，是人们在长期的社会交往中逐步形成并得到社会认可的规则——"一整套渗透于人类生活的外在形式以及思想深处的规范和价值"②，具体包括非强制性、广泛性和具有持续性的价值观、道德、风俗习惯、常识、思想、意识形态、神话等形式，一种超越性的社会权威——人类终极意义的和神授的共同品质——使现实中被世俗的经济、政治权力所分裂的人脱离并凌驾于比较世俗的权威结构之上，从而把人类联合起来。这种无形的力量，既赋予人的尊严，又把人天然地划分为等级。

文化伦理发生于原始社会，延续到等级社会，至公民社会。它是在历史发展过程中利益互相冲突的人及其团体之间的相互妥协或博弈的产物，是一个自发的、内生的、约定俗成的过程，以本能的、无意识的、分散的方式分布于整个人口之中，具有鲜明的时间性和地域性；体现出的权力关系是从自然的、道德的或是从不言而喻的共同利益中产生的，但却未得到严格控制的社会实践。不同的时代有不同的文化要求，正如马克思所言，"权利决不能超出社会的经济结构以及由经济结构所制约的社会文化发展"③。然而，由于人类的存在及其社会性，文化又具有历史传承性和深厚的积淀。

文化伦理本身是一种充满生气的力量，这种力量突出表现在常识的更新和意识形态的变换。常识构成人类的生存背景和行为模式，常常是在特定的文化情境中生成和被描述，既是一个语言系统，又是一个价值系统。没有常识，便无法沟通和对话，一切都在误解和猜测中消耗。而对于处于常识中的主体来

① 《马克思恩格斯选集》第 3 卷，人民出版社，1995 年，第 776 页。
② 弗朗索瓦·佩鲁：《新发展观》，张宁等译，华夏出版社，1987 年，第 163 页。
③ 《马克思恩格斯选集》第 3 卷，人民出版社，1995 年，第 305 页。

说，常识又是无形的，深深嵌入自身的经验生活之中，被不自觉地置入一种被忽略状态。不理解常识，便无法进入现实生活世界。对常识的麻木意味着人们对生活的感受力和洞察力的衰退，常识的转换意味着文化在演进。当外来者进入到一种完全不同于以往的文化中时，他会感觉到被一种强大的、异己的话语权力所包围。

意识形态是一种使个人和集团行为范式合乎理性的智力成果，在不断被社会的成千上万个分散的个体之间相互作用所更新和改造。它不仅与个人所理解的关于世界公平的道德伦理判断不可分割地交织着，而且使制度实现决策过程简化并使社会保持稳定的黏合剂。它所体现的是一种节省的方法，个人用它来与外界协调，并靠它提供一种世界观。当个人的经验与他们的意识形态不一致时，他们往往会改变自己的思想观念以求得一致。然而，若坚持不改变，则有可能变成叛逆者。不履行并违背既有的社会义务，这往往是未来的意识形态。

不论是常识还是意识形态，都是以知识面貌存在，并且在不同的历史阶段呈现出资源流向的不同特征。在不发达的社会里，人们的生计往往依靠身份。这种非市场的惯例手段既在于其分配过程或分配结果，更在于这种手段看起来根本没有做出分配。由此可能产生的荒谬结果的危害就要小于深思熟虑的方法所产生的无法控制的后果，因为它符合人们的思维定势。

如果说以往的社会贫富不均一般是由暴力手段造成的，而如今人们之间的社会生活差距，则往往是知识（特别是科技，以及控制政治经济事务的知识）带来的。知识"是权力，知识给予人权力。……知识在社会中生产一种特有的权力——知者（智者）的权力，政治权力又竭力控制知识的权力——祭司的权力。……知识的持有者往往被那些拥有强制性权力的人所奴役，这种强制性权力就是政治权力、警察权力、军事权力。科学、技术通过生产知识不断地生产着权力，但科学的权力却遭到截获和调配。学者的权力，一种没有政治组织的权力，却受到政治组织的权力的控制和统治。知识给有知识者以权力，并强化那些控制有知识者的人的权力。作为权力的生产者和权力的奴隶，知识不只是表达为社会不平等，或加剧社会不平等，而且还生产社会不平等"①。

由此我们可以得出，文化伦理制度对资源创造与运动的影响：其一，社会成员既不存在出价，也不存在命令，它是一种权利的单向运动，根源于人们内

---

① 埃德加．莫兰：《方法：思想观念——生境、生命、习性与组织》，秦海鹰译，北京大学出版社，2002年，第14页。

心深处的伦理观念——与个人社会地位相联系，提供的物品种类与数量则由习俗确定的。例如，家庭内部的劳务与物品、农民相互间的帮助等。其二，在既有资源不能清晰分配或无法确定标准时，由惯例或人们认为公平的方式来裁决，例如通过抽签来排序或领取份额等，以获取心灵的满足。其三，资源由在组织中享有威望或强力来的人掌握，弱小的主体只占有很小的一部分。组织中各个主体在规则上并不平等，是上下级之间的关系。上方发出由下级执行的命令或涉及某种权威，此时的资源配置被看成是权利的一种转换，而不是单纯强迫性的物品运动。例如，管理者也许不具备指挥某种行动的权威，但如果他有其他的影响下属收入和工作条件的决策权，那么他的建议会具有相当大的份量。

（二）政治力量——一种特殊的组织权力

当今人类社会最重要的组织是国家，最重要的组织权力也就是政治权力。政治权力主要体现在法律制度及其背后的强制力。

法律根源于伦理道德，其生成路径是，原始习惯→不成文的习惯法→成文的习惯法→国家法。由于法律的道德"血缘"属性，法律必然体现某种伦理精神，追随某些道德目标，遵循某些价值准则。道德法律化表达了社会规范系统的结构及各要素之间的配合状态——"良法＋普遍守法"的框架：法律与道德的精神统一起来，使法律得到道德的有力支撑，让法律精神深入到人们的心灵，成为人们的信念，同道德精神一道成为全社会共同的价值观念。法律的有效性在相当程度上取决于它是否具有一种现实的道德属性。"法律必须被信仰，否则它就形同虚设"，即"除非人们觉得，那是他们的法律，否则他们就不会尊重法律。但是，只有在法律通过其形式、权威和普遍性触发并唤起他们对人生的全部内容的意识，对终极目的和神圣事物的意识的时候，人们才会产生这种感觉。"[①] 只有造就这种法律，才能使法律获得普遍性和权威性，建立法治社会才有可能。因而，法律制度的威力主要不是来自其外在的强制力，而是来自其被大多数人所认同。此时，它保障和统一对整个社会机体的控制，并在这个意义上代表"全体的利益"，无论其公民的性别、种族、语言、宗教、政治观点或者其社会和个人条件。也就是，社会成员在守法与违法面前一律平等。同一法治秩序在具有不同伦理的社会土壤中将会具有不同的实质内容。例如，同一市场经济的法律体系，在不同的文明中（以及同一文明的不同文化

---

① 伯尔曼：《法律与宗教》，梁治平译，三联书店，1991年，第28、60页。

习俗区域）会发育出不同结果，成长为不同的具体形态（美国、日本与欧洲呈现出明显的差异）。还有，对同一社会问题采取不同的政治行动，体现出不同的价值观和目标，如有关宗教、税收、环境政策等那些触及和没有触及到他们自身物质利益的问题等。

总之，如果一个社会缺少道德规范的内在引导和自律约束，没有社会公众对法律的实施进行监督，没有普通民众对违法行为的道德上的抵制，法律的实施只能更多地依赖于国家强制力——主要由军队、警察、监狱等暴力机构的实施，那会造成巨大的资源损耗和资源创造效率的低下。

从历史上看，在前现代社会，政治权力往往由个人行使，即以专制暴力（合法形态）为后盾来支配资源，其获得的方式是世袭的。"在无政府状态占优势的地方，人们首先只能服从专制……只有当政府为人们所习惯之后，我们才能希望它成功地民主化。要求权力服务于一切有关方面利益的社会压力，虽然发展的比较缓慢，但却同样可靠。在权力是赤裸的地方，道德上的制约是无效的，正义只是强者的利益"[1]。

在现代社会，政治权力往往由通过选举产生的集体行使。以法律形式规范和确定政府在社会中的地位，明确划分政府公共管理职能的范围和界限，实现政府职能的有限化。在理论上，政府及其官员是大众的公仆，政府不再异化为社会的统治机构，更不是社会与公民的主人。然而，在实践中，政治权力在何种程度上达到理论的要求，有待具体分析。不管怎样，政治权力运行的效率，直接决定着资源运动与创造效率。

（三）经济制度

经济是一种满足人的物质欲望和需要的活动与过程。经济权力作为非强制性、非意识形态的以"物的占有"的形式来实现的力量，起源于人们之间相互提供的社会劳动。韦伯认为，经济制度是一种和平行使主要以经济取向的支配权力，合理的经济行为是目的合乎理性的即有计划地行使以经济为取向的支配权力[2]。这种权力随着社会生产力的进步在交换环节得到较为充分的体现。

在农业和手工业生产紧密结合的时代，劳动产品直接满足劳动者本人及其家属的生产和生活需要，没有或很少有剩余产品用于交换，主体之间处于分散和孤立状态。因而经济力量相对弱小。地主统治农民，只需会点政治手腕，再

---

① 勃兰特·罗素：《权力论》，靳建国译，中华书局（香港）有限公司，2002 年，第 63 页。
② 马克斯·韦伯：《经济与社会》，林荣远译，商务印书馆，1997 年，第 85 页。

有伦理或宗教的庇护，就足以把权力牢牢地握在手中。随着直接以市场交换为目的的生产和交换的经常化，主体间的联系日益密切。生产商品的目的是用于交换，以实现经济价值，进而去换回自己需要的使用价值。这样，商品生产与交换逐渐扩大，社会消费的质量也不断提升。在这一过程中，经济权力得到了加强。但在市场经济不成熟的发展中国家，资源配置既在一定程度上受市场机制的作用和影响，但由于尚不具备较充分的"一般均衡"条件，政府运用宏观手段调控资源配置的情况在某些领域还是主要力量。

在市场经济比较成熟的社会中，资源配置主要通过市场机制——价格机制而实现。保证资源利用的有效性的核心要件在于价格机制对要素转移与重组具有充分弹性。例如，当某种资源短缺，供给小于需求时，价格上升；价格上升，导致供给增加，需求减少，最终使供求平衡。在价格、平均利润率规律等的作用下，资源向最有利可图的行业、领域聚集，通过资源的流动，使原有配置状态被打破，形成新的资源组合状态。"在竞争的社会里任何人都不会拥有绝对的权力。只要资源分散在许多所有者当中，他们之中的任何独立行动的人，都没有特权来决定某某人的收入与地位——没有人会依赖于一个所有者，除非他能够给前者以更优厚的条件"①。然而，以物质资源为主要配置内容的市场，发展到一定程度，不仅恶化了生态环境，也加剧了人类自身的分裂。

但人类自身具有不断获得调整行为的机会和能力——市场经济的发展加速了人类知识积累和膨胀。人类在许多场合都不是以主体表象对象的方式来认识世界的，而是作为行动者来把握、领悟我们借以发现自身的可能性。从表象转向操作，从所知转向能知。知识资源在市场中逐渐演变成一种内在的经济主导力量，在开启科学实践领域的同时也推动经济快速发展。

综上所述，经济制度是经济活动领域某一特定种类的规则与权利的组合。法律和文化构成了人们的经济活动的机会边界。在这个机会集中，人们之间的权利地位平等。一旦社会发生冲突，最大的道德选择是面对稀缺所带来的利益冲突中谁的权利应首先加以考虑。这是因为，在冲突中，全体的权利是一个毫无意义的概念，只会模糊现实的冲突和伦理问题。从资源运动的最终趋向看，三种权力——政治、经济与文化伦理都来自于人类自身的生存与发展需要。例如，市场是一个自我扩张、自我强化的制度。它所带来的危机并不是通过经济和政治约束就可以获得缓解，而要基于人类行为的思想动因和现代市场经济中

---

① F·A·哈耶克：《通往奴役之路》，王明毅等译，社会科学出版社，1997年，第87页。

主体行为非理性化的趋势，形成对财产权的思想道德约束。

从对资源运动的影响力来看，政治权力是最具直接效果的力量，隐藏在法令、规章甚至政策中，但它缺乏弹性，而且一般以消极的处罚手段为主，积极地奖励措施为辅。而且，在创造资源方面可施用的力量只能在一定的限度内，超过这个限度资源损毁就多于创造，这个力量如用不足，也无法有效利用资源。经济手段多样化，可惩罚也可威胁，用途可正可邪，而且有弹性；但不能买到所有的东西，也有用尽之时。二者都具有排他性和独占性。文化伦理强化对价值观的认同，可以刺激人们为自身的利益而盲目做一个顺从的羔羊，隐藏着未来的预期收入，是人类活动中最深层的权力，是资源创造的深层动力源。

三、资源在不同主体之间运动与创造

社会本身充满着矛盾与冲突，即存在着个体之间、集体之间、个体与集体之间和集体与社会之间的权力之争。这种竞争的实质是，有限的资源在个体、集体与社会之间的分割问题——谁应该占有资源，谁不应该享有资源；谁应该占有较多、甚至全部资源等等。由此，这种竞争呈现出有序与无序的统一。无序既是社会有序的构成因素之一，又是秩序排斥的对象。无序不断地被组织所吸收，或者被回收而转变为其对立面（等级制），或者被排除到外部或被维持在外围地带，不断地被吸收、排除、抛弃、回收、转变，无序不断地再生而社会有序也随之不断再生。于是一个社会因为它不断地自我破坏所以不断地自我产生，从低级向高级演化①。

从人类历史看，竞争的结果呈现出三种情况，一是这些有限的资源都归个体所有；二是这些资源都归集体和社会掌握；三是根据资源自身的性质和人的需要，在个体、集体、社会三者之间配置。

如果资源都归个体所有，在"理性经济人"的运作下，每个主体都能实现资源利用的最大化，进而社会都实现资源的充分利用。不仅亚当·斯密在他的《国富论》中阐述了这个原理，而且瓦尔拉斯方程以数学的方式表明，如果市场中每个人都是理性的经济人，通过资源的自由交换来实现其自身利益最大化，全社会的资源就会处于一般均衡状态，实现优化配置。帕累托也曾指出，在完全竞争的市场条件下，消费者和生产者作为理性的经济人，追求其自身利益最大化，必然会使社会资源得到最佳配置状态——帕累托最优，等等。

① 埃德加·莫兰：《迷失的范式：人性研究》，陈一壮译，北京大学出版社，1999年，第29页。

然而，上述结论由一系列假设为前提，如理性的"经济人"假设、一切资源与收益都经过市场交易，交易双方共同遵守一系列协定假定、完全竞争市场假设等等，这些假定前提在现实中是不可能存在的。

马克思的《资本论》深刻地论证了资源归资本家所有带来的问题。每个资本家都追求自身利润最大化，进行资本的积累与集中，最后导致整个社会经济处于失去理性制约的无政府主义状态，无数资源被浪费与闲置，产生一次次经济危机，最后导致整个资本主义经济体系的崩溃。这是因为，资本追求的只是资本家的利益，而不是全社会的利益——追求如何用最少的资本获得尽可能多的资本增殖，即用尽可能少的资本将尽可能多的资源吸收到自身中来实现其增殖的欲望。不顾一切地吮吸资源便成为社会总资本扩张的唯一选择，而站在全社会总体利益来看，这是一种浪费。

由资本博弈过程产生的"资本的集体理性"，在全社会博弈中又是一种非理性。按照纳什均衡原理，各个主体都追求自身利益最大化，全社会的整体利益将无法实现最大化。即，每个人的自私博弈的结果不是整体利益最大，而是整体皆输的结局。对整个集体和每个个体都最为不利的状态恰恰是自然的"纳什均衡态"，每个个体都遵循一定的约束、从而对整个集体有利的"合作均衡"并非自然实现的状态。在多人重复博弈中，极端自私者和极端善良者（只愿付出，不要回报）几乎同时被淘汰，阴谋诡计者最后也会被淘汰，只有诚信的平等交易者获得生存繁衍机会，形成"我为人人，人人为我"的氛围，人类社会才得以不断繁衍延续。但此博弈模型在现实社会中并不成立，因为人们根本没有和世界上任意一个人几百次、几千次打交道的机会。说到底，要维护整体利益，个体权力是做不到的。"不想使竞争蜕化为相互猜疑和侵略从而导致无政府状态，那就必须有一种人工的、巧妙的社会安排，尊重各种分散的权力行为者的基本人性、权力和财产权"[1]。

由集体、社会统一配置资源，这在某一特定的历史时期能够最大限度地提高资源利用率。但从长远看，既不利于个人，也不利于集体和社会。例如，计划模式是根据工业生产高度集中的基本框架，用行政权力来力图实现资源的优化配置，以满足全体社会成员的需要。但由于在社会实践中，此种模式成本高昂，社会难以为继：不仅在于压制了单个主体理性的发挥，而且由于自身认知

---

① 迈克尔·曼：《社会权力的来源》第 1 卷，刘北成、李少军译，上海人民出版社，2002 年，第 720 页。

的局限性等因素，即使现有资源得到优化，但无法保证创造更多的资源。

有限资源在个体与集体社会之间合理分割才是提高资源利用率，进而创造更多资源的现实选择。从资源自身看，许多资源自身存在着公共性与非公共性对立的属性。例如，一盆花，从经济学家的角度看，可以归个人所有；而从美学层面，多数人可享受它所带来的美；还有，同一个属性可能在不同的人那里，所带来的感受是不一样的，常见的是"锦上添花"与"雪中送炭"。从主体自身看，单个主体与社会主体之间也有矛盾。作为单个主体而言，既有社会性的一面，也有独特的利益要求和情感享受；而任何一种资源不可能同时满足这些需求。这就需要对资源产权合理规制。

所谓产权，就是个人、群体或国家有"消费这些资产、从这些资产中取得收入和让渡这些资产的权利或权力构成。运用资产取得收入和让渡资产需要通过交换……交换是权利的互相转让"①。产权是一组行为性权利，它本身可以分割，可以以不同的方式组合安排，有什么样的结构安排就有什么样的行为方式和利益关系。这种权利体系，可分解为所有权、法人财产权、使用权、获益权、处置权、让渡权等，其中以所有权为核心——它规定了活动的起点和权利的地位。实质上，产权不是有形的东西或事情，而是抽象的社会关系，是一种社会工具。这个工具要求享有收益并且同时承担与这一收益相关的成本。因而，不能只看财产的法律归属，而应看这些财产的实际用途，看它们到底为谁而用。"所有"只是手段，"所用"才是目的。产权不仅要强调财产的终极所有权和名义上的所有权，还要强调财产的实际使用过程及其效果——所有权的实现形式。因为仅仅知道谁拥有特定的资源是不够的，若主体在有权配置资源时却受到别人的行为影响，意味着自身权利受到侵害。也就是，产权的形式及实现的原则、方式和途径对经济效率和人们的利益关系有着决定性的影响。

产权以何种形式存在是社会中各种力量博弈的结果。如果听任个体权利的驱使，必将使市场经济最终处于对大家都不利的情境。例如，追求最低价格和最大效用，是个体的权利。然而消费活动不可避免地会造成外部性资源消耗——对环境的污染，这是个体权利所不愿考虑的。而社会的集体权利则要求把这种污染控制在最低程度，并且要求个体承担相应的成本。在这种冲突中，按照纳什均衡，必然个体权利占上风，导致社会非理性的消极现象出现。在企业的生产经营过程中，企业权力驱使企业追求最大利润，实现内部成本最小

---

① 巴泽尔：《产权的经济分析》，费方域、段毅才译，上海人民出版社，1997年，第2页。

化。如果对企业行为缺乏必要的约束，企业将会尽力把内部成本转化为外部成本，使社会公众付出的外部成本趋于最大，由此形成了种种企业负效应：产品以次充好、豆腐渣工程、环境污染等等。当民族国家成为国际社会的主体时，个体权利、集体权利与社会权利使系统处于更加复杂的状态，它们之间的冲突更加多样化。

既要使个体创造性能够得以充分发挥，又要维护整体利益，必须借助于一种强大的力量。这种强大的力量，既是道德力量，也是一种具有法律效力的合同力量、政府的法规力量，使大家都遵守共同约定。只有这样，才有可能实现产权设置的目的：一方面能够使人们估计到未来预期，有利于推动资源的创造与有效利用，实现总体效率最大化；另一方面有利于系统的生存与演进，促进社会合作，维护人类的整体利益和长远利益。

第二节　资源运行、创造的技术维度——效率

资源的运行、创造要支付相应的成本，一种因资源被用来满足此需要而不能满足彼需要，在使用者看来也是一种成本。而成本，在某种程度上，则是他人获得的资源。如何让有限的资源尽可能多地满足社会需求，进而使有限的资源创造更多的资源，为人的生存与发展提供更加有利的条件？这需要从资源运行的成本、边界和满足社会需求三个方面来衡量。

一、资源效率的生成论分析

效率，产生于人的创造性活动，是人的活动所达到的目的和从事这种活动所运用的手段（付出的成本）之间的比例关系。可从两个角度考察：劳动效率和资源效率。劳动效率是消耗的劳动量与所获得的劳动效果的比率，侧重于人类资源自身（它可以不考虑物质资源投入的多少）。马克思指出，"靠消耗最小的力量在最无愧于和最适合于他们的人类本性的条件下进行这种物质变换"[1] 是"真正的经济——节约——是劳动时间的节约（生产费用的最低限度和降到最低限度）"，而"节约劳动时间等于增加自由时间，即增加使个人得到充分发展的时间"[2]。资源效率，是资源（不仅指人类自身资源，也指物质资源）投入与需求满足之间的比例关系，是总投入与产出之比，在一定程

---

① 《马克思恩格斯全集》第 25 卷，人民出版社，1974 年，第 927 页。

② 《马克思恩格斯全集》第 46 卷下册，人民出版社，1980 年，第 225 页。

度上偏重物质资源。成本（包括物质和人类自身）不变，收益越大，效率越高；同样，收益不变，成本越低，效率越高。

提高资源效率的本质是节约空间物化的时间，实现由空间上的自由向时间上的自由转换。人类社会的进步，就是在通过创造资源和不断缩短创造资源的时间，最终摆脱物化呈现发展的态势。由此可认为，效率的主体性向度就是在一定生产方式和人的现实本质条件下，资源对主体需要的满足程度，符合人类社会一定的发展规律、目的意义和道德规范。

从两个方面考察资源效率——物质资源与人类自身资源的效率。

物质资源的运动与创造需要消耗已有的（可计量的和不可计量）资源。可计量的是指，寻找、勘探、加工、运输或对其再加工和利用等所支付的物质资源和人类自身资源；若要算出总成本，还要加上环境治理成本和人类未来承受的不可计量成本，其公式是 $C = M + C_d + C_s$，其中，M 是物质成本，由技术水平决定；C_d 在处理人与自然关系时的成本，包括生态成本、系统变化中资源维持成本；C_s 是在处理人与人关系时所发生的人类自身资源成本。

人类自身资源的获得，无不以预先的投入为条件。科学研究表明，仅仅是维持生存，根本不从事任何工作，每人每天需要约 1500 卡的热量。通过在职培训或专业教学机构获得的可转移技术和现有技术的扩散，需消费一定的资源。根据舒尔茨的观点，它由五部分组成——医疗、保健费用和时间（包括维持精力和生命力、力量强度、耐久力）、在职人员培训（包括各种组织形式的培训）费用和时间、教育（各种形式的学历与非学历教育）费用和时间、个人在就业机会的迁移与变换中的代价以及在"干中学"所付出的努力[①]。简言之，获得劳动力资源的成本一般是在一个较长而变化着的时期内进行的，无法根据已知费用来确定总的成本。组织资源、社会资源、知识资源是在单个主体交往过程中消耗一定数量的资源而形成，但这个量是多少，更是无法确知。

成本的存在为资源的利用提供了机会选择，而引导和控制这些选择的是产权。产权的选择影响着这些成本在不同集团之间进行分摊。科斯在《社会成本问题》中指出，当交易成本为零，责任规则的改变将对资源分配毫无影响；不同主体之间就资源利用进行的协商并没有让社会付出代价，或者对造成污染或其他负面影响的生产者会有一种理性动机，会自动出资去解决问题。但运用

---

① 巴泽尔：《产权的经济分析》，费方域、段毅才译，上海人民出版社，1997 年，第 49 页。

于现实情况的问题在于，交易成本从来都不为零，单个主体间达成公平协议代价高昂，尤其当一方比另一方更为富有或更有权势的时候，就需要有更高的主体出面干预或改变产权。

界定产权不仅要对资源本身的归属进行明确的划分，而且要对各类所有权的确切含义及其转让方式作出明确的可操作的法律规定。否则，产权的明晰就不能得到落实。首先，制定产权划分的标准和依据，标准化使交易费用降低和管理者获取最大的租金。其次是确定产权明晰的排他性手段——能够排除他人使用和侵占的手段。如果没有这些手段，法律规定不过是一纸空文。另外，产权的形成受技术因素的影响。虽然阻止搭便车或强迫第三方承担他对交易成本的份额，为使个人收益接近社会收益，保密、报酬、奖金、版权和专利权在不同时代被发明出来，但使局外人不得收益的技术直到今天仍代价很高和不完善。

如果整个界定符合资源属性的公共性或非公共性特征，会使资源得到充分利用。界定不当，有三种表现，一是非公共性的属性如果共同使用，往往导致资源创造低效；二是具有公共属性的资源的个别享用，也会招致资源利用低效；三是资源不是在它得到充分利用的人手中，也会致使资源运行的代价不菲。一般而言，产权清晰，资源被无偿占有的可能性就越小，效率就越高。但实践过程中，由于技术原因无法使资源产权明晰，或有些资源产权本身就不能明晰到个人。明晰到个人反而使其成本大于收益或其效用得不到充分实现。衡量资源的费用超过收益的地方，从来是公共性资源存在的地方。历史的进程表明，"生产资料的私有与各种不同形式的公有制之间的抉择，市场经济体制与各种不同方式的规划体制之间的抉择，以及自由和极权之间的抉择，在现实生活中总是有某种程度的混杂，与其说是对立，不如说是互补——但会显示哪一面占优势的倾向"[①]。

总之，资源运行的实质是人类在一定的社会条件下按照一定的比例将各种资源进行组合和再组合，生产和提供各种产品和劳务以获得最佳效率来满足各种社会需要的活动。这一活动需要资源的产权以及由此产生的组合有一个相对确定的边界，在这个边界上资源最有效率。然而，确定这个边界不仅是一个经济问题，也是社会问题；不仅是技术问题，也是哲学问题。这就需要进一步考察资源在时间、空间上的组合方式和不同的运行形式及其规模，寻找资源高效率运行的依据。

---

① E·F·舒马赫：《小的是美好的》，李华夏译，译林出版社，2007 年，第 235 页。

二、资源运行的效率：从空间尺度考察

资源在不同的主体间——微观（单个主体如企业等）、中观（行业、产业）与宏观（地区、国家乃至全球）运行，效率是有区别的。

在市场经济中，微观主体在规模效应及其边际效益递减的双重影响下，根据自身发展需要对现有的资源进行分配以及调整其存量与结构。一方面，在资源紧缺的压力下，经济活动者追求单位资源生产出最大利益，努力提高资源的利用效率。消费者追求最大效用的欲望，总是受到他的购买力的约束，于是消费行为不断趋向于理性化；厂商追求最大利润的欲望，在既定生产任务下追求最低成本。另一方面，技术效率和价格体系与资源配置紧密相连，不合理的生产要素价格容易造成资源错配。人为因素的资源高价与低价不仅使经济过程极易产生波动，更容易导致该资源短缺。

需要进一步说明，由于市场的供求及其技术等影响，各种资源要素的价格与其组合成的新的资源的价格——反映社会劳动的消耗、资源稀缺程度和对最终产品需求情况的价格（即影子价格）并不一致。一般而言，投入品的影子价格就是它的机会成本——资源用于国民经济其他用途时的边际产出价值；产出品的影子价格就是用户的支付意愿——用户为取得产品所意愿支付的价格。确定影子价格的过程是对国民经济在生产、交换、分配和消费过程中的全部环节及其相互制约相互依赖关系全面考察的过程。它由国家的发展目标和资源可用量的边际变化赖以产生的环境决定。但在考虑到社会资源可用量、政策变动及社会经济未来变动等各种不确定性因素的存在及影响，要精确测定商品和劳务等影子价格是异常困难的。

产业是从事同类产品及其相关业务的企业的集合，集群是产业聚集的空间组织形式，融合是产业相互渗透的一体化组织形式。随着社会分工的细化，零部件的集中生产、工艺的专业化以及非核心业务生产的外置和服务外包已经成为趋势，进而形成相关的产业。从制造业到服务业已成为一种趋势：服务业的生产性服务，包括金融、人力资源培训、研发等专业中介服务成为新兴服务业。资源不以人们的意志为转移，突破了企业、社会、国家的界限，在全球范围内寻求优化配置，也就是，原本在一个企业内完成的研发、制造、销售等生产全过程现在正被分解、外化到全球多个企业中。

产业是一个动态的非均衡的资源运行系统。从动态演进过程看，它受到生产力发展水平及其布局以及制度条件等多方面的影响，呈现出从劳动密集⇒资本密集⇒技术密集⇒知识密集的发展趋势，由此形成不同结构类型的产业层

次；从要素的作用看，要素的不同产出水平在不同的生产部门的差异，引起再生产循环以要素生产率高的部门为核心，加速低效率、低技术构成部门的衰落和新兴的具有比较利益的优势部门扩张，组合成新的产业结构。如果该产业结构有利于各地区生产要素和自然资源的禀赋优势，就能提供成本较低的产品和劳务。否则，成本不薄。换言之，在产业价值链上，每一个环节的产出都是下一个投入的成本，如若在正确观念引导下，利用各种技术把各种废弃物（烟尘、污水、固体废弃物等等）进行资源化处理，作为下一环节的资源进入到社会产业结构中，不仅成为新的经济增长点，而且有助于改善生态环境。值得一提的是，在知识作用下，环保产业将成为国民经济的重要组成部分。

产业突破行业界限，进行产品的循环运动，形成国民经济体系。而在一定的空间上存在的国民经济产业结构是否合理，对一个国家或地区的资源运行效果具有重要影响。一般地，国家在编制经济发展规划，以及预测某种突发事件导致的终端需求变化对整个产业结构的影响和某产品价格的变化导致的各个产业产值的变动，往往采用列昂惕夫的"投入－产出模型"。该模型描述了社会产业结构中各产业之间的相互依赖关系[①]：生产某种产品（如钢铁），必须投入一定量的各种其他产品（如电、劳动力、石油以及钢铁自身等等），这些产品的数量构成"投入－产出系数"。这系数显示了社会产业结构中各个产业之间在经济上的相互依赖关系。当社会经济系统处于一般均衡状态时，某种产品的产量等于社会对该产品的最终需要量（出口和消费）与社会其他产品的生产需要投入的该产品数量之和。由此可以计算出：在一定的终端需求条件下，社会各产业的产量之间应当有的比例关系，以此实现整个经济系统的一般均衡——不会因某产品短缺而构成其他产业部门的瓶颈，也不会因某产品过剩而导致过度竞争与浪费。

实际上，微观层次的效率并不代表整体的效率。如最低单位产出平均生产成本的产业部门未必在其他地区获得市场优势——由于流通环节的客观因素和需求规模的有限导致单位产出的流通费用增加，以致总成本上升。对地方自建产出尽管单位资源利用不高、缺乏规模效应，但其流通费用低。反之，如果社会产业结构重复建设严重，必将导致过度竞争，资产闲置，资源浪费，形成宏观层次上资源配置的非理性化。这种宏观不经济，其危害性程度远远超过微观不经济。产品的畸形循环导致畸形的经济结构，若以经济的增长来判断一个经

---

① 鲁品越：《资本逻辑与当代现实》，上海财经大学出版社，2006年，第88页。

济体系是不是畸形的，那将是用畸形的标准来判断是否合适的，而畸形的结构也会长高长大。因为，由于要素转移要素受短期利益的驱动，加剧产业结构的不平衡，有可能导致无发展的增长。

因而，提高资源的运行效率，需要在微观主体提高资源效率（包括企业改善组织结构、产品结构等）的基础上，进一步优化宏观经济各组成部分的地位和相互比例关系（产业结构、区域经济结构等）。结构优化，从产业结构看，一般通过两个途径进行：一是对国民经济的存量进行调整，主要是对已形成的各种传统结构进行改革、改造，推动企业兼并重组，坚决淘汰落后产能、压缩过剩生产能力，努力提高经济效益。二是对国民经济的增量进行优化，即主要是把握好投资方向、投资结构，着眼于未来发展和下一轮国际市场竞争，科学选择新兴战略性产业，鼓励和支持节能环保、新能源、新材料、新医药、生物、信息等产业的发展，尽快形成新的经济增长点。而要真正去实践，就必须从主要依靠增加物资消耗向依靠科技进步、提高劳动者素质和管理创新转变。从经济发展的一般规律看，第三产业在整个国内生产总值中的比重越高意味着经济发达程度越高。例如，2006 年第三产业在 GDP 中占的比重，美国是 76.5%，日本为 69.5%，我国是 39.4%；在国内，2007 年第三产业的比重北京市 72.1%，上海市 52.6%，高于全国平均水平①。总之，微观主体的资源有效利用和产业之间的资源合理流动，是实现全社会最小成本最大效益的现实路径。

三、资源运行的效率：从时间尺度审视

从时间尺度衡量资源运行的效率也就是对资源从生成到消失全过程，即从生产、分配、交换和消费各个环节进行效率考察。生产决定消费，并服从于消费需要，分配和交换是中间环节。而分配与交换环节的绩效如何，也直接影响生产与消费状况。

生产行为本身就它的一切要素来说也是消费行为，消费直接也是生产，生产是消费的生产，消费是生产的消费。第一，个人在生产过程中发展和支出消费自己的能力；第二，物质资源被消耗，转变为符合人们需要的物品。生产和消费互为中介、相互依存，各为对方的手段，各以对方为中介；互为对方提供对象，相互创造。正如马克思所言，"生产为消费提供外在的对象，消费为生

---

① 逄锦聚：《经济发展方式转变与经济结构调整》，《光明日报》2010 年 2 月 23 日。

产提供想象的对象；两者的每一方不仅直接就是对方，不仅中介着对方，而且，两者的每一方由于自己的实现才创造对方"①；"无论我们把生产和消费看作为一个主体的活动或者许多个人的活动，它们总是表现为一个过程的两个要素，在这个过程中，生产是实际的起点，是起支配作用的要素。消费，作为必须，作为需要，本身就是生产活动的一个内在要素。个人生产出一个对象和通过消费这个对象返回自身，然而，他作为生产的个人和自我再生产的个人"②。实质上，生产过程不是无中生有，而是客体的一个转换过程，客体转换成资源，进而资源转化为符合人们需要的产品形式，甚至是社会需要的价值形式。然而在转换中以少量的消耗获取较大的收益，节约也是一种创造。历史的发展也就表现为从一种生产方式向另一种生产方式的转变带来了全部技能中相互联系在一起的全部要素的变化。这种变化促使生产方式也蕴涵着适应生态环境、符合一定的空间秩序和时间秩序。马克思在1868年给库格曼的信中写到，"在不同的历史条件下能够发生变化的，只是这些规则藉以实现的形式"③。

消费过程受社会生产率、个人在与他人竞争中占有资源的能力以及物理规律的制约。消费在观念上提出生产的对象，把它作为内心的图像，作为需要、作为动力和目的提出来。鲍德里亚指出，"表面上以物品和享受为轴心和导向的消费行为实际上指向的是其他完全不同的目标：对欲望进行曲折隐喻式表达的目标、通过区别符号来实现市场价值社会编码的目标。即不是透过物品法则的利益等个体功能，而是这种透过符号法则的交换、沟通、价值分配等即时社会功能。消费的真相在于它并非一种享受功能，而是一种生产功能。消费是一个系统，它维护着符号秩序和组织完整：既是一种道德（一种理想价值体系），也是一种沟通体系、一种交换结构。作为社会逻辑，消费建立在否认享受的基础上。这时享受不再是其合目的性、理性目标，而是某一进程中的个体合理化步骤，而这一进程的目的是指向他处。享受会把消费规定为自为的、自主的和终极的。人们可以自娱自乐，但一旦人们进行消费，那就决不是孤立的行为，人们就进入了一个全面的编码价值生产交换系统中，每个消费者都不由自主地相互牵连"④。

消费了的物品也并没有消失，只是转化成了其他形式的潜在资源，最终会

① 《马克思恩格斯选集》第2卷，人民出版社，1995年，第11页。
② 《马克思恩格斯选集》第2卷，人民出版社，1995年，第12页。
③ 《马克思恩格斯选集》第4卷，人民出版社，1995年，第580页。
④ 让·鲍德里亚：《消费社会》，刘成富、全志刚译，南京大学出版社，2001年，第68~69页。

变为现实的资源。而这需要通过各种资源的高效组合，科学技术的发展是必要条件。有关专家统计，中国在电力传输过程中，由于技术落后所带来的线路损耗电量，相当于一个三峡电厂的年发电量。如果全社会都是用节能灯，仅此一项就可节约三峡电厂的年发电量。还有，中国单位 GDP 的能耗是世界平均水平的 2.4 倍，是日本的 7.8 倍，德国、法国的近 5 倍，英国的 3.8 倍等。在环境资源方面最具有影响的德国"气候、环境与能源研究中心"的魏兹舍克在《四倍数——资源使用减半，人民福祉加倍》一文中指出，资源使用的效率是巨大的，在技术、管理、体制、机制等多重因素的影响下，一方面可通过物质的循环利用和能量的梯级开发；另一方面可通过调整产业结构，发展低物耗、低能耗、低污染的产业，从而使经济增长与资源消耗实现"剪刀差"的趋势。简言之，经济在增长一倍的同时，资源消耗减半；通过"资源利用——清洁生产——资源再生"实现"人尽其能、物尽其用、财尽其利"。于是资源的生产力提高了 4 倍。以最少的资源消耗获得最大的需求满足，使人类主体享受到最优的社会福祉，达到人与自然和谐共赢的理想形态。

作为生产与消费中介的分配与交换，不仅自身存在着资源分配与交换的效率问题，而且极大地影响甚至制约着生产与消费的效率问题，有效的分配有利于促进资源效率的提高，反之会加速损耗资源。具体而言，分配过程中必然消耗一定的资源：从信息的收集、劳动量的测定以及相应的分配机构的设立等。分配分为三个层面，即初次分配、政府的二次分配及民间的第三次分配。资源在这三个方面分配是否合理，直接关涉到资源在生产与消费过程中效用的发挥。在当下，在初次分配中，解决就业问题——人类自身资源和提高最低工资标准（在初次分配中提高劳动所占比例）。政府的二次分配除了主要通过税收进行调节，还包括加大对贫困地区扶持力度和出台有利于缩小收入差距的政策措施；以及给困难群众的补助、救济等等。民间的第三次分配，是公民出于爱心，对公益事业性的捐助。政府可以通过加大宣传力度，以及捐款额免税、退税等措施，推动第三次分配尽快和经济社会发展相适应。

交换，是指人们在生产中发生的各种活动和能力的交换，以及一般产品和商品的交换，是社会再生产过程的不可缺少的一个环节，是联结生产及由生产决定的分配和消费的桥梁。生产的发展水平比较低，决定了交换的方式也比较简单。但是，交换对生产也具有反作用，它会促进或阻碍生产的发展。交换主体的地位以及交易费用所决定的交换形式直接对资源流动与创造产生影响。

一般地，资源的高效率的生产与消费，要求资源适度集中于能够充分发挥资源效能的主体手中。也就是，谁的资源利用效率越高，谁拥有资源的所有权或使用权就应越大，进而带来溢出效应和规模效应；否则，会造成资源闲置与浪费。然而，根据边际效用递减原理，拥有资源越多的人，单位资源的效用越低；而拥有资源越少的人，资源的边际效用越大。解决这一矛盾，不仅需要广泛地搜集关于收入和支出、产品和服务的信息，而且还要建立一套详尽的权利体系——规定在什么情况下人们可以得到和使用投入、商品、服务和环境以及人们之间的正常的关系，调整社会总需求结构以及所有制结构和分配结构，以推动经济快速发展。

第三节　资源运行的社会关系维度——公平

效率是人类社会生存和发展的基础，提高资源效率旨在增强全体人民的福祉和促进人的发展，使人类在资源享有上有了更多的选择权。但在现实中并不如人愿——这可以从后发展地区的环境恶化，全球的贫富差距在增大得到证明。因而需要进一步分析增多了的资源在社会成员之间配置的另一个基本原则——公平，即在促进自身发展的同时不影响其他主体乃至社会整体的发展。

一、公平范畴

马克思的社会主义思想之所以有如此的震撼力，就源于直面人间的不公平。弗·梅林在《马克思传》中这样论述其思想的由来："卡尔·马克思对最高认识的不倦追求，是发源于他内心的最深厚的情感的。正像他有一次率直地说过的，他的'皮肤不够厚'，不能把背向着'苦难的人间'；或者像胡登所说的，上帝曾经赋予他的灵魂，使他对每一种痛苦比别人感受得更强烈，对每一种忧患比别人感受得更深切"[①]。

在不同的学科中，公平的含义并不一样。从经济的角度说，公平就是"得其能得"；从政治领域而言，公平就是"平等待人"。公平与平等紧密相联，公平是平等，而平等不一定是公平。因为，平等有"生而平等"、"规则平等"和"结果的平等"，只有在起点平等与规则平等的前提下，分配结果不平等才是公平的，而这样的前提几乎是不可能的。无论我们对起点劣势者进行怎样的扶持，无论在竞技规则上怎样地适当照顾与补救弱者，都无法彻底消除

---

① 弗·梅林：《马克思传》，樊集译，人民出版社，1965年7月版，导言部分。

由于起点不平等的因素所导致的分配结果不公平。即使在起点平等与规则平等的情况下，人们活动的成败也并非全凭能力与努力，总有某种偶然机遇、天灾人祸等等因素，由此产生的结果不平等也并非"理所应得"。

马克思的公平思想则应从哲学层次上理解为主体得其应得，促进人的自由全面发展。而自由是自己创造的剩余劳动由自己支配的生产关系中的自由，而不是创造剩余劳动本身的自由，生产力发展的自由——即使有，"这个领域内的自由只能是：社会化的人，联合起来的生产者，将合理地调节他们和自然之间的物质变换，把它置于他们的共同控制之下，而不让它作为一种盲目的力量来统治自己；靠消耗最小的力量，在最无愧于和最适合于他们的人类本性的条件下来进行这种物质变换"①。全面发展，是以人的社会性为其核心，以人类社会与自然环境的和谐统一为其基本内容。马克思指出，"全面发展的个人——他们的社会关系作为他们自己的共同的关系，也是服从于他们自己的共同的控制的——不是自然的产物，而是历史的产物。要使这种个性成为可能，能力的发展就是达到一定的程度和全面性，这正是以建立在交换价值基础上的生产为前提的，这种生产才在产生出个人同自己和同别人的普遍异化的同时，也产生出个人关系和个人能力的普遍性和全面性"②。

不管怎样，"自由不在于幻想中摆脱自然规律而独立，而在于认识这些规律，从而能够有计划地使自然规律为一定的目的服务。这无论对外部自然的规律，或使对支配人本身的肉体存在和精神存在的规律而言，都是一样的。这两类规律，我们最多只能在观念中而不能在现实中把它们分开。因此，意志自由只是借助于对事物的认识作出决定的能力……自由就在于根据对自然界的必然性的认识来支配我们自己和外部自然，因此，它必然是历史发展的产物"③。但是，"在道德上是公平的甚至在法律上是公平的，而从社会上来看很可能是很不公平的。社会的公平或不公平，只能用一种科学来断定，那就是研究生产和交换的物质事实的科学——政治经济学"④。

因而，公平应该和自由、全面发展联系在一起。也就是说，主体在资源使用上能否公平，不取决于自身，而由主体间的力量对比关系来解释。实质上"贫困不在于财富的量少，也不在于简单地理解为目的与手段之间的关系，归

---

① 马克思：《资本论》第 3 卷，人民出版社，2004 年，第 928～929 页。
② 《马克思恩格斯全集》第 46 卷上，人民出版社，1979 年，第 108～109 页。
③ 《马克思恩格斯选集》第 2 卷，人民出版社，1995 年，第 455～456 页。
④ 《马克思恩格斯全集》第 19 卷，人民出版社，1965 年，第 273 页。

根结底，它是一种人与人之间的关系。丰盛不是建立在财富之中的，而是建立在人与人之间的具体交流之中的。它是无限的，因为交流圈没有边际，哪怕是在有限数量的个体之间，交流圈每时每刻都增加交换物的价值"①。历史表明，进入文明时代，一般是强者在社会生活中对资源拥有优先占有、利用等权利。强者获得更多的资源固然与他们个人的努力相关，但资源的获得离不开社会，即使强者的先天禀赋也与社会息息相关。给予不同的人以同样客观的机会并不等于给予他们以同样主观的机会。如果要为不同的人产生同样的结果，必须给予他们不同的待遇。

但不管怎样，公平原则要求资源优先在最需要的人手中，确保人的最基本的生存权和发展权，并要求主体以此为原则解决资源有限与主体欲望无限以及资源优化运行与人们需求之间分配的矛盾——在资源有限的环境中，谁的效率是效率的根本问题。"生产力、社会状况和意识，彼此之间可能而且一定会发生矛盾，因为分工不仅使精神活动和物质活动、享受和劳动、生产和消费由不同的个人来分担这种情况成为可能，而且成为现实，而要使这三个因素彼此不发生矛盾，则只有再消灭分工……分工包含着所有矛盾，而且又是以家庭中自然形成的分工和以社会分裂为单个的、互相对立的家庭这一点为基础的。与这种分工同时出现的还有分配，而且是劳动及其产品的不平等的分配"②。

归根到底，公平不是最终目的，只是一种工具、一种标准，是对经济社会关系内在要求的合理化和正当化。因而，公平不是抽象的、绝对的和永恒不变的，而是具体的、相对的和历史的。它总是与特定的生产方式、一定的生产力水平相联系的。公平不是数量上平分，而是要消除那些巨大的、从而使不同社会阶层产生不同生活经验的收入差别。"只要与生产方式相一致、相适应，就是正义的；只要与生产方式相矛盾，就是非正义的"③。也正鉴于此，人们渴求生存，但总有牺牲；渴求公平，但歧视无处不在。但对公平的追求让人们明白一个人应该在捍卫自我尊严的基础上接受什么，并学会坦然接受和那些歧视行为作斗争。

包括剩余劳动在内的资源配置是否公平，只有相对于现实的人的生存和发展才有意义。"人们的社会历史始终只是他们的个体发展的历史，而不管他们

---

① 让·鲍德里亚：《消费社会》，刘成富、全志刚译，南京大学出版社，2001年，第56页。
② 《马克思恩格斯选集》第1卷，人民出版社，1995年，第83页。
③ 《马克思恩格斯全集》第25卷，人民出版社，1974年，第379页。

是否意识到这一点。他们的物质关系形成他们的一切关系的基础。这些物质关系不过是他们的物质的和个体的活动所借以实现的必然形式罢了"①。各种工具和生产手段不过是现实的个人本质力量的物化形式,"生产力与交往形式的关系就是交往形式与个人的行动或活动的关系"②。人的本质力量的逐渐展现生成了人自身的历史,"由于这些条件在历史发展的每一阶段上都是与同一时期的生产力的发展相适应的,所以它们的历史同时也是发展着的、为各个新的一代所承受下来的生产力的历史,从而也是个人本身力量发展的历史"③。

具体地,原始社会末期至社会主义初级阶段,是人类剩余劳动量的积累过程,即劳动有剩余但剩余不足以满足人类每个成员的需求。此时就应该考虑这些剩余劳动在人们之间如何配置才能有助于社会的进步和人的自由发展。剩余劳动的多少以及配置方式的不同,人类社会呈现出的面貌也就不同。但只要剩余劳动配置有利于社会进步和绝大多数人生存与发展,就是公平的。因而,各个文明社会都存在着如何配置剩余劳动是公平的问题。原始社会绝大部分时间里没有剩余劳动,公平就是平均,练就了人的自然基础。

在奴隶社会,剩余劳动归奴隶主支配,奴隶(劳动者)只是一种会说话的工具;但它与原始社会相比,不仅能创造剩余劳动,而且保全了奴隶(战俘)的生命体——人发展的前提。在封建社会,虽然地主占有绝大部分剩余劳动,但农民(劳动者)有一点点属于自己的剩余劳动。到了资本主义社会,资本家阶级则占有全部的剩余劳动,无产阶级(劳动者)有自己的人身自由。社会主义市场经济,一方面价值规律能够激发市场主体创造更多剩余劳动的积极性、主动性,使一切可以动用的资源都被调动起来投入生产,并通过优胜劣汰保证社会经济效率和活力;另一方面,社会主义看重社会生活中的公平竞争,要求人们在目的与手段、权利与义务、享受与奉献、自由与纪律的高度统一中寻求个人利益与社会利益的有机结合,形成一种以和谐、互利为基本特征的利益整合机制。这既有对资本主义文明的继承,又有对其文明的超越,是人类文明发展的综合体现——劳动者既占有剩余劳动,又享有人身自由。"通过社会生产,不仅可能保证一切社会成员有富足的和一天比一天充裕的物质生活,而且还可能保证他们的体力和智力获得充分的自由的发展和运用"④。这

① 《马克思恩格斯选集》第4卷,人民出版社,1995年,第532页。
② 《马克思恩格斯选集》第1卷,人民出版社,1995年,第123页。
③ 《马克思恩格斯选集》第1卷,人民出版社,1995年,第124页。
④ 《马克思恩格斯选集》第3卷,人民出版社,1995年,第633页。

样，随着物质和精神文化生活的丰富，必然带来人们精神境界的提升和社会风气的优化，达到马克思所指出的人的第三个发展阶段——"个人全面发展和他们共同的社会生产能力成为他们的社会财富"的社会。

从上述可知，社会制度的变迁体现着人们对公平的追求。人类社会发展的历程首先从生存开始，然后是有剩余劳动但其不足以满足每个社会成员的需要，最后是社会财富的充分涌流能够满足全体社会成员的需求。这一过程也就是"原始的完美人"转变为全面发展的人的过程。即从"异化劳动把自主活动、自由活动贬低为手段，也就是把人的类生活变成维持人的肉体生存的手段"的阶段到"人的生产是全面的"，"人甚至不受肉体需要的影响才进行真正的生产"，"人再生产整个自然界"，"人则自由地面对自己的产品"，"人懂得按照任何一个种的尺度来进行生产，并且懂得处处都把内在的尺度运用于对象；因此，人也按照美的规律来构造"① 的阶段。

总之，公平是把社会联结在一起的黏合剂和社会凝聚力，要求在一定历史条件下，通过社会整合，实现人与人之间的平等关系的伦理准则、法律尺度，以期达到机会公平和结果公平的统一。前者所奉行的是激励原则，它充分尊重主体的选择，最大限度地激发主体的活力。后者充分考虑人的个体差异，特别是人的先天禀赋和社会背景的差异，对不同的人实行不同的规则。通过结果公平，提高主体选择能力，在创造更多资源的同时，减少损耗，从而推进整个社会的进步。

二、公平与效率

效率与公平的关系被称为"斯芬克思之谜"、经济学的"哥德巴赫猜想"。马克斯·韦伯的"价值中立"学说，将效率归于事实判断，伦理归于价值判断，认为两者是分属于两个领域不同层面的范畴，两者之间不具有可比性。以罗宾斯为代表的西方"新福利经济学"派也认为，经济学和伦理学的结合在逻辑上是不可能的，经济学不应该涉及伦理的或价值判断的问题。现代道德经济学派的阿瑟·奥肯则以"平等与效率抉择论"阐述，效率与平等是人类活动过程中的一对矛盾体，公平与效率不可兼得，得到公平会牺牲一些效率，有时为了效率要牺牲一些公平。德国经济学家 K·霍曼的"经济秩序伦理学"认为，伦理和效率可看作为同一领域的秩序与行为系统，公平与效率好比是

---

① 马克思：《1844 年经济学哲学手稿》，人民出版社，2000 年，第 58 页。

"游戏规则与游戏策略",公平是秩序框架,效率是公平秩序框架内的行为。

然而,从历史唯物主义的观点看,公平与效率的矛盾运动只不过是人类社会存在与发展的基本矛盾(生产力与生产关系的矛盾、经济基础和上层建筑的矛盾)在资源运动与创造过程中的集中体现,是人类社会面临的总资源压力下的产物——有限的资源要求社会根据其各种属性进行合理地配置,在满足主体的各方面需求的同时创造更多的资源,以推动主体的全面发展。

效率和公平之间是一种相互依赖、互为前提的关系。效率包含着公平问题,公平之中隐藏着效率。公平的实现需要提高效率,效率的提高依赖公平。效率准则规定稀缺资源应被用到能生产最大收益的地方,即要求资源集中于能够充分发挥资源效能的主体手中。效率从技术层面决定了劳动组织形式,包括产业结构、职业结构、企业内部结构等等。公平准则在从社会成员的各自的利益与价值追求中要求资源应该在最需要的人手中,确保个体的最基本的生存权和发展权,进而维持人类的存在与发展。这两者都意在调动社会主体积极从事社会活动,创造更多的资源。实在地,人们的利益欲望,虽然造成了无穷无尽的社会利益冲突,造成了种种深恶痛绝的各种消极现象,造成了人类制度的种种不完善——但这些消极现象毕竟是人类社会在前进中付出的代价,也正是这些代价,迫使社会不断从不完善走向完善——"其结果,每个人在为自己取得、生产和享受的同时,也正为了其他一切人的享受而生产与取得。在一切人相互依赖全面交织中所含有的必然性,现在对每个人来说,就是普遍而持久的财富"①。这就是社会活力之所在。

进入资本主义社会,大部分剩余劳动被用来扩大再生产,使得生产力得到极大发展。然而,资本具有个性,个人却没有个性,"物的世界的增值同人的世界的贬值成正比"②。人们逐渐感觉到该社会制度不公平,意味着"在生产方法和交换形式中已经不知不觉地发生了变化,适合于早先的经济条件的社会制度已经不再同这些变化相适应了,同时还说明,用来消除已经发现的弊病的手段,也必然以或多或少发展了的形式存在于已经发生变化的生产关系本身中"③。这些新的手段也就是取代资本主义的社会主义制度。

在新中国建立之初,由于没有把马克思主义放在具体的历史条件下解读而

① 黑格尔:《法哲学原理》,贺麟、张企泰译,商务印书馆,1996年,第210页。
② 《马克思恩格斯选集》第1卷,人民出版社,1995年,第40页。
③ 《马克思恩格斯选集》第3卷,人民出版社,1995年,第618页。

造成对社会主义本质认识的偏颇，采用计划经济模式来积累剩余劳动，使得社会主义的优越性没有得到充分的展现。在经过一番曲折的探索之后，邓小平等共产党人提出并进行了社会主义市场经济体制建设，用市场经济来配置剩余劳动，促使社会主义与市场经济优势互补——社会主义尊重人们的自主性，具有改善民生的内在动力；市场经济提倡竞争，产生改善民生的外在压力。这样，尽可能使剩余劳动合理配置——既让剩余劳动进入经济社会扩大再生产系统创造更多的物质财富，又能使广大人民群众享受生产发展和社会进步带来的成果。"社会力量完全像自然力一样，在我们还没有认识和考虑到它的时候，起着盲目的、强制的和破坏的作用。但是，一旦我们认识了它们，理解了它们的活动、方向和作用，那么，要使它们越来越服从我们的意志并利用它们达到我们的目的，就完全取决于我们了"①。

然而，收入差距的持续扩大，公平明显失衡，以刺激劳动者劳动积极性来追求效率提高这一方法的作用正在逐渐消退，经济发展过程中效率与公平之间的矛盾不断深化。这种矛盾表现在效率虽然提高，但是由于个体能力的不平等带来收入差距的不平等，使人陷入了一个无力打破的窘迫局面，即在生产、商业、教育等方面，高成本的投入换来高收入，低成本的投入换来低收入这一恶性循环。久而久之，个人能力的不平等渐渐地由成本投入的不平等取代，收入的多少不再由个人的能力大小决定，而是被可投入的成本多寡即收入的高低所决定。"除了看得见摸得着的要素外，其他什么也没有算进去。……增长和丰盛的活力会自行循环与运转，体系在再生产过程中则愈来愈弱。会出现一个滑动的界限，在这个界限中，整个生产力的提高会维系着体系的生存条件。惟一的客观结果就是数字和总结的恶性增长。但就主体而言，人们会规规矩矩地回到原始阶段，为了生活，竭尽全力。当一种制度所付出的代价与其收益相等或大于收益时，这种制度是没有效率的"②。在这种异化了的链条形式下，当感到不公平时，人们期盼的不仅是收入差距的缩小，更有可能是生产力不发达。因而，效率与公平之间的矛盾，越来越明显地显现出收入不公平对效率产生的不利影响。这正是，效率导致了野蛮。

要改变这种现状，必须提出新的原则将其纠正——落实科学发展观，转变经济发展方式，让改革开放的成果惠及全体人民，以此通过公平来推动经济、

---

① 《马克思恩格斯选集》第 3 卷，人民出版社，1995 年，第 630 页。

② 让·鲍德里亚：《消费社会》刘成富、全志刚译，南京大学出版社，2001 年，第 22 页。

社会又好又快地发展。在当下，主要提高由劳动带来的收入。由于劳动市场发育及其相关制度的完善相对滞后，没有形成有效的资本与劳动的平衡机制，在劳动总供给长期大于总需求的背景下，资本力量过于强大，劳动要素在参与分配过程中并不能真正反映其实际价值。这表现在，各级地方政府在较长时间内注重招商引资，有意无意地压低了劳动力成本，以户籍等手段行政性分割城镇与农村劳动力市场（压低了农民工的收入）。因此，国家应完善收入分配方面的法律和执行机制，为劳动者获得合法收入提供法律保障；落实劳动者集体谈判的合法权利，提高工会在代表职工利益方面的相对独立性；完善国有企业分红制度，国民有充分理由享有利润分配权利；规范收入分配的基础性制度，如收入申报制度、财产登记制度等。

效率并不意味着人类生活的全部，经济只是人类生活的一个方面、一个环节。如果对效率的追逐不受到内心理智或外在法律的控制，人类终将因自身因素走向毁灭。主体基本权利的获得与行使不应该仅仅用货币来衡量，在一个有活力的社会中，主体享有的权利是广泛而实在的，主体使用资源的机会由多种因素所构成，它包括物质和情感的容量以及受其他人选择的影响以及对法律与习俗的领悟。

在国家、社会和个人的责任关系上，政府对社会福利特别是公益性社会事业应承担首要责任；在贫富阶层的关系上，占有资源和获益较多者应合理补偿占有资源或获益较少、甚至受损者。如果资源分配不能满足大部分的需求，不仅会产生不和谐的社会张力，也将加剧资源的消耗。因此，对于先天禀赋和社会背景不同所导致的差异，最大限度地满足、提高处于最不利状况的人——老人、儿童、残疾人、贫困者等困难群体福利，实现结果相对公平，这是底线。每人所获得的 GDP 越接近平均水平，意味着收入分配越公平，在消费上获得的总效用越大，国民经济生活水平也越高。

三、公平与产权

国家要做到真正的公平，除了保障基本生活需要，还要规制资源的产权——在有限的资源基础上创造更多的资源。虽然某些权力的安排对取得经济效率是必不可少的，但是在不存在交易成本的情况下，那些权力的特定配置并不会影响市场效率——假定价格机制能无成本地运转，那么其最终的结果（使产值最大化）就独立于法律的状况。

产权指明一种资源与行动路线有关的人与人之间的权利关系，拥有一种权利就意味着一种资源使用的决策潜力，拥有将成本转嫁给他人的潜力——一个人的权利是其他人的成本，是抑制他人需求的能力。如果没有产权，也就没有预期，人就不会投资于物质或人力资本，也不会采用更有效的技术。产权不清不仅会加大权钱交易成本，而在这种制度下改革，极易劫贫济富，催生出不公平现象。例如，产权不明晰的河流，大家可以随意侵占——排放污水；未能有效看护的山林，缺乏管理的矿山，人们可以肆意开采。此时使用者不付成本或少付成本，成本与所获利益不对等。然而，社会始终存在产权不能明晰的地方，社会的复杂性和多样性的根源也在这里，而这又源于资源自身的公共性与非公共性的对立统一。

由公共性资源所形成的公共产权有利于人与人之间公平关系的建立。《物权法》规定，国家所有的资源包括矿藏、水流、海域、城市的土地，法律规定属于国家所有的农村和城市郊区的土地、森林、山岭、草原、荒地、滩涂等自然资源（法律规定属于集体所有的除外），法律规定属于国家所有的野生动植物资源、无线电频谱资源、法律规定属于国家所有的文物、国防资产、依照法律规定为国家所有的铁路、公路、电力设施、电信设施和油气管道等基础设施，国家机关直接支配的不动产和动产、国家举办的事业单位所直接支配的不动产和动产、国家出资的企业等等。集体所有的不动产和动产，法律规定属于集体所有的土地和森林、山岭、草原、荒地、滩涂，集体所有的建筑物、生产设施、农田水利设施，集体所有的教育、科学、文化、卫生、体育等设施，集体所有的其他不动产和动产①。对这些公共性资源的明确界定，有利于社会成员走向共同富裕。

非公共性资源产权明晰且划分得当也有助于公平关系的形成。所有权人对自己的不动产或者动产，依法享有占有、使用、收益和处分的权利；为了公共利益的需要，依照法律规定的权限和程序可以征收集体所有的土地和单位、个人的房屋及其他不动产；征收集体所有的土地，应当依法足额支付土地补偿费、安置补助费、地上附着物和青苗的补偿费等费用，安排被征地农民的社会保障费用、保障被征地农民的生活、维护被征地农民的合法权益；私人对其合法的收入、房屋、生活用品、生产工具、原材料等不动产和动产享有所有权；私人合法的储蓄、投资及其收益受法律保护；依照法律规定保护私人的继承权及其他合法权益②。这些规制能够使社会成员在与他人的交换中形成合理的预

---

①　《中华人民共和国物权法》，http：//news. sina. com. cn/c/1/2007 – 03 – 19/135712555855. shtml。

②　《中华人民共和国物权法》，http：//news. sina. com. cn/c/1/2007 – 03 – 19/135712555855. shtml。

期，为实现外部效应的更大程度的内部化提供行动的动力。

由物的产权推及到劳动力资源的产权。劳动力的所有者应该获得由他劳动的收入。第一，劳动力是有别于其他自然力的一种存在于"人体之内"的特殊自然力；第二，劳动力不仅可以为自己支配，还可以出卖给他人受他人支配；第三，劳动力是可以满足人类社会生活需要的物，而且，这种物是人类与自然环境之间发生物质变换的根本要素，因此，劳动力成为劳动力权的权利基础。然而，在现实中，这种权利不但没有得到优先贯彻，反而落后于物权。例如，从语义上，农民工就存在歧义；实践中，与城里人付出同样甚至更多的努力，收入却低得多；与经营者和管理者比较，收入更是悬殊。这是当下中国贫富悬殊的一个重要原因。若从户籍所在地看，这种差距突出表现为城乡差距。

当然，产生这一差距的根源在于国家提供给城市与农村的公共品的制度安排存在差异。因而，旨在缩小城乡差距的社会主义新农村建设，就是要确立城乡公平发展的理念，和在这理念指导下的制度安排和基础设施建设，为农村的快速发展提供物质基础和人才保障。首先，国家对于农村的基本生产资料——土地制定合宜的产权，激发农村的潜在活力，不宜让土地私有化。"无论何时，只要法律禁止将权利作为最后求救手段，它就堵住了陷入绝望和困难者的某些潜在出路。堵住这个出路，就意味着社会必须有更好的方式来防止或减轻那些绝望"①。马克思曾明确指出，"一旦生产关系达到必须蜕皮的地步，这种权利的和一切以它为依据的交易的物质的、在经济上和历史上有存在理由的、从社会生活的生产过程中产生的源泉，就会消失。从一个较高级的经济的社会形态的角度来看，个别人对土地的私有权，和一个人对另一个人的私有权一样，是十分荒谬的。甚至整个社会，一个民族，以至一切同时存在的社会加在一起，都不是土地的所有者。他们只是土地的占有者，土地的收益者，并且他们应当作为好家长把经过改良的土地传给后代"②。土地的产权可以这样分割：将土地的最终所有权、最终处分权、收益分享权以及与此相应的宏观管理权、政策指导权、协调监督权归国家，而土地实际占有权、自主决策权、经营使用权、受益享有权、合理处分等权利归农户。让农民分享到土地带来的收益，更为重要的是让附着于土地之上的种植业、林业、畜牧业发展走产业化走之路，实现由传统农业向现代农业的真正转变。一旦土地私有化，低收入的农户遇到

---

① 阿瑟·奥肯：《平等与效率》，王奔洲等译，华夏出版社，1999 年，第 19 页。
② 马克思：《资本论》第 3 卷，人民出版社，2004 年，第 877~878 页。

困难就有可能出售土地，此时买卖双方地位不平等，买方低价获取土地，而农户仅获得短期收益。这不仅带来巨大的社会资源扭曲和损失，也恶化了农民自身的未来生活，以及越来越尖锐的社会冲突和风险。

其次，国家创造条件推动城乡一体化公平发展格局，促使资源要素向农村聚集。国家不仅应给予优先解决农业、农村或农民生产、生活共同需要的产品或服务，如农村交通、电网、农田水利设施、医疗卫生以及教育设施等硬性公共物品，又包括信息、技术服务、技能培训、公共秩序维护、制度安排等软性公共物品；还要加强文化伦理建设——通过关注底层社会、改善社会结构、加强社区建设、建立利益协调机制、培育和提高社会成员在基本价值认同上的共识。这正如康德曾认为的那样，"正直地生活——不能把你自己仅仅成为供别人使用的手段，对他们来说，你自己同样是一个目的；不侵犯任何人——为了遵守这项义务，必要时停止与别人的一切联系和避免一切交往；把各人自己的东西归还他自己——如果侵犯不可避免，就和别人一同加入一个社会，在那儿，每个人对他自己的东西可以得到保障"①。

总之，国家优先保障所有社会成员的基本生活需要，让有限的财力用到最需要的地方去，而更高水平的需要以及保障水平的差别部分则由市场机制去调节。

---

① 康德：《道德形而上学原理》，苗力田译，上海人民出版社，2005 年，第 47～51 页。

第四章

资本：推动资源创造的经济动力

在现代，经济力量主要表现为资本力量。资本世界是一个自组织系统，该系统不停地吸收、损耗大量的资源，以维持自身的存在；同时，又以资源组合方式的不断更新为条件，推动人类社会的进步和人的自由全面发展。因而，它本质上虽然是一种经济"主体"，但只是异化的主体。即使超越传统的经验主义和自然主义的活动方式，也没有通过内在的自我批判——从自在自发走向自由自觉。只有当全体社会成员都能享受到资本带来的收益，与知识取代物质资源成为现代经济增长的基础时，才有可能成为真正的主体。

第一节　资本生成及其拓展

一、资本的生成

据考证，资本最初来自拉丁语，其本意指牛或其他家畜的头。这是因为，其一，家畜一直是当时财富的主要来源，不仅提供肉类，而且成本也很低。其二，家畜具有流动性，主人能带着逃离危险之地。其三，不仅从它那里可以得到额外的财富或者附加值（如皮革、燃料等），还可以繁殖后代。推而广之，一种资源如能同时满足以下三个条件：一是满足人们的某种需要，二是能够适时转换自己的生存空间，三是在已有的基础上不断增殖——"给自己的所有者带来收入或利润的时候，才叫做资本"①。

这样的资源只有进入生产过程，成为一种生产要素，并且内在地与其他要素有机结合，成为统一衡量的尺度，才能增值。正如马克思所言，"资本不是物，而是一定的、社会的、属于一定历史社会形态的生产关系，它体现在一个

---

① 马克思：《1844 年经济学哲学手稿》，人民出版社，2000 年，第 22 页。

物上，并赋予这个物以特有的社会性质"①。也就是说，资本是社会生产力发展到一定阶段的产物。

在人类原初，氏族（或部落）的生存资料主要通过妇女采摘野果和男子捕鱼打猎来获得，没有剩余。进入农业社会，满足生存是绝大部分成员的目的，仅有的一点剩余产品主要用来储备以备不测和对邻里的接济——长辈和熟悉的人群是值得信赖的。随着剩余产品的逐渐增多，交换出现进而频繁起来。但此时的交换，绝大部分是物物交换，生产者旨在取得特定产品以满足自己的需要，以使用价值为其交换内容。此时的交换展现了物品的不同属性能够满足主体的不同需要，也揭示了主体丰富多彩的个性特征。但当交换发展到一定程度，以金银为一般等价物——货币的出现与发展逐渐改变了这一切。货币本质上体现的是从物物交换的一组权利中分离出来的一般要求权。这种权力虽然隐含着交换双方某种程度上的认同和交换过程中地位的平等，双方自愿在交换中转让自己拥有的资源。然而，货币的扩展仅仅代表着一种狭隘的扩展形式，在交换中很难识别出个人选择中所没有表现出来的差异，只是将所有的定性关系分解为定量关系，而且集中表现在货币或交换价值上。

货币作为价值尺度和流通手段，扩大了交换的内容和范围。在内容上，从经济的局部环节到整个过程，使市场逐渐成为一个商品与服务的交换网、交换枢纽；从经济领域扩展到非经济方面，从物质到人类自身，成为社会生活最显著的组成部分。在地域上，交换从一地延伸到世界各国。正如齐美尔所言，"货币跨越时空的威力能够使所有者和他的财产分离得如此之远，以至于两者之间中的任何一方都能够在很大程度上各行其是，其程度大大超过了以往所有者和财产直接粘连在一起的时期"②。在这交换网中，劳动价值的货币表现——价格是其中的信号，价格的变动，引起资源配置的改变；资源配置的改变又引起供求关系的变化，进而引起价格的变化；在这种联系和变动中，促使价格接近价值，促使供求趋向一致③，将未来连接到现在。于是，货币成为一个不断产生正反馈的世界。

---

① 《马克思恩格斯选集》第 2 卷，人民出版社，1995 年，第 577 页。

② 安东尼·吉登斯：《现代性的后果》，田禾译，译林出版社，2000 年，第 21 页。

③ 注：只有在劳动关系是惟一市场关系的简单商品经济体系中，价值才直接等于价格。当其他各种社会关系力量（资本关系、政治法律关系、文化关系、公共产品与私人产品关系等等）嵌入市场，通过对物的占有来分割劳动价值而转变为市场权力时，商品的劳动价值就必然不等于市场价格。因此，从价值到价格，需要经过社会政治经济结构中各种社会关系力量的层层分割，二者必然发生种种偏离。社会经济结构越复杂，转变层次越多，偏离程度也就越大，就越不可能被"平均化"趋势来消除。

货币本身不是资本。"货币作为可能性上的资本，可以交换的使用价值，只能是生成、生产和增殖交换的价值本身的那种使用价值。而这种使用价值只能是劳动。"① 货币转化为资本的条件是：第一，"工人作为自由的所有者支配自己的劳动能力，他把劳动能力当作商品"②；第二，工人"能够提供的可供出售的唯一商品，就是存在于他的活的身体中的活劳动能力"③。而这两个条件的具备，离不开非经济力量的运作：通过"圈地运动"、殖民掠夺等暴力手段铸就了资本扩展的起点，进而通过产权界定，将资源中的经济潜力固定下来。产权使人们掌握资源的经济含义，进而能够充分地发挥全部的潜力，在不断发展的基础上，去发掘资源中最重要的生产潜能。例如，它可以用作抵押物，从其他的个人或团体那里获得某种利益；通过其他形式的信贷和公共服务，让资源流动起来，进而获得更多的产出。这不仅可以从物理特性来衡量资源，也可描述资源潜在的经济和社会特性，使资源更好地满足需求。

当货币是作为产生利润的资源投资或期望在市场中获得回报的投资，如在市场中转化为各种基础设施（道路、运河、港口、桥梁、管道、隧道、通讯系统等）、生产设备、住房和耐用消费品（提供最终服务），以及软件、化学公式、设计图、指导手册等，则作为资本而存在。此时的资本为不变资本，要想增殖，必须购买劳动力这一可变资本。"创造剩余价值，用自己的不变部分即生产资料吮吸尽可能多的剩余劳动。资本是死劳动，它像吸血鬼一样，只有吮吸活劳动才有生命，吮吸的活劳动越多，它的生命就越旺盛"④。通常，资本是至少经过两次处理的资源。在第一个过程中，资源作为投资得以生产或改变；在第二个过程中，将生产或改变后的资源投放市场从而实现利润。也就是，资本既是生产过程的结果（对资源进行生产或追加价值），又是生产的原因（为了利润而进行资源交换），投资和动员都需要时间和精力，都是资本的形成过程。

二、资本范畴的拓展

最初成为资本的是人工物及其特殊产物——货币。随着技术的扩展，知识和技术的传播日益超越空间的距离，也带来了可见和不可见的新形式的资本。

---

① 《马克思恩格斯全集》第 31 卷，人民出版社，1998 年，第 397 页。
② 《马克思恩格斯全集》第 31 卷，人民出版社，1998 年，第 398 页。
③ 《马克思恩格斯全集》第 31 卷，人民出版社，1998 年，第 398 页。
④ 马克思：《资本论》第 1 卷，人民出版社，2004 年，第 269 页。

以物的形态出现的不变资本只是价值发生转移，改变使用价值的具体形态；剩余价值的增加只能从可变资本中得到说明，"转变为劳动力的那部分资本，在生产过程中改变自己的价值。它再生产自身的等价物和一个超过这个等价物而形成的余额"①，即从不变量不断转化为可变量。也就是，在生产本身，雇佣劳动者"通过自己的劳动消费生产资料，并把生产资料转化为价值高于预付资本价值的产品。这是他的生产消费。同时这也是购买他的劳动力的资本家对他的劳动力的消费"②。

物质资本在社会发展中的地位逐渐被人力资本所取代。在人力资本研究者舒尔茨看来，现代社会物质财富的增长率总是大于所测量出的主要资源增长率这种现象，即使某一现实的经济体虽然拥有一定土地和可进行再生产的物质资本，但依据已有理论，在运转过程中却受到劳动者自身的各种约束，劳动者不仅没有人取得任何职业经验，也没有受过任何学校教育，除了所居住地区的信息之外，谁也不拥有任何别的经济信息，每个人都受到其所在环境的巨大约束下。要想对社会产品和资源增长之间能够观察到的偏差做出较为合理的解释，只能归功于人力资本。否则，如 T. W. 舒尔茨所言："由于不能明确地将人力资源视为一种资本形式，一种产品的生产手段和一种投资产品，从而助长了人们对劳动力的古典概念的保守，只将之视为几乎不需要任何知识和技能的体力劳动能力，所有的劳动者都同样地拥有这种能力"③。也就是说，二十世纪 50 年代以来的经济增长，得益于降低生产成本和扩大消费者选择范围的知识技能，而该技能的获得也需要消耗一定量的稀缺资源④。

技能又是划分等级的，这种等级的划分取决于所具备的基本文化素养。而文化素养的提升，一是来自教育和培训系统、劳动力市场制度在克服技能不匹配、调整以适应社会发展，二是建立在边学边做的经验隐含类知识基础之上。主观的和内在的知识与规范的、可编码的、条理化的和明确化的知识对于技能的获得同等重要。经验隐含类知识只有通过社会的相互作用达到互相分享的目的，在这两种知识之间存在着混合生长的空间。不可编码的知识是创新的源泉，人类把注意力集中在单一事物上，比把注意力分散在许多事物上，更能发

---

①　马克思：《资本论》第 1 卷，人民出版社，2004 年，第 243 页。

②　马克思：《资本论》第 1 卷，人民出版社，2004 年，第 659 页。

③　林南：《社会资本——关于社会结构与行动的理论》，上海人民出版社，2006 年，第 8 页。

④　西奥多·W·舒尔茨：《论人力资本投资》，吴珠华等译，北京经济学院出版社，1999 年，第 124、125 页。

现达到目标的更简易更便利的方法①。但不可编码的知识的开发与提升往往需要信息与通讯技术方面的支撑，若缺乏创新所需要的经济实力和实践能力，创新只能是空谈。当今社会，对多种技能和学习新技能的能力的强调日益增加，终身学习正在成为终身就业的先决条件。

人力资本的突出作用不在于它的自然属性和质量、个人单独的或团队的技巧和能力，而在于知识的使用过程背后起关键作用的社会关系的属性。获取和创造各种形式知识的能力，包括对传统知识的提炼和更新，是改进生存条件最重要的因素，其本身也孕育在社会之中。否则，无法理解当代文明为什么起源于西方而不是其他地方。一个不发育的基础设施为生产或消费经验的发展提供一个很窄的底部条件，并且对技能的应用也奠定了一个相类似的特殊底部条件。

个人之间的分工、协作与竞争是人类社会最基础、最有活力的要素。从经营一个干洗店到生产大规模集成电路，极少存在不需要人类社会协作的活动。这些活动由各种各样规范文明社会的宗教、传统、历史规则、道德义务、其他习惯以及这些方面与新经验的结合所编织在一起的。这些构成了社会资本的内容。詹姆斯·科尔曼认为，社会资本是一种公共财产，市场往往生产的不够充分，需要非市场的力量来提供。经济学家帕尔萨·达斯古普塔认为，社会资本不是一种公共财产，是个人为了自身利益的缘故去创造的，或是其他活动的副产品或外在化的东西而产生出来，可社会资本一旦创造出来，就会产生更广泛的社会收益②。

资本之所以能够拓展，在于作为重要的经济力量影响着社会的方方面面。其一，人们进行交谈时所用的惟一可以理解的语言，是导致彼此发生关系的商品或货币。人们在彼此交往中，受着自己手中的商品所支配，相互需要的和彼此认同的皆是各自所拥有的商品。"属人的话语"已不再通用，或者被悬置起来。结果，"物的价值的异化语言"倒成了维护人类尊严并得到人们认可的东西，资本为人建造了一个"家"。其二，会说"方言"的货币成了"万物的实际的头脑"，把人们的愿望由观念的状态转化为现实的存在。

然而，资本无论怎样扩展，也有自身的存在界限。现代科学表明，世界上任何事物的生存与发展都受到其自身的生殖能力和资源环境的制约，从而呈现

---

① 亚当·斯密：《国民财富的性质和原因的研究》，郭大力、王亚南译，商务印书馆，1972 年，第 10 页。

② 程民选：《论社会资本的性质与类型》，《学术月刊》2007 年第 1 期。

出增长的有限性。资本在扩展的过程中，内、外部的环境条件也时刻在发生变化。具体而言，在增长的初期，环境条件的制约不明显，内部增长的力量还很薄弱，增长速度较慢；随着增长的正反馈的加强，增长的速度变得越来越大，环境条件的制约作用也变得明显起来，迫使增长的速度减慢下来；当增长积累到一定程度，环境条件已不能维持其进一步增长的需求，如严重的生态危机和两极分化，整个增长过程也就不得不放缓下来。用逻辑斯谛方程表示：$M_{t+1} = RN_t [(K + 1/R) - N_t]$，其中，$N_t$ 为增长过程的积累量，K 为增长极限，R 为增长速度系数。当事物的某种特征增长逼近其某一阶段的极限，并不是渐进地走向停滞，而常常表现为经历了一段混乱的振荡之后，步入一个新的增长阶段。即，经历了常态（有限增长阶段）→危机（波动发生）→变革（新的增长阶段）→常态→……的循环演变过程。就资本而言，从理论上，由它所构造的增殖的世界和消费的世界是一个无限开放的世界，面向一个无限可能的空间；在实践上，人们的现实需要和消费能力是有边界的，这个现实的世界构成了资本之可能性空间的历史限度。经济危机、金融危机的周期性发生预示着资本也有历史尽头。事实上，人类自身在不断地刺激救市，才使得世界没有崩溃，继续延续下去。

总之，在私有制条件下，资本是异化的、独立化了的社会力量，这种力量作为资本所有者通过某种物而取得的权力，在本质上是与社会相对立的。由资本形成的一般的社会权力和资本家个人对这些社会生产条件拥有的私人权力之间的矛盾，随着资本的扩展越来越尖锐，但直到把少数人的生产条件改造成一般的公共的、社会的生产条件，这种关系才被新的关系所取代。

第二节　资本在创造价值中产生资源危机

资本的生成与扩张带来了社会生产力的巨大变化，正如《共产党宣言》所言："资产阶级在它的不到一百年的阶级统治中所创造的生产力，比过去一切世代创造的全部生产力还要多，还要大。自然力的征服，机器的采用，化学在工业和农业中的应用，轮船的行驶，铁路的通行，电报的使用，整个整个大陆的开垦，河川的通航，仿佛用法术从地下呼唤出来的大量人口，——过去哪一个世纪料想到在社会劳动里蕴藏有这样的生产力呢"？[①] 然而，伴随这个生

---

① 《马克思恩格斯选集》第 1 卷，人民出版社，1995 年，第 277 页。

产力发展的却是人类所面临的资源危机。该危机表现在物质损耗加剧——出现生态危机、人类自身资源内耗严重以及两种危机叠加所带来的更大风险。

一、物质损耗

资本之所以扩张，在于其增值的本性，"资本不是一个固定的量，而是社会财富中一个有弹性的、随着剩余价值分为收入和追加资本的比例而不断变化的部分"；"即使执行职能的资本的量已定，资本所合并的劳动力、科学和土地（经济学上所说的土地是指未经人的协助而自然存在的一切劳动对象），也会成为资本的有弹性的能力，这种能力在一定的限度内使资本具有一个不依赖于它本身的量的作用范围"①。其中的"劳动力"是人类生命体的"自然力"；"土地"是自然界自身的能力，如水力、矿藏、土地肥力等自然资源；"科学"即"社会劳动的自然力"，是人们的劳动关系中所蕴含的生产力，如协作与分工等等。资本开发、支配与使用这三种自然力来进行社会生产，而只支付其中"人类生命体的自然力"的再生产费用，其他两种自然力的使用"不费资本分文"②。由此，"资本主义农业的任何进步，都不仅是掠夺劳动者的技巧的进步，而且是掠夺土地的技巧的进步，在一定时期内提高土地肥力的任何进步，同时也是破坏土地肥力持久源泉的进步。一个国家，例如北美合众国，越是以大工业作为自己发展的基础，这个破坏过程就越迅速"③；"在现代农业中，像在城市工业中一样，劳动生产力的提高和劳动量的增大是以劳动力本身的破坏和衰退为代价的"④。因此，马克思指出，"资本主义生产发展了社会生产过程的技术和结合，只是由于它同时破坏了一切财富的源泉——土地和工人"⑤。

首先，资本在其扩展过程中总在尽量把明显的或隐含在生产中的真正费用扔给他人或自然界——不是到处丢弃废物，就是抛弃不可再生的有限资源等。作为"经济人"，无论生产者还是消费者都往往按照"利益最大化"的逻辑行事，如果后果和收益人相距甚远，或外部约束条件欠缺，他们极有可能以侵害公众利益的方式来获得自己的利润；而不会正视给全球大众带来的灾难性问题，也没有解决这些问题的动力。于是，"发展"和"污染"之间就有了"必

---

① 马克思：《资本论》第 1 卷，人民出版社，2004 年，第 703 页。

② 鲁品越：《资本逻辑与当代中国社会结构趋向——从阶级阶层结构到和谐社会建构》，《哲学研究》2006 年第 12 期。

③ 马克思：《资本论》第 1 卷，人民出版社，2004 年，第 579 ~ 580 页。

④ 马克思：《资本论》第 1 卷，人民出版社，2004 年，第 579 页。

⑤ 马克思：《资本论》第 1 卷，人民出版社，2004 年，第 580 页。

然"联系，而制造这一联系的是主体自己。随之而来的是资源被破坏后所留下来的巨大鸿沟——富裕的人们发展空间的扩大与贫困的人群生存条件的恶化。简言之，资本没有灵魂、情感和善良意志，也没有选择，只有理性，即使有担负责任的能力，也没有担负责任的根据。因而，它是主体的权利与义务不对等的运行方式，是一种尚未支付成本的经济形态。

其次，资本的功能有赖于市场机制功能的发挥，而市场机制只对已纳入到市场的非公共性资源有效，对那些纳入的公共性资源或没有纳入到市场的非公共性资源消耗行为约束力并不强。公共性资源的消费具有非竞争性和非排他性的特点，无法消除搭便车问题，资源耗竭——公共地悲剧也就在所难免。在一些经济学家看来，环境污染、工作场所危害物超标和不安全消费品等大量存在是因为它们没有被作为商品拿到市场上进行交易。而事实上，若在市场结构中将社会和环境成本全部内化是不可想象的，即使力量所及，那成本也将远远超过收益。即使对于已经市场化的资源，市场所形成的资源约束力也不是万能的。这是因为，一个完整的市场行为，由进入市场前的预期、市场活动与反馈三部分组成。就预期而言，由于市场中竞争主体是多元的，生产经营者无法了解和控制别人的经营决策，因而他的预期不论如何理性，总带有一定程度的冒险性与盲目性，事前对市场的预期与事后市场的实际状况必然会有相当的差距。如果人们事前预期保守，必然导致资源约束力过度，资源没有得到充分利用。而事前预期过于乐观，资源约束力不足，造成产品与生产能力的过剩，资源被闲置和浪费。因此，作为"事后协调"市场的市场机制会导致资源约束力的波动，形成利用不足与开发过度相互交替与循环。这种状况一经积累，则会形成全社会的经济危机，而经济危机对资源的破坏是严重的。

再次，市场中这只"看不见的手"的力量，只能在满足整个社会经济系统的扩张性循环的基础上，节约被吸收到社会经济系统中的资源。若现实之中的市场竞争不是建立在产品差异化基础之上的效率竞争，而是建立在产品同质性基础上的价格竞争，市场主体之间往往陷入相互残杀乃至自我扼杀的低效率循环：竞争的结果使市场主体产生用低价的不熟练劳动力替代高价的熟练劳动力的倾向，并使劳动雇佣合同短期化，形成"流水型"的劳动雇佣机制，低素质的劳动力意味着创造同等产值需要更多的能源、原材料消耗却只有更低的附加值。另外，这种竞争使企业产生用低质的原材料和生产工艺替代高质的原材料和生产工艺的倾向，期望通过不断降低产品的功能和品质以降低产品价格，从而争取更多的买主——产生柠檬市场。低质量产品并不会降低资源、原材料的消耗。相反，技术低下和粗制滥造正是以不经济和更多的资源损耗为代价的。

第四，在资本世界，消费者不仅依据收入和市场价格来决定自己的消费量，而且真实欲望也常为生产者推销以及促销广告中的虚拟欲望所代替，这些都旨在鼓励少数人高消费、超前消费甚至挥霍消费、畸形消费；而这些消费往往会给生产者以信息误导，结果是，人们以消费的膨胀甚至"浪费"来支持生产，使社会生产扭曲。

总之，资本只有靠消耗全部财富的原始来源——土地和劳动力——才能生存下来，这就使得对自然的掠夺与劳动力的贬值和降低同等重要。资本对自然资源的无止境消耗，使自然资源日益枯竭，生态环境日益遭受破坏，由此形成人类与自然界的冲突，造成生态危机。

二、人类自身资源扭曲

从本质上看，资本权力乃是生产性的、肯定性的、造就性的，不是要人灭亡而是要人生存。但是，人理性地按照资本所规划的样式去生存——人寄宿在资本话语为自己安的"家"之中，却遗忘了自己的本己性；人按照资本的意志行事，却带来了自己在生活中的真正"缺席"。这种彻底地使人"非人化"生存的社会权力，把"无家可归"作为命运迎面带给人，并已然从根基上堵塞了人的回"家"之路。"以商品生产和商品流通为基础的占有规律或私有权规律，通过它本身的、内在的、不可避免的辩证法转变为自己的直接对立物。表现为最初活动的等价物交换，已经变得仅仅在表面上是交换"，"这样一来，资本家和个人之间的交换关系，仅仅成为属于流通过程的一种表面现象，成为一种与内容本身无关的并只是使它神秘化的形式。其内容则是，资本家用他总是不付等价物而占有的他人的已经对象化的劳动的一部分，来不断再换取更大量的他人的活劳动"[①]。被称为当代经济社会核心的金融部门，"已成为各公司掠获资本的手段，而不再具有其部门的自身职能"，以2007年的美国为例，金融部门收益占公司利润的总额竟高达40%。

资本追逐剩余价值，而剩余价值是由个体劳动创造，却是在社会中实现的。由此资本社会的非均衡矛盾本质上是劳动的非线形特征造成的：一方面以它自己富有特色的技术，各种社会组织机构以及它自己的信息手段三者紧密结

①　马克思：《资本论》第 1 卷，人民出版社，2004 年，第 673 页。

合在一起，创建了一个惊人的一体化制度；另一方面，它又把一个社会整体无形地撕裂，把人类生活劈成两半：生产和消费的分裂。这种分裂，产生了双重人格：作为生产者，要求节欲，对报酬要满足，要安分守己，忠诚驯服，守纪律听指挥，做集体中的螺丝钉；作为消费者，要多挣钱，永不满足，要享受，不受约束，成为追求个人自由安逸的人。即，资本对人类自身资源的破坏突出表现在，社会主体扭曲、畸形发展与主体之间的社会冲突等状况。

第一，人的异化。资本一方面激发人的积极性和创造性，挖掘人的各方面的潜能，有助于人的全面发展。但这一条件的创造，不仅需付出一定物质成本，而且也使主体自身产生扭曲。老板最关心的是产量，而工人关心的是工资。工人要赚得较高的收入，只有尽可能地计件生产，这极有可能忽略了自己的健康；老板在其他条件不变的情况下，要多生产、多赚钱，也就听之任之。高强度的生产使得价格压的越来越低，这些压力最后是由工人最后来承担，工作时间越来越长，赚的钱越来越少。"劳动生产了宫殿，但是给工人生产了棚舍；劳动生产了美，但是使工人变成了畸形；劳动用机器代替了手工劳动，但是使一部分工人回到野蛮的劳动，并使另一部分工人变成机器；劳动生产了智慧，但是给工人生产了愚钝和痴呆"①。

科学技术的发展使人们把理性之铸造和操纵性质视为理所当然。理性被整个社会图腾化，科技进步被予以制度化，由此形成了新型的"社会控制形式"。居于其中的主体，似乎是"为商品而生活"，舒适精致的物质享受成了"生活的灵魂"，私人空间已经被科技所侵占和削弱，推销产品不过是"思想灌输和操纵"以兜售一种生活方式②。而资本又不断强化这种生活方式——资本的内在驱动力使其必需投靠和趋附科技力量，还要倾其所能刺激和促进可见力量的发展。于是，技术理性升格为人们进行领悟和自我领悟的文化参照标准，诱导人们把"科技进步的逻辑"当作社会系统发展的决定力量。"在19世纪后半叶，现代人让自己的整个世界观受实证科学支配，并迷惑于实证科学所造就的繁荣。这种独特现象意味着，现代人漫不经心地抹去了那些对于真正的人来说至关重要的问题"③。简言之，主体认为科技手段有达成特定目的的能力或可能性，因而将其当作自己的视界中心，并追求当下的功利而遗忘自身

① 马克思：《1844年经济学哲学手稿》，人民出版社，2000年，第54页。
② 马尔库塞：《单向度的人》，刘继译，上海译文出版社，1989年，第10、12页。
③ 《胡塞尔选集》下卷，上海三联书店，1997年，第981页。

的生存目的，谈不上对人的终极关怀。

资本带给社会的标准化与社会主体的丰富多彩存在内在的矛盾。资本造就的不是"地位的平等化、集体有意识的同质化，而在于共同拥有同样的编码、分享那些使你与另外某个团体有所不同的那些同样的符号"。这些符号并不反映人们之间的真实差别，"恰恰是它取消了每个人本来的内容、本来的存在，取而代之的是作为区分符号进行工业化和商业化的差异形式。它取消了一切原始品质，只将区分模式及其生产系统保留下来"。而"沟通和交换的系统，是被持续发送、接收并重新创造的符号编码，是一种语言"①；而不是对物品功能的使用、拥有，也不再是对个体或团体名望声誉的简单追求。这种语言并不意味着"随心所欲地用物品和服务来把自己包围起来，而意味着改变存在和决定；意味着从一种建立在自主、性格、自我本身价值等基础上的个体原则过渡到那种通过对一套使个体价值变得合理、缩减、变幻的编码的查询而实现的永恒再循环的原则"。在这种语言系统中，"个体不再是自主价值的策源地，他只不过是动荡的相互关系中的一个多重关系终端。外部决定在他身上似乎随处可见而又似乎无处可寻，他能够迅速地，尽管是表面地，亲近所有的人。事实上，他被放置在某种社会测定的图形之中，永远被他在这些奇怪的蛛网中的位置所规定。简言之，这是一种社会测定的存在，其规定性是他处于其他存在的交叉点上"②。它为少数人制造实际的财富和权力，使穷人、较少受到教育的人、政治上的无权者和未来的一代承担社会进步的成本，为相对过剩人口制造幻灭、压抑、痛苦和堕落。资本对社会关系的无止境开发，产生了使人片面发展的社会分工体系与相应的社会文化系统，使人沦为"单面人"，产生日益深刻的人在社会性方面的发展危机。

还有，资本不能满足人们的除物质以外的其他要求、需要和欲望，也不能为感情的发展释放时间和空间。即使资本深入社会生活的方方面面，但满足人们需要的资源来自市场的不到一半。一般地，家庭生产所有物质和服务的35%~45%；公共政策除了影响家庭所能够得到的空间、资金和设备，还影响家庭成员能够提供或被要求提供的有酬或无偿工作③。

第二，庞大的社会成本。主体性的资本造成人的异化，这种效应扩大到社

---

① 让·鲍德里亚：《消费社会》，刘成富、全志刚译，南京大学出版社，2001年，第88~89页。

② 让·鲍德里亚：《消费社会》，刘成富、全志刚译，南京大学出版社，2001年，第192页。

③ 休·史卓顿、莱昂内尔·奥查德：《公共物品、公共企业和公共选择——对政府功能的批评与反批评的理论纷争》，费朝晖等译，经济科学出版社，2000年，第233页。

会层面，呈现出与人类需要相悖的一面。资本使资源集中到利用效率高的人们手中，这既有积极作用，也会产生两极分化。这种两极分化格局造成低效率与无效率配置。从一国看，社会的贫困阶层所受到的资源约束力过于强大，以至相当大的资源闲置，不能为社会所用，束缚社会发展；而少数过于富裕的阶层所受资源约束力过小，造成浪费。从国际层面看，分化严重，加剧落后国家和地区的生存危机。最贫困的地方总是受灾最严重的。

资本积累是在天然资源、文化历史、通信潜力、劳动力数量和质量这样一些多样化的地理区域中进行的，但不是朝着同质性和平等性逐步发展，而是强化了生活标准和生活前景上的不平衡发展。正如索尼公司人力资源部总经理桐原康则认为，"将生产迁移到不发达国家的问题就是使用工人和机器哪个更廉价的问题。如果将生产放在日本，就必须依靠机器，因为工人的工资太高了。但是如果你将资金过快地投入到机器上，就可能会在与其他以手工劳动为主的国家的竞争中失利，因为那里的劳动力要便宜得多"[1]。随着全球经济的重组，大规模的裁员以及失业会加剧经济上的不平等，引起社会的动荡。这种现象本身又导致了人们的安全感和归属感受到威胁。此外，依照资本积累的程度而言，劳动者的境遇，无论处境是高还是低，一定会越来越糟糕；物质资源在一个极点的积累同时也是悲惨的境遇、劳动、奴役、无知、残酷及道德堕落在另一极的积累。换言之，资本力图通过扩大积累来增加全世界的物质福利，但实现的最多也就是不平衡的福利，而在最坏的情况下是骗人的福利。

简言之，资本对人力资源的掠夺性使用，产生了过剩的贫困化人口，减少了市场的有效需求，逐步丧失资本扩张的市场空间，由此形成资本主义日益深刻的经济危机与社会冲突。约瑟夫·E·斯蒂格利茨（Joseph E. Stiglitz）曾指出："现实中市场所做的一切都与期望背道而驰：错误的资本分配、创造高风险、为促成交易不惜花费高额成本"[2]。

三、资本全球化与全球资源危机，带来更大的风险

单个主体在资本世界中一般是理性的，行为是有序的。但这自利的逻辑行为实践往往导致，对难以事先预料的负效不采取有效的预防及减缓措施——姑息这些负效应的积累——进而转化成严重的技术或社会问题，就是主体即使采取措施——在使用有效的技术或政策解决问题的过程中——仍有可能延误，从

---

①　阿尔文·托夫勒：《权力的转移》，吴迎春、傅凌译，中信出版社，2006 年，第 79 页。

②　诺奖得主解读中国储蓄神话，http://www.hezhici.com/sort/bank4/201002/1835013.html。

而在愿望与实际达到的结果之间有一道鸿沟，使作为一个整体的社会表现为基本的无序性。以正常运转的贸易为例，在最低限度上，不断加剧的供求不平衡使迁移与淘汰的风暴必须持续下去，不管是说成调整还是工业分散化，都会有更多的工厂倒闭，更多的工人失业，生产要迁移到更多的地方；随着工业生产的膨胀，调整的范围必将越来越大，谁也不能幸免。

资本在积累过程中，出现"过剩资本"。过剩资本要实现价值增殖，必然寻找出路，而最佳途径输出国外。以地理大发现为起点的经济全球化，可分为三个阶段。初期，也就是在相当长的时间内，通过赤裸裸的殖民掠夺，使他人资源成为自己牟利的工具。两次世界大战就是这一掠夺的必然产物。在冷战时代，这种经济全球化的趋势与能量，受到国际割据局面的阻碍，一直在西方市场经济国家内部孕育着，积蓄着，未能表现出来。到 20 世纪后半叶的经济全球化，是发达的资本主义国家内部被积压的资本，冲破全球割据局面，将全球纳入到共同的市场之中，形成全球性资本流通与资源配置机制。这不仅为原来西方市场体系中沉积资本开辟新的广阔的市场空间，以暂时解决发达国家经济体系的内部矛盾，而且是在一种新的高度上获得全球性扩张的技术手段而充分表达出来，形成现实的经济全球化。

在以新科技革命为手段的全球化中，发达国家不再追求自身工业化体系的完整性与独立性，为了充分利用国外相对廉价的劳动力资源和自然资源，各大企业纷纷向外扩张，在国外投资办厂。于是，是资本也是资源把整个人类捆绑到一起。

在经济全球化过程中，产品与要素市场一体化收益的起点来自生产效应——专业分工，分工提高劳动生产率，节省原先在国内生产的商品所耗费的实际成本；终点是消费效应，以低成本商品取代高成本商品，满足需求，从而增加消费者剩余；在竞争过程中产生新的配置收益来源，消除成员国之间关税及非关税壁垒，将涉及从私人商品及服务的资源重新分配中获益。然而，竞争的结果是强者更强，弱者更弱。墨水池法则将依靠自身的力量普遍推开，迫使所有竞争者接近某种共同的劳动生产率和生产成本的社会平均水平，从而在价格竞争的环境中得以生存。在一个劳动力受过良好教育和技能培训的地方，给定数量的资本可以产生出比在劳动力没有培训的地方更多的产品。

要素流动能够产生报酬递增，但劳动力、资本、商品和服务则更多从贫困地区流向富裕地区，使得人均收入和增长速度上的差距拉大。进而，由资本的全球化运动所造成的经济链条的中断，以及由这种中断所带来的生产能力下降、消费水平降低，已是事实。

不断积累的生产过剩有导致毁灭性崩溃的危险。资本与科学技术的结合产生了加速原理——国民收入小幅度的增长，可以导致投资大幅度的增长。反之，国民收入增长速度小幅度的回落，会导致投资大幅度的回落。加速原理发生的根本原因，是由于固定资产与流动资产的不同。为了满足一年的消费品增长的需要，必须添置能够使用 10 年的设备，并且由此引起设备生产厂商扩大再生产。因此，第二年必须以大约相等的速度增长下去，而不能迅速放慢，否则必将造成设备生产厂商严重过剩，导致这些行业衰退与倒闭。这一放大过程，使国民经济犹如一列火车，它一旦以某种速度向前跑，必须一直以相近的速度跑下去，可以更快，但决不可较大幅度放慢；否则，它加剧的市场波动性会使国民经济面临倾覆的危险。

总之，由资本的运行逻辑所造成的风险并非出于其意愿或故意，因为经济链条的中断也必然影响到资本之增殖目的的实现。然而，人类从生存与发展的目的出发，必然用新的社会关系（这种关系以人类整体的、长远的、根本的利益但彰显个人的合法利益为价值取向）取代现有的以个人为本位的资本关系。因为，人类的生存发展不能以宇宙时间来衡量，也不能总在谷峰与谷底间徘徊。这种新的关系并不排斥资本，资本只不过是人类能够找到的通过追求收益最大化从而获得快乐和幸福的一种社会设置、一种社会运动而已。当人力资本所有者和物质资本所有者共享收益，共担风险时，其分配的根据是用它的收益而不是成本来估算。换言之，劳动不再被当作资本家与劳动者之间剥削关系的促成因素，而被真正看作劳动者自身资本的生产能力。人们以不同的方式在他们自己身上的花费——医疗保健、教育、信息猎取、工作寻找、移居和在职培训，不管是个人自己的行为，还是社会为其成员所作的努力，都可以看作是投资而不是消费，不仅是为了当前的享受，而且也是为了将来取得金钱的和非金钱的报酬。"技术所有权是一种自动的归属，没有得到占有这项技术的人的允许就不能使用这项技术。工人有对自己技术的所有权是他愿意通过在培训期间得到经过折扣的工资来对培训投资的原因"[①]。这种新的关系实际上是，充分发挥资本的创造功能又能抑制资本毁灭本性的制度安排——社会主义市场经济体制。

---

① 加里·S·贝克尔：《人力资本——特别是关于教育的理论与经验分析》，梁小民译，北京大学出版社，1987 年，第 18 页。

第三节　资本实现价值过程中的交易成本及其作用

资本不仅在创造价值增值中损耗了资源，而且在实现价值中也存在高昂的交易成本。因为资本的运行不是在经济学所描绘的理想状态——"是静态的，所有相关变量不是处于同一时点就是按同比例变化；市场中有生产者和消费者，但没有政府；生产者与消费者随时间推移保持不变，产品的数目和质量不变；产品的生产、销售与消费之间没有时滞，三者的过程之间以及对价格体制的影响也没有时滞；不存在不确定性，买与卖的意图总能实现；体系中行为主体之间流动的唯一信息就是价格信息；没有不可分的资源和产品，没有无限规模收益递增，没有外部性；每一个消费者都有一个确定的偏好；消费者使效用最大化，生产者使总利润最大化"① 中；而现实的市场却处处显出相悖的一面。因而，在市场不健全的场所，组织权力变量是短期内最理想的选择。进一步研究交易成本，有利于对资本有更加全面的认识，得出资本的未来走势。

一、交易成本

交易成本区别于生产成本，是围绕合同而发生的成本。它把企业和其他市场主体的交易关系作为考察对象，交易过程中产生的对象选择成本、交易方式的确定成本、交易合同的订立以及督促契约条款实施的成本，即契约成本、信息成本和控制成本之和。契约成本内含于所有者的数量、空间分布以及物品的特性中，体现资源所有者对资源的权利。这种权利的最初设置不仅影响着资源的最终使用，而且也意味着由此带来的需求是否得到满足会有很大差异。如果资源为许多人拥有，那么即使排他成本和控制成本较低，达成契约的成本也会很高。若降低契约成本，不仅分割的成本很高，而且保护和控制的成本也高的惊人。

一般地，用竞争性的市场来配置资源的主要优点是，消费者拥有关于他们个人的偏好的最好信息，厂商拥有关于他们技术最好的信息，价格机制传导关于资源稀缺的信息，市场参与者根据个人目标作出需求和供给的决策。但如果交易者占有不完全的或不对称的信息，意味着市场的资源配置无法实现高效率。

---

① 休·史卓顿、莱昂内尔·奥查德：《公共物品、公共企业和公共选择——对政府功能的批评与反批评的理论纷争》，费朝晖等译，经济科学出版社，2000年，第267页。

市场与企业是两种不同的交易协调结构。在企业外部，由市场机制协调交易活动，支配资源运行。在企业内部，由高层管理者的经营行为支配资源运行。当契约成本过高时，就会发生企业组织取代市场交易的现象，实行企业的垂直联合，使处于生产过程产、供、销不同环节的经济单位集中在一个企业内。倘若生产者向所需原料部门扩展，便表现为向上游的垂直联合；倘若生产者把销售其产品的企业合并进来，则表现为向下游的垂直联合。这样，原来由市场机制调节的供销双方的外部关系，经过垂直联合后，成了同一企业不同部门的内部关系；原先买卖双方的市场交易关系，变成了企业内部的管理关系，以此降低契约成本。

　　信息成本是指了解产品使用价值的生成与实现等方面的信息所付出的成本。如市场主体作为一种参与市场交易的组织单位，为了获得更多的价值，必须在市场中了解商品和服务等方面的信息，必须进行协商谈判，签订、履行合同，并承担违约损失等。它主要取决于使用价值同质性的程度、空间分布以及供求关系的复杂性。协调市场主体自身的矛盾——主体要素之间的利益分配矛盾和主体长期利益与当前利益的矛盾需要成本，市场主体之间的协调运作需要成本，否者，会产生企业之间的不正当竞争或过度竞争。过度竞争则使企业之间相互残杀，造成对其他企业的伤害和整个产业的萧条，最后导致资源闲置与浪费。另外，市场主体在处理自身利益与社会公众利益的矛盾中也存在成本。否则，主体通过排放大量污染物危害环境，或者偷工减料生产假冒伪劣产品，或者盲目扩大生产的重复建设，加速资源的消耗。

　　决定交易行为及其结果的是初始产权界定。在完全竞争市场情况下，信息是完全的，交易成本为零，谁承担信息成本和不确定性成本并不重要。而在不完全的市场中，交易成本的存在决定资源运行的效率，进而影响社会公平的实现。若市场主体通过倾销等不正当竞争来谋取市场垄断，则会侵害其他企业的合法利益：一是资源分配的无效率，这是因高价格将一部分顾客的利益转移给了企业造成的，市场均势的破坏、宏观总量方面的欠缺、市场机制的不健全导致资源配置的低效率；二是生产无效率，在不受到竞争压力的环境下，生产者没有降低成本的动力；三是寻租，因为市场主体可以依赖政府而获得保护，政府对某类企业的保护源于企业对政府的游说和影响，政府中的代理人为企业开托，成为企业排除竞争对手进入的重要力量。

　　另外，从产业层面上看，能力不同的企业在竞争中优胜劣汰，能力强的企业扩展边界，能力弱的企业被市场淘汰。位于价值链上某些特定环节的企业会从价值链外部吸取大量资源，外部的潜在进入者具备价值链上某些产品的生产能力，随着能力提高，它们也会进入产业，丰富了价值链内容，并扩充企业边界，提升企业能力，潜在进入者进入产业也大量降低了产业中的交易成本。一旦产业中的企业知识体系已经陈旧，拥有较多知识的潜在进入者会逐渐进入市场，并导致整个产业更新换代。

市场规模的扩大，又引起更大的专业化和分工，使交易量越来越大，也使交易费用提高了。为了降低交易费用而设计了组织变革，结果不仅大大降低了创新成本，而且同时扩大的市场规模和对发明的规定完善的产权，还提高了创新的收益率。一方面，促使产业中的纵向一体化结构更为普遍，企业生产能力趋于一致；另一方面，自然选择强化了企业生产能力的差异，促使专业化生产更为普遍。这一潜力不仅要求职业的和区域的专业化，而且要求空前规模的分工。专业化的生产率增益超过了在该过程中交易费用的上升。马克思指出，"资本主义生产的进步不仅创立了一个享乐世界；随着投机和信用事业的发展，它还开辟了千百个突然致富的源泉。在一定的发展阶段上，已经习以为常的挥霍，作为炫耀富有从而取得信贷的手段，甚至成了不幸资本家营业上的一种必要。奢侈被列入资本的交际费用"①。

二、市场中交易成本变化的内在趋势

交易成本的本质是与交易有关的制度的运行成本。这种成本分为两个部分，一部分是交易正常进行的制度运行成本，是制度存在的必要条件之一；另一部分是制度中存在的非必要交易成本，是制度演进的空间维度。社会运行所必要的法律、道德、伦理、秩序和规则等交易成本，其中既有必要成分也有非必要成分。这来源于两个因素：一是认识和实践能力的局限性；二是新规章对旧有制度在合理范围内的一种扬弃，而所扬弃的正是不利于制度效率的那部分非必要交易成本。尽管制度的创新有时会增大一部分个体的交易成本，但从整个社会的层面来看却提高了效率和促进了公平。

市场经济体系具有一套特殊机制，促使每个主体在相互博弈中追求利益最大化。具体而言，在这一过程中，要使社会正常运转，对资源的产权界定要有一定的明晰度，并且具有一定的可行性和可操作性。这不仅要有一套完备的法律、规章制度，而且还有保障这些制度有效的强制力。但交易成本毕竟是为实

① 马克思：《资本论》第 1 卷，人民出版社，2004 年，第 685 页。

现剩余价值服务的。因此，交易成本具有双重性。

一方面，在社会大众的利益与资本家利益之间的冲突与博弈，交易成本是维护资本家的利益；在大资本与小资本的博弈中，交易成本维护强者的利益。换言之，资本家极力把交易成本转嫁给劳动者以及通过用资本操纵选举和议会来影响国家权力，使强者更强，弱者更弱。在生产社会化与生产资料私有占有的社会环境中，交易成本呈上升趋势。另一方面，交易成本有力地推动资本价值向使用价值的转变。作为人类劳动的结晶，资本是推动社会发展的强大力量。由于资本主义生产的高度社会化，它们便投入到全社会经济系统之中，具有执行全社会扩大再生产的职能。不论它们归谁所有，都得在社会经济体系中运转，都进行着社会生产系统的扩大再生产，通过产品的使用价值以满足人类社会发展的各种需要。例如生产全社会各种成员所共享的公共产品——基础设施建设、必要的国防建设、社会公共福利事业，并且按照市场和技术的需要来组织生产，等等。从这个意义上说，这部分交易成本在一定意义上可以看作绝大多数人的收入，被用来提高社会公众生活质量。

资本在增值的同时增加交易成本。在资本全球化进程中，人类自身资本优势逐渐显现，竞争中弱势的一方通过寻找降低费用的途径来作出反应，典型方式是采取一种因素替代另一种因素。如，用更便宜的原料代替价格增加的原料，用更廉价的劳动力来节约原料，或者安装更加节省原料和能量的设备；强者也被迫不断降低价格，旨在用更少的物质资源获取更多货币，以维护它们的收益。如果没有改进，增长将很快消失，尤其当这种增长是由于诸如矿物等消耗性资源的开发和采集时——以前也许过于昂贵，但现在却可以被经济地利用，不仅是因为价格的变动，而且因为使用者技术的改进。具体而言，先进的现代公司是一个拥有研究、开发、设计、营销、金融、法律及其他功能的实体，只有很少或没有生产设施（有头无身），并且可将一个公司快速地扩散到另一个公司。它的创新能力主要表现在，一是以独特的方法把不同的事物结合在一起的能力——持续研究新应用、新组合、精加工，熟悉这些东西组合后能够做些什么，然后将这些知识转化为创造成品的设计和指导；二是帮助顾客理解其需要及这些需要怎样产品来地满足的能力，充分理解专门的技术与市场以认清新产品的潜力，为启动项目而募集必要的资金的能力。据世界银行的统计，世界财富的64%由人力资本构成。市场主体专注于现代技术与研究服务，其收入并不来自生产制造，而是产品设计、市场营销及金融服务，通过生产规模的缩减而获得有效的经济比率。简言之，利润不是来自规模和产量，而是来自不断地发现解决办法与需求的新联系。

由贸易的全球化所带来的货币一体化趋势，汇率不确定性逐渐消除，即货币兑换所需的直接交易成本的减少和减少风险并降低资本的风险调整成本，而且有利于有效融资的连续性进行等等。但实质上，在全球化进程中形成的由国际资本所控制的各国力量高度不对称的资本增殖机器下，发展中国家的劳动者仅能获取必要劳动以维持其生存，他们创造的剩余劳动则用来维系支配他们的国际资本。这种不平等的世界政治经济秩序必然导致国际资本必须花费越来越高昂的交易成本以强化这种秩序，于是非生产性制度结构日益扩张，其消费的剩余价值与生态资源也日益庞大，导致发展中国家的经济负担与生态负担必将日趋严重，由此形成了国际矛盾与冲突的恶性循环。

资本增殖要求与交易成本递增的内在矛盾迫使资本不得不寻找出路。这个出路就是社会主义社会。然而，"无论哪一个社会形态，在它们所能容纳的全部生产力发挥出来以前，是决不会灭亡的"①。社会主义初级阶段是在社会化大生产基础上消灭私有制基础，而不是社会财富充分涌流的基础上建立起来的。这一历史时期仍需要用现有的剩余劳动来积累更多的剩余劳动，即离不开资本的运作。

实际上，只要存在社会分工和生产资料归不同的人占有，在社会化大生产环境中，市场就是资源配置的有效手段。全民所有制企业与集体所有制企业之间、集体所有制的不同经济单位之间，以及全民所有制内部各企业之间的经济联系，都需要通过商品关系而实现，而交易成本必然小于私有制下的交易成本。江泽民同志在中央党校的重要讲话中指出："历史经验说明，商品经济的充分发展是实现社会经济高度发达不可逾越的阶段。充分发展的商品经济，必然离不开充分发育的市场机制。那种认为市场作用多了，就会走上资本主义道路的担心，是没有根据的和不正确的"②。

社会主义市场经济能够扼制和消除资本为追逐价值增殖而违背人和社会发展需要的倾向，以减少和消除由此产生的庞大交易成本及其转嫁问题。第一，公有制主导地位和人民民主专政的国家政权是扬资本之善、抑资本之恶的根本力量。"一个公有制占主体，一个共同富裕，这是我们所必须坚持的社会主义

① 《马克思恩格斯选集》第 2 卷，人民出版社，1995 年，第 33 页。
② 中央财经领导小组办公室编：《邓小平经济理论学习纲要》，人民出版社，1997 年，第 48 页。

的根本原则"。① 生产资料公有制的主体地位使交易成本共担具有了物质基础，广大群众享有当家做主的权利使交易成本减少有了制度支撑。这是规范社会主义市场经济的关键环节，也是社会主义本质的重要方面。第二，国家逐渐承担起诸如教育、公共卫生、基础设施与生态环境等社会公共品的投资与保护，创造一个机会均等的社会环境，吸引广大居民成立股份合作制企业，把剩余劳动投入到社会经济扩大再生产系统，以积累更多的剩余劳动。正如邓小平所指出的："社会主义同资本主义比较，它的优越性就在于能做到全国一盘棋，集中力量，保证重点。缺点在于市场运用得不好，经济搞得不活"②。

①　中央财经领导小组办公室编：《邓小平经济理论学习纲要》，人民出版社，1997年，第36页。
②　中央财经领导小组办公室编：《邓小平经济理论学习纲要》，人民出版社，1997年，第49页。

第五章

政治权力在资源创造过程中的功能

政治权力是一种公共权力，是最高级别的组织资源。在阶级对立的社会中，政治权力成为阶级统治的工具，决定着"谁得到什么、何时得到、如何得到"，决定着一个人所得到的东西及其方式方法。在社会主义社会中，一是国家创造条件促进资源公平配置有利于经济的可持续增长，二是通过建设、维系公平的健康环境，保证责、权、利的统一，推动个人发展和社会进步。然而，政治权力在履行自身职责的同时，不仅消耗众多的资源，还有可能造成冗余秩序的存在，加剧资源损耗。

第一节　政治权力创造资源职能的生成

政治权力既是阶级统治的工具，也是社会分工、分化与社会生活复杂化的结果，是公共事务大量增加的客观需要。公共性资源的存在以及非公共性资源的充分利用——避免因纷争而导致的资源损耗和主体对秩序的渴望和发展的需要——一个社会如果仅仅以总量的增加作为目标，就有可能降低弱者的幸福，而这种降低是无法通过强者幸福的提升来得到弥补的，而这时，政治权力公平配置的作用将得到体现。

一、政治权力生成及其扩展

在原始社会，社会权力深深地融入社会之中，以风俗习惯、伦理道德和首领的权威等而存在。随着霍布斯丛林的出现，生存的威胁加速了社会组织化的运动：一是通过结盟和交换（从氏族到部落再到部落联盟）构筑起组织的联邦化，二是因领土争端而产生的兼并—附庸化结构。由此带来的社会实践活动的改变与组织变形所孕育的大量人口，极大地促进社会系统的复杂性，这种复杂性以分工与协作的专业化为基础。这样，原有的人际间的权利以及实现权利的手段不再起主导作用，需要外化为一种外显的强制力。

这个强制力就是国家——政治权力。"随着分工的发展也产生了单个人的利益或单个家庭的利益与所有互相交往的个人的共同利益之间的矛盾；而且这种共同利益不是仅仅作为一种普遍的东西存在于观念之中，而首先是作为彼此有了分工的个人之间的相互依存关系存在于现实之中。正是由于特殊利益和共同利益之间的这种矛盾，共同利益才采取国家这种与实际的单个利益和全体利益相脱离的独立形式，同时采取虚幻的共同体的形式。而这始终是在每一个家庭集团或部落集团中现有的骨肉联系、语言联系、较大规模的分工联系以及其他利益联系的现实基础上"①。恩格斯也指出，"国家是社会在一定发展阶段上的产物；国家是承认：这个社会陷入了不可解决的自我矛盾，分裂为不可调和的对立面而又无力摆脱这些对立面……这些经济利益互相冲突的阶级，不致在无谓的斗争中把自己和社会消灭，就需要一种表面上凌驾于社会之上的力量，这种力量缓和冲突，把冲突保持在秩序的范围以内，这种从社会中产生但又自居于社会之上并且日益同社会相异化的力量，就是国家"②。根据经济学的观点，公共政策也是一种在市场解决问题时社会成本过高的情况下所做出的替代选择，也就是任何制度的产生和选择都是人们对其成本和收益进行比较的结果。

换言之，国家的产生是一个自然而然的过程，这个过程也付出了大部分人在个性上的不容置疑地贫乏化的代价——由原始社会造就的具有多种价值和技能类型的原始人呈现出片面化趋势。由于不同社会在历史、文化和信仰等方面存在的差异，世界上不可能存在统一的国家模式，更不可能有统一的历史进程——任何一个国家，都不可能通过技术途径——某些纯粹的技术手段，模仿其他国家的模式，达到理想的结果。

在前资本主义时期，大部分国家都是把维持社会秩序、保护私有者的财产、防御外敌等方面作为主要功能，以获得维持政治权力运转所需要的资源，而没有把创造资源当作自己的首要任务。在资本主义时期，市场的正常运转离不开国家的规制。社会化大生产与诞生它的经济环境——单个私人资本的自由竞争市场环境构成深刻的矛盾。这种矛盾使资本主义经济体系在一次接一次经济危机后经历一次次产业结构与资本结构的调整和重组，从单个资本走向股份公司，逐步实现了资本的社会化。资本的社会化凸现了市场本身的窘境与国家

① 《马克思恩格斯选集》第 1 卷，人民出版社，1995 年，第 84 页。

② 《马克思恩格斯选集》第 4 卷，人民出版社，1995 年，第 170 页。

有效干预的必然性。

在世界资源的重新配置而人类利益重新分配的经济全球化进程中，政治权力在某种程度上不是在削弱而是在加强。突破国家界限的资本，如果不为自己营造相应的秩序——一定的制度安排和相对统一的国际秩序，即制度和组织形式，是很难发挥作用的。然而，国际资本本身不可能塑造一个符合自身利益的世界经济，也没有任何一种可信的全球性统治形式可以提供资本所要求的这种日常秩序或积累条件，只能通过寻求国家或是国际机构的支持以达到影响世界经济的目的。例如跨国公司，也是在资本流动管制的削弱，以及国家相关政策的存在，才得以把一部分生产，即使是那些低附加值的劳动密集型活动转移到发展中国家。

因而，全球化的政治形式不是一个全球的政权而是一个多国的全球系统，此时的政治力量主要来自国家或国家合作。没有国家通过贸易、外国投资和工业自由化政策而进行的经济参与，全球化进程就不可能继续下去。国家合作表现为由国家组成国际组织（如联合国、世界贸易组织及其他的国际经济政治组织）和区域共同体（如自由贸易区、关税同盟、经济联盟、经济政治联合体等），旨在消除阻碍货物与生产要素自由流动的一切障碍及集团成员间一切以国籍为依据的歧视；在资源有价格机制配置之处，有措施来保证市场提供正确的信号和为市场提供有效的动力。

资源配置一旦在同盟或共同体层面上运作，不借助于比资本的经济影响更加地方化和更加受地域限制的行政和强权力量，不仅不可能实现经济法则的推行，而且也不可能获得资本积累所需的日常社会秩序。也就是，要求许多民族国家履行不同的职能和采取相应的手段，以维持其财产制度，并提供可衔接的规则、信誉环境及法律秩序。然而这样的分工合作未必会使所有成员国得益，或者未必会在整个市场上产生令人满意的结果。这可能源于本意上降低或消除市场分割和价格歧视，但有可能出现皮格马利翁效应，厂商将从他们原先要价较低的市场转移到能够要价高的市场，扩大成员国之间的经济差距。总之，政治权力是市场主体的发育和市场体系建设的一个"慢变量"。

全球资本从不平衡的发展中获利——世界分裂为一些独立的经济体，每个经济体都拥有自己的社会体制和劳动条件。由此，民族国家在对全球资本开放国界和阻止社会生活方面走得太远的某类和某种程度的一体化进程之间进行平衡。但更多的是，为了本国资本的利益，强化民族性原则，以严格的边境管理和移民政策为手段对劳动力流动进行管理。

进而，以知识为主要动力的经济社会发展趋势促使发达国家反思自身的价值观念，逼迫用传统策略的国家采用新的发展模式，重新塑造个人与公众之间的权力模式，以满足人们多方面的、快速变化的需求，取得自身存在的合法性。而要完成这个任务，国家一是重新确定那些使现有资源得以使用的条件，使得资源得到充分有效的利用，满足人们的更多需求或更多人的需求；二是引导它的公民不是"人与物工作"，而是"人与人工作或人与信息工作"，逐渐形成平等的观念；三是要求政治权力行使者由与切身利益相关的大众来选举，把对有限资源合理利用的压力转化为制约政治权力的力量，使资源约束力与资源支配权相对等。这种对等的约束力使决策者对自己支配的资源负起责任，用最少的资源来创造最大的公众福利。同时，国家赋予政权作出决策权力分散合法性，使行为人能够表达他们的不同意见，从而产生对国家渐进的信任。

二、政治权力的行政成本

现代制度经济学家 G·霍奇逊认为，"一个市场系统必定渗透着国家的规章条例和干预"[1]。市场不可能在真空中运行，国家运用权力，不仅制定、执行一整套统一的市场法规和制度，承担起市场的培育者、组织者和市场秩序的仲裁者、维护者职责，消除市场残缺，而且弥补市场在基础设施、教育、卫生、劳动力资源的形成等公共性产品的不足以及在分配上的不公平。国家要履行这些职能，必须依赖一定的成本。

（一）设置政治机构的成本

政治权力主要体现在制定的法律（不仅包括国家层面的法律、法规，也包括各级地方权力部门制定的规章制度）上。

法律之所以具有约束力，在于制定和维护法律的机构的威严。各级国家机关（立法、行政、司法部门）和武装部队的设立，不仅要占据一定的物质资源，如基本的基础设施和配备较为先进的办公条件（如果每一个部门要求有独立的院落、办公楼和后勤服务系统，成本将更高），还要有履行这些职能的工作人员；不仅在法律制定过程中信息成本高昂，依法执行也需要代价不菲的成本控制。

有数据表明，行驶国家权力的机构层级过多或重复设置，会直接导致行政成本节节攀升。纵向上，政府级次较多，增加了人员、机构和成本。以中国为

---

① 转引自《市场市长互动 推动土地集约节约使用》，http：//www. jieyue. net/html/jysm/page/homepage show46022. htm。学习时报，2006 年 11 月 6 日。

例，1978 年行政费用为 52.9 亿元，2005 年则为 6512 亿元，年均增长 19.5%，超过 GDP 增速约 1 倍，占财政总支出额 3.4 万亿元的 19.2%，等于每 5 元税赋就有 1 元被用于社会管理。最近 28 年，我国公务员的职务消费增长了 140 多倍，所占全国财政总收入的比例也从 1978 年的 4% 上升到 2005 年的 24%。而在国外，行政管理费也一般只占财政收入比重的 3%—6%①。据全国人大代表、湖北省统计局副局长叶青介绍，拿 2006 年预算内的行政管理费占财政总支出的 18.73% 这一比例去比较，远远高出日本的 2.38%、英国的 4.19%、韩国的 5.06%、法国的 6.5%、加拿大的 7.1% 以及美国的 9.9%②。

横向上，存在分工过细、职能交叉等问题，造成政出多门、多头管理和相互推诿，使得办公、办会等日常事务铺张浪费问题突出，导致管理成本越来越高。在建立社会主义市场经济的过程中，有些人不择手段地参与各领域的博弈，出现取证难、执行难，不得不借助政府的严格监管。药品要监管，食品要监管，城市物业要监管，农村生产资料要监管，汽油价格、煤气价格、基本电信价格要监管，取暖费、过路费、过桥费、飞机票、火车票、公交月票都得监管。这些监管，不仅要有相关的法律条文，更要有制定和维护这些条文的国家的各级权力机关。如果人们在社会生活的各种活动中所产生的纠纷都诉诸法律，那需要的法律条文多而细，当然可解释性大，但需要的社会交易成本也惊人。让政府变得事无巨细无所不管并没有使其权威更加受到尊重，而往往是适得其反。

另外，随着政治职能的扩大——影响政治权力有效的因素，如透明度、健全度、规则的改变、政府能力、权力分配、相互依存与智识秩序的增强与资源消耗同方向变化。随着经济全球化进程的加快，民族国家间的矛盾和纠纷不断涌现。这些矛盾与纠纷涉及社会生活的方方面面：经济上的贸易问题、文化伦理的冲突、国家间的政治与军事干预屡屡出现。因而一些地区性和国际协调机构相应产生。前者如，欧洲联盟、东南亚国家联盟等，后者如联合国、世界卫生组织等，它们的建立和职能的履行必然支付一定的成本。如果让所有的国家都得利，则需要采取某种形式的补偿，接着会出现对补偿的补偿，导致成本不断增加。

---

① 《文汇报》，2007 年 4 月 16 日，第 5 版。

② 刘克梅：《遏制"三公浪费"需要"细化公开"》，http://cpc.people.com.cn/GB/64093/11114615.html，2010 年 3 月 10 日。

（二）国家履行职能的行政成本

政治权力物质基础的存在需要消耗一定资源，其功能的发挥同样需要消耗资源。国家履行职能的成本是多少，要看国家履行的职能是什么。无论如何，国家应当从实现资源最优化配置的目标出发，选择合适的权力边界，从而使国家机器在低成本、高效率的经济模式下运转。

人类历史的发展表明，在不同的社会制度环境中，资源创造与运行的效率是不同的。也就是，资源在不同的主体手中及其配置方式影响着资源效率。在前现代国家，由于镇压性的权威、等级制约束的功能凸显，国家机器变成了一个特殊的、独立的、全能的实体，趋向于自我过度发展，尽可能积累权力，进而形成超越于社会之上的一种寄生关系。它的成本是高昂的。

在现代社会中，资本在依赖政治权力的同时，也在抵制对它的约束——它们抵制的是管制它们的某些手段，并不反对国家权力本身。因为市场依赖于国家而存在：市场主体的生存权、平等权及其彰显的空间需要保护；市场流通的媒介——货币的价值需要相对稳定；市场经济中周期性的不景气和萧条趋势需要市场以外的力量来扭转；由于价值规律的存在，市场经济中那些几乎没有能力成功生存下去的人——老、幼、病、残及失业人员需要国家提供安全保障措施；世界市场上的激烈竞争要求国内提供一个良好的环境。在市场造成的社会成本过大时，也依赖政府行动。

国家对市场的干预与调节需要相应的成本。行政成本主要包括：一是信息公开成本。政府在确立信息公开范围时至少需要为以下成本买单：首先，政府需要收集大量游离的信息，特别是那些并非由政府行为产生的信息，并进行整理、筛选、分类等工作；其次是价值的衡量过程，这一衡量发生在政府与信息利益的既得者之间，后者为保有其利益往往为信息公开设置大量障碍；还有为清除那些障碍而付出的代价。二是行政机关为履行义务或公民行使权利必须支付的费用和承担的风险，如法规、许可证、命令、处罚等执行成本。三是权利受到侵害的公民寻求救济——行政复议或行政诉讼的救济成本。

高交易成本可能造成市场的不存在。在这种情况下，政府配置资源的效益一定会超过行政成本。在市场经济中，政治权力的职能不只是为市场的有序运行创造条件，而且调节市场功能发挥不到的领域。政治权力做了市场应该履行的职能，极易发生政治权力失灵。而一旦政治权力失灵，社会成员无资源能力来纠正，则会加剧市场的失灵，更会损害政治权力的威信，带来巨大的资源浪费与社会灾难。以国家定价的某些产品为例，由政治权力决定的价格长期不变，既不反映生成这些产品的资源相对稀缺程度与长期供求状况，也不反映真实成本，至多只是一种名义的计算手段或结算单位，其所固有平衡供求、指导消费等基本职能受到限制和破坏，成为政府低效的代名词。

政治权力抑制市场垄断力量、矫正信息的不完全、处理外部性等问题的初衷是为了限制垄断，可最后的结果却往往是以行政垄断代替市场垄断，而行政垄断没有力量能够限制和制约，于是产生了比市场垄断更强的破坏力，造成更惊人的资源浪费。这是由规制本身的缺陷和规制方式的内在矛盾决定的——任何能有效制约消费者和企业选择的规制都会间接影响市场价格，限制市场的范围。

究其缘由，国家同样面对着理性无知和信息悖论等问题。在不确定的环境中，它也只能了解和获得某些特定的知识与信息，而对另外的信息处于无知状态。一般地，决策需求的信息大于信息供给，信息不完全无法使政治权力制定出应对变化情况的对策，导致决策的低质量。信息不对称使政治权力偏离服务公众的渠道，只满足部分人的要求，从而降低资源的使用效率。公共决策是各种特殊利益之间的缔约过程，它不是真理；它的形成完全可能由决策信息不完全、投票人的短视效应、决策机制或决策方式自身的缺陷等因素的影响。众多的制约因素或障碍，使政治权力难以制定并实施好的或有效的公共政策，导致公共政策失误。"任何对手段具有唯一控制权的人，也就必定决定把它用于哪些目标，哪些价值得到较高评价，哪些应得到较低估价——总之，就是决定人们应当相信和应当争取什么。集中计划意味着经济问题由社会解决而不由个人解决，而这必然要由社会，或者更确切地说，应由社会的代表们，来决定各种不同需要的相对重要性。"①

因而，政策有时会鼓励低效率，而低效率反过来又会引起环境的毁坏。例如，对农业和能源投入大量资金、对伐木和开发牧场实行补贴、按补贴的价格提供一些服务（如水、电和卫生设施）以及公共土地和森林的低效率管理；或有时通过直接为使用控制污染设备筹资，用环境保护基金为投资提供资金的方法，来对资源和环境行为的改变进行补贴。对资源使用进行补贴在某种意义上是在给资源使用者传递错误的信号。高技术带来的绿色革命使谷物与肉类产量大幅度增加，却削弱了农业生态环境对灾害冲击的恢复弹性。为了适应激烈

---

① F·A·哈耶克：《通往奴役之路》，王明毅等译，中国社会科学出版社，1997 年，第 90～91页。

的竞争而实行过分扩大生产规模的策略——修建过多的厂房，而最后不得不把它闲置起来。农业价格支持计划荒置了许多肥沃的土地，同时国家又鼓励"高产出"，随之形成了一种以"化学肥料促长"的农业耕种方式，这不仅污染了土壤，破坏了土质，还污染了淡水源、河流和海洋。

国家提供的公共资源，由于具有非竞争性和非排他性，常常不是缺失，就是提供不足或分配不当。这表现在，富人有各种管道去影响国家的政策，而穷人则没有任何方式把自己的利益表达于政策之中。公共服务向富人倾斜，公共权力这时候不自觉地承担"劫贫济富"的角色，制定的政策成为扶强凌弱的工具。这意味着保护穷人的最后屏障被破坏了，受到的伤害往往是非常严重的。多种因素将穷人推进贫困恶性循环之中，政治权力通过种种努力，结果在一些地区脱贫的同时，而另一些地区返贫，使贫困成为世纪性的难题。

社会主义国家的任何政策的指导思想永远是绝大多数公民的长期福祉，其政治权力的职能在其本义上是侧重社会公平。但在生产力不发达阶段，社会主义社会在探索中前进，在一定意义上需付出一定的发展代价。表现之一，地方权力机构盲目追求本地生产总值的高速增长，结果造成经济高速增长的许多"并发症"，如高能耗、高污染、产能过剩、环境转劣、社会成员收入差距明显、生活质量下降等。表现之二，市场化条件下，勤快或懒惰，已不是公民富裕或贫穷的主要原因，其更多取决于市场。可对于高度分散的小农经营而言，社会化的大市场是一种难以驾驭的力量。农业劳动者在搜集、辨析和处理有关市场信息并做出决策时，极易一哄而上、一哄而下，造成市场进入的盲目性和市场均衡的脆弱性，严重影响了收入。

对于人类及其生活于其中的自然界来说，政策选择应是"人和自然"，而不是"人或自然"或"人无自然"。因此，国家的农业政策重心放在应对农民利益保护问题上，由此必然承担大量的行政成本，但这对于落实以人为本的科学发展观，构建社会主义和谐社会极为值得。

第二节　政治权力在市场运行中创造资源

现代社会中掌握了公共权力的国家，一方面是代表民众负责国防、外交等提供国家安全以保证国家存续，另一方面在于正确处理与市场的关系，通过对公共物品的提供与分配、通过公共服务为所有公民提供生存、稳定的必需品，向公民提供经济的和社会的福利。因为市场机制不可能提供人们需要的全部公共产品和服务。

一、政治权力提高资源创造效率

社会以及利益群体带来的压力，是最终形成国家（政治权力）政策变化的原动力。政治权力主要确定资源得以使用的条件。若这些条件能使现有资源得到充分有效的利用，并能促使其他主体创造更多的资源，本身就是在创造资源。

（一）政治权力通过规制产权，提高资源效率

政府所提供的基本服务，就是规定着产权的结构和一些根本性的竞赛规则：规定竞争和合作的基本规则，并最终对产权结构的效率负责，以便减少交易费用和促进社会产出的最大化。

由于人类受其自身生产能力和生存环境的约束，只有通过交换这一基本活动获得更多的资源，而产权是交易的先决条件。产权从来都不是自然赋予的，而是社会的产物。产权最初是习俗的产物，司法与立法只是在数千年里对它的发展。产权的演进，从历史上看，先是把局外人排除在利用资源以外，而后发明规章，限制局内人利用资源的强度。从产权的内容看，从最初的生产工具、私有财产——土地所有制、自由劳动力、专利法等鼓励措施，到一系列旨在减少产品和资本市场缺陷的制度安排，使得明确的产权制度得以形成。在知识经济时代，一方面由于知识产品边际成本很低，竞争者可以购买该商品，并且以低于作者或发明者平均成本的价格出售复制品，使得知识生产者很难占领市场；另一方面由于高的固定成本和生产的低边际成本使得许多信息商品和服务具有递减的平均成本曲线，可能产生自然垄断。通过政治权力营造较高规范管理环境，保护资源创造者的利益，刺激资源创造者的热情，使得资源大量涌现并带来浪潮般的技术革新，从而推动经济快速增长、社会高速发展的奇迹。

一个完整的产权结构由私有和公共两种产权构成，分别对应着非公共资源与公共性资源。可靠的个人产权有助于从事生产、投资和互利交易的强大动机的出现。公共产权给所有人以报偿，但公共产权是有一定限度的。如果某一公共资源所产生的社会成本较高，就可能难以达到预期的目的，甚至可能带来不利的结果。解决问题的方法是实行公用事业的完全公共所有和控制，生产与交易的全部成本能通过联合生产而最小化。信息作为一种公共产品为政府机构生产信息提供了强大的依据。信息具有公共性质，使信息公开标准化从而降低消费者的市场搜寻成本。调整污染水平以反映污染排放所产生的收益和损失的社会制度的建立，可能带来福利盈余。最优外部性水平可以通过污染税或者通过

可交易的许可证对稀缺资源的市场配置来实现。

只有当所有的活动参与者，不管是个人还是组织，都有权就他们选择签订的合同获得公平的执行时，市场发挥其全部潜力的产权结构才是一个合理的产权结构。因而，对于发展中国家而言，知识产权保护水平并不是越高越好，其立法达到国际公约的"最低保护标准"即可。如果能根据不同地区的不同特点，有选择地引进科技含量高的项目，更有利于提高技术转让的成功率，进而刺激更多的人从事专利发明。例如，版权法和专利法保护创新者的知识财产，确保他们所付出的时间和精力得到补偿，以鼓励未来的创造性活动。

把市场机制引入公共资源的配置过程，以提高资源创造效率。例如，采用公开招标或拍卖的方式，国家出钱把山林管理任务委托给当地的住户，从而使当地住户在利益上与山林保护相对立的状态转变为山林保护的获益者；把城市道路清洁的任务、绿化任务公开拍卖给个人，等等。美国甚至把国防生产的某些任务也通过招标方式交给企业完成，从而大大减少了国家直接组织生产带来的"失灵"现象。

（二）政治权力通过规划、税收、价格管制等手段提高资源利用率

一般地，对于复杂的社会系统而言，单单一个产权规制还不能解决这一问题，必需有其他的手段与之相配套。直接干预市场配置机制的管制，如价格、产权及合同；通过影响消费者决策而影响市场均衡的管制，消费者的预算组合受税收、补贴或其他转移性支付的制约；通过干扰企业决策从而影响市场均衡的管制，包括施加于产品特征、企业投入、产出或生产技术的限制形成的企业产品组合方面的制约。没有管制，社会成员像几百万辆汽车都按照自己的意愿自由行驶，结果只能是一场灾难。国家利用资源（财政收入等），积极投入研发、人力教育资源培训和医疗卫生等公共性资源的提供以及转移支付，引导非公共资源的有效供给。国家以此矫正人们的不良消费习惯，使之恢复理性地需要，为未来筹划。

一是政府规划。利用政治权力有计划地集中一定的资源进行某些关键领域的建设，或对经济结构进行必要的调整，对经济周期适当调节等等。例如，根据经济社会发展的实际，制定经济与生态环境建设的规划；或用法律、行政和财政等手段强制推行对资源耗费的约束，如建立各种类型的自然保护区，实施退耕还林、还草、还湖工程等；或夏季公共场所的空调温度设置不得低于26摄氏度，某些企业节能降耗在5年内必须达到20%等等。

二是税收和规费。税收和规费是政府向经济主体征收的公共资源使用与维

护,以及公共资源创造费用,是政府约束与激励单个社会主体在资源配置方面行为的常见形式。通过设置不同的税种和有差别的税率,来鼓励某些产业的发展,制约与限制另一些产业的发展。一方面,提高税率和规费将增加资源使用成本,强化资源约束力,减少资源消耗。例如产品在整个产品周期的各个阶段需要消耗某些公共资源与环境,于是便征收相应的资源开发税、产品生产过程的排污税、产品税与消费税等。为了保护最重要的公共资源——生态环境,必须对那些污染超标的企业征收高额污染治理税,税额与其排放量成累进制关系,迫使市场主体不得不进行整改,减少对环境的污染。另一方面,降低税收和规费则起到弱化资源约束力,降低资源使用成本,鼓励利用资源。然而,税收的品种与数量必须适度。过轻的税收起不到保护资源的作用,而过重的税收则会人为地加重负担,使资源得不到合理利用。另外,税收是对各社会阶层的收入进行再分配,调节经济社会关系,稳定社会的一种手段——合理的税收作为一种物质激励手段用来鼓励劳动力资源和社会资源的开发,更有利于资源的合理利用。

三是市场准入制度,如执业资格制度、许可制度与质量监管制度等。只有拥有某种相关技能,获得执业资格的主体,才能提高相关资源的利用率——人、财、物的有机统一。否则,如允许那些不具备制造能力的主体去制造电器,不仅生产过程在消耗大量的资源,而且会造成劣质电器对人们生命财产的危害。

四是价格管制。政府通过自身的调控能力影响产品的价格,或鼓励或限制某些产品生产与销售,以适度调节资源的使用。一般地,提升价格既会降低消费保护资源,又会调动资源开发者的积极性,加速资源的创造。经验表明,污染者上缴给政府的治理费用高于自己治理的费用时,污染者才会真正感到压力。另外,通过直接补贴或税收支出来鼓励经济中个体或社团行为人的特定行为。

国家往往将以上的措施结合在一起使用,鼓励各活动主体发挥、挖掘既有技术和人才优势,增强自主创新能力,为社会发展提供科学技术支持,尤其开发消除污染物的环境工程技术和废弃物再利用的资源化技术,或直接组织开发和示范有普遍推广意义的资源节约和替代技术、能量梯级利用技术、延长产业链和相关产业链接技术、"零排放"技术、有毒有害原材料替代技术、回收处理技术、绿色再制造等技术,以减少废弃物排放。换言之,在资源运行环节——生产上,引导主体开发新的资源、更多使用可再生资源,推广资源节约利用新技术、新材料、新器具；积极采用清洁生产技术，降低原材料和能源的消耗，实现少投入、高产出、低污染；广泛开展各种资源的综合利用，实现资源结构的变化；在消费上，引导变一次性消费为循环消费，绿色消费，主张适度消费，严厉惩罚浪费现象。

以环境保护为例，国家可综合运用管制手段和经济手段：

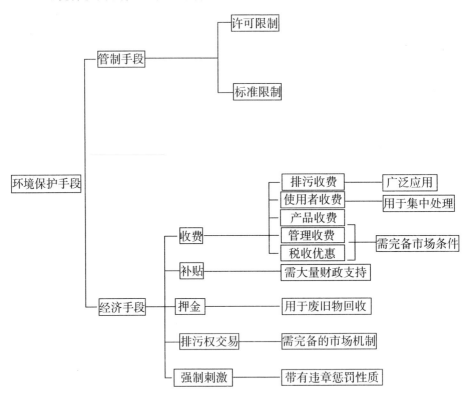

从国家层面看，政治权力在推进资源创造与高效利用颇有成效的日本和德国的经验值得关注。日本构筑多层次法律体系，有《循环型社会形成促进基本法》基础法和《固体废弃物管理和公共清洁法》、《促进资源有效利用法》等综合法。具体行业和产品也有相关的法规，如《家电循环法》要求规定废弃空调、冰箱、洗衣机和电视机由厂家负责回收；《汽车循环法案》规定汽车厂商有义务回收废旧汽车，进行资源再利用；《建设循环法》强调建设工地的废弃水泥、沥青、污泥、木材的再利用率要达到100%。像类似的法规还有《促进容器与包装分类回收法》、《食品回收法》、《绿色采购法》等。这些法律内在要求企业在开发新技术时，优先考虑资源再利用问题，如家电、汽车和大楼在拆毁时各部分怎样直接变为再生资源等。其次是要求国民从根本上改变观念，不要鄙视垃圾，要把它视为有用资源——垃圾是放错了地方的资源；并鼓励居民分类存放垃圾，使垃圾资源化。

德国的包装物双元回收体系（DSD）是专门组织回收处理包装废弃物的非盈利社会中介组织，该组织由生产厂家、包装物生产厂家、商业企业以及垃圾回收部门联合组成。它将这些企业组织成为网络，在需要回收的包装物上打上绿点标记，然后由 DSD 委托回收企业进行处理。任何商品的包装，只要印有它，就表明其生产企业参与了"商品包装再循环计划"，并为处理自己产品的废弃包装交了费。该费用由 DSD 用来收集包装垃圾，然后进行清理、分拣和循环再生利用——谁生产垃圾谁就要付治理垃圾的成本（见下图参见鲍健强、黄海凤《循环经济论》科学出版社 2009，第 238 页）。

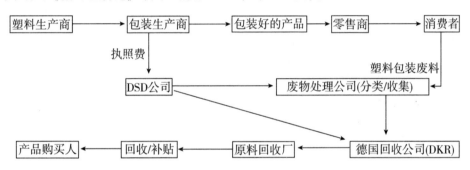

芬兰目前可再生能源占整体能源利用的 25%，是欧盟可再生能源利用率最高的国家。20 世纪 60 年代，芬兰政府出台了一系列政策，规定任何企业都可以向政府申请可再生能源发展项目的资助，政府将给予 25% ~ 40% 的资金补贴，它们可以利用这些补贴来参与各项具体的计划。在 90 年代，政府向排放二氧化碳的企业征税——"碳税"，进一步促进可再生能源的利用。碳税实质是一种调节税，它通过向使用石油、煤等这些化石燃料的企业征税，来补贴使用生物燃料的企业。从而使诸如沼气、泥煤等生物质能源的利用开始有利可图。

政策或财政转移支付之所以有成效，因为它们能产生乘数效应。乘数原理认为，不论是消费、投资、政府支出还是净出口，一旦增加 I 亿元，将会导致国民收入增加 I 亿元的若干倍，用公式表示，就是 $Y = I \cdot 1/MPS$。这一原理是通过支出产生连锁反应，不断地创造资源供给。假设某项支出为 I 元，其注入市场后，自然地转化为第一轮受益者的收入：使其收入增加了 I 元，这是该笔支出创造的第一轮国民收入。假设社会成员的边际消费倾向相等，都是 MPC，那么第一轮收益者将其中 I·MPC 元作为支出注入市场，该支出买谁的东西，就促使谁努力生产，增加了供给，其收入增加了 I·MPC 元，成为这项支出的第二轮受益者。接下来第三轮受益者的收入增加了 I·MPC^2 元。如此类推，经过充分长的时间后，该投资 I 引起的国民收入增长总量为 I·1/（1 − MPC）。也就是，I 亿元支出注入市场后，总共创造的国民收入是 I 亿元乘上边际储蓄倾向的倒数。例如，如果社会的平均边际消费倾向为 90%，那么乘数等于10——如果增加投资 1 亿元，将会导致国民收入增加 10 亿元。

对于发展中国家和地区而言，在凯恩斯乘数理论基础上发展起来的乘数加速度模型更有说服力、更实际：$Y_t = G_t + \alpha（1 + \beta）Y_{t-1} − 2\beta Y_{t-2}$，其中，$Y_t$ 为第 t 期的国民收入；G_t 为第 t 期的独立投资水平；α 为边际消费倾向（乘数），β 为加速系数。①如果 α 和 β 均小，消费增长率就会降低，从而引致投资接近于零，新增国民收入接近于自身投资与乘数相乘而得到的均衡水平；②如果 α 和 β 均较大，国民收入会以均衡水平为中心上下波动，但波动幅度趋于减小；③如果 α 和 β 均很大，国民收入波幅就趋于扩大；④如果 α 和 β 均极大，引致投资就非常大，消费就不断增长，引起相应的投资，使国民收入以几何级数增长率上升，即使停止最初投资，也仍保持上升运动。这就要求发展中国家必须以民生为首要目标，推动社会发展。

二、促进社会公平，推动人类资源的开发

效率并不是政治权力的唯一目标，公平不需要通过增加效率来证明自己的存在。促进社会公平，不仅有助于社会的稳定与和谐，更重要的是激发人类自身的潜能，调动绝大多数人的积极性和创造性，培育更多的满足自身需要的资源。凯恩斯明确指出，如果没有政府开支这一人为需求的刺激，市场本身不能摆脱持续的萧条、高失业率和开工不足等问题。这一新的消费为产品和劳工提供了市场需求；政府促成了工资提高，推动了向下收入再分配计划，使那些需要花钱的人们获益①。

人的能力存在很大差异，若把任何人都裸露于市场之下让他们平等承受市场考验，那将使人类面临更大的灾难。历史表明，经济发展、蛋糕做大，并未带来分配公平，或不公平的缩小，反而不公平的差距扩大了。究其原因，市场

---

① 约翰·梅纳德·凯恩斯：《就业、利息和货币通论》，高鸿业译，商务印书馆，2005 年，第56~57 页。

中的"机会公平"不能真正实现社会公平，机会公平强调个人的成就取决于其本人的才能和努力，但这种才能与努力却被种族、性别、社会及家庭背景等其他不可控的因素所限制。正如约翰·罗默尔则所言，"个人所不能控制的外部环境不仅影响到其投资的努力程度，而且影响到其最终能够达到的福利水平"①。真正的"机会公平"就不能让人们带着出身进入市场比赛。否则，身份不同的人在一起比赛，本身就没有公正可言。进而，一旦有些社会主体在教育、医疗保障、信息获取和机会分配等方面处于劣势，其原有的那些零碎的、残缺的、过度贬值和被迫闲置的资源更加缺乏竞争力，不仅缺乏机会，更有可能丧失发展的信心。国家的最基本职能就是保证每一个人应该有最起码的生活保障，基本的医疗保障；进而尽可能创造公平的机会，推动人类自身资源的开发。

然而，由于政治权力内在的局限性，改革很少能达致"帕累托最优"状态。为保障那些"无力面对市场"的弱者和改革成本可能承担者的利益，政治权力应致力使各种有利条件在不同境况的人们之间实现均等化，以使他们能够自由的配置剩余时间。政府对那些力所不及的先天差异，包括能力上有差异的人提供帮助，避免基本健康、教育的权利被剥夺。这样，政治权力使得"公平的权利分配优先于竞争"，最大限度地达到社会公平。"计划与竞争只有在为竞争而计划而不是运用计划反对竞争的时候，才能够结合起来。虽然在短时期内为多样化和选择的自由所必须付出的代价有时是很高的，但在长期内即使是物质福利的进展也将有赖于这种多样性，因为我们不能预见从哪些可以提供商品或劳务的许多形态中，究竟哪一种可能发展出更好的东西来。倡导计划，不再由于它的生产力高，而是由于它能使我们得到一个比较公正和平等的财富分配"②。

政治权力应该分配公平并不必然导致能够分配公平。因为除了要有分配公平的内在要求外，还必须要有保证政治权力能够切实分配公平的路径（政治权力提供公共服务的方式）。首先，以拉长再分配链条为标准，将资源再分配给弱势群体的政策保障他们最基本的生存权与发展权。其次，优惠政策或财政转移支付旨在鼓励好的生产与生活习性生成。政治权力通过转移支付、调节分配等为市场提供必要的外部环境及基础设施等。澳大利亚华人经济学家黄有光

---

① 卢周来：《社会主义是社会不公的最好解毒剂》，《书摘》2007年8月14日。
② F·A·哈耶克：《通往奴役之路》，王明毅等译，社会科学出版社，1997年，第43页。

指出①，扩大公共开支可以增进公平，改善宏观制度安排，并增进人们的幸福感。随着社会化进程的推进，面对公共交通、环境污染、教育卫生、突然灾害、人口素质和自然资源等问题，社会需要的公共服务也越来越多，弱势群体可从中得到更多的实惠。但无论如何，国家在调控收入分配时必须以不损害人们的生产积极性为界限，以不制约劳动者的主体性为界限。

第三节　政治权力与资本博弈的代价分析

政治权力是一柄双刃剑，它可以创造资源，弥补市场缺陷的职能；可一旦运作超过了自身的限度，这只有形之手便成了万能之手——慢慢由"帮手"变成了"抓手"。此时的权力创造资源成为次要方面，而破坏资源则成为主流——构成统治者及其随从谋求利益的工具和为所欲为的玩具：不仅导致另一部分人的个人天分利用不足和物质资源效益的降低；而且有可能使战争经常蹂躏人类，带来社会财富的巨大破坏和社会福利的巨大损失，损害人类的生存环境。

一、政治权力运用不当与资源浪费

政治权力没有做它应该做、必须做的事，或做了不能做、不应该做的事，这都属于政治权力运用不当。政治权力运用不当带来的资源损耗更为严重。

规制产权，使资源在市场中有效运行是政治权力的基本职能。然而，产权得不到明晰和保护，资源损耗也就不可能避免。在社会主义市场经济体制建设过程中，由于产权边界不清，国有企业与行政主管部门之间不存在明确的成本界限和机会成本，国有企业可通过讨价还价方式争到的计划项目越多，获得的可支配的资源数量就愈多。这种行政化的交易规则导致资源吸纳"黑洞"，势必增大交易费用。例如，为了多争取中央的政策支持或资金支持，"跑部进金"成了地方政府日常工作的重要组成部分，由此产生的花费成为航空公司、公路运输企业、铁路局、旅馆、出租车公司以及餐馆收益的一部分。这些活动没有创造实质性的产品，却因为加大了对交通工具的使用而增加了对环境的污染。环境污染造成对环境的破坏，以至于我们不得不花费巨资来恢复生态，这些花费通过对治污服务的购买转化为下一期的经济增长源。环境污染危害人

① 黄有光：《效率、公平与公共政策：扩大公共支出势在必行》，社会科学文献出版社，2003年，第162～172页。

体，增加个人的医疗支出，而这些支出又成了医院收入。

由于制度的漏洞或不合理。国家机关常常出现"为了花钱，而花钱"的情形。如某部门研究室的科研项目延期一年，但项目资金的使用期限并没能延长。那么根据要求，必须按原来的期限把钱突击花光，或者减少下一年度的预算。由此带来的一系列所谓"友谊"活动：公共部门、兄弟单位、上下级之间，彼此用公款热情招待成为一种时尚；节假日前提醒下属"别忘了表示表示"成为一种常态；上级部门到下属单位，管吃管住管游山玩水成为一种习惯；不同省份的同一系统单位间礼尚往来，互通有无，过度的公务消费就形成了一种集体性活动。还有，由于产权设置不合理，在以 GDP 为经济增长的唯一目标下，商家不得不花力气拉关系、找靠山，为此他们要请客、送礼；企业为了保证货发出去后能收回货款，就必须格外小心，甚至不得不打官司。权力机关干预过多，审批手续繁杂，企业不得不把宝贵的时间和资金用在和政府打交道上了，由此多支付了人员工资和资金的消耗。

政治权力的存在不仅为规制产权，更多是为追求社会公平，营造公平竞争的市场环境。可从现状看，资源利用的低效率是结构失调、政策不到位和技术低级化三重作用叠加的结果。不同的增长方式是企业应对外部环境的一种选择。有怎样的发展环境，大多数企业就会选择怎样的发展模式。发展中国家从社会稳定的特定目标出发，为了回避由于运用高效率技术和生产方式而大量减少劳动者导致的就业矛盾，宁可选择低技术生产方式，乃至鼓励企业冗员的存在；或者，在技术和资金缺乏的情况下，迫于不平等贸易的压力和人口膨胀的压力，只能以自然资源为代价——破坏生态环境来追赶先进地区，以试图缩小与之间的差距。如果外部环境没有大的改变，企业仍可轻易获得廉价生产要素、环境成本可以外部化、利润还在增长，他们就不愿冒技术创新之风险，进而转变增长方式。在资源低价政策下，谁多消耗了资源谁就多分享了经济利益。

改革开放进程中，城乡差距逐渐拉大的主要原因除了农民不适应市场规则外，农产品增产不增收是由于产品的附加值太低。而附加值太低有普遍存在的社会背景——劳动者在收入、安全条件、劳动时间等方面的权利未能得到充分尊重，甚至被严重侵害的产物。劳动者权利可以近乎被无限榨取的现状，阻碍企业的创新。因为创新是需要投入的，而且是一种有风险的投入。只要条件允许，一些企业在化解来自外部的竞争压力时，首先想到的便是让工人多加班、降低工人薪酬等保险的办法，而不是努力去搞技术创新，甚至不愿意对工人进行培训，不愿意更新设备，连工人的安全也不愿意顾及。由此可以理解，由粗放型向集约型增长方式的转变，上个世纪 90 年代就提出，全国各地在增长速度、投资规模、进出口总额等"量"的扩张方面总是以较大的比例增长；而在结构优化、技术创新、环境保护、资源节约直至体制改革等改善经济质量方面，却没有实质性地进展。转变增长方式，表面看，是要企业由高消耗、重污染、低效率的生产，转向依靠技术创新，以提高效率实现经济增长；而深层次看，则是要靠政府调控、市场主导、通过劳动者素质提高实现经济增长。

　　如果政治权力不能为劳动者素质提高营造公平的环境，会招致人类自身资源的极大损耗。当家庭或阶层背景、性别或种族决定了进入教育制度（提供获得就业机会必备的资格）内各种位置的渠道时，社会成员间的公平被货币和能够买到的资源以及尊重和威信、权威和权力所否定，由此所引起的不平等就会在那些有渠道和没有渠道获得资源的人们之间制造冲突。这些冲突常常会导致暴力事件或者助长犯罪和违反社会公德现象的发生，急剧增加政权和法律监督及社会管理的成本。当这些成本上升时，对物质资本和人力资本的投资就会减少，结果会导致国家调动力量去减少或抑制因歧视而受挫折造成的组群间冲突或违反道德的行为，发展就会停滞。而当压制行为和其他形式的社会控制强化了组群边界，一个政权和其不断丧失独立性的法律制度会被锁定在一个社会控制的恶性循环中——更多的组群间冲突，以及更为严格的社会管制，往复循环。

　　一般地，经济不景气的情况下，公众特别期望一个无所不能的大政府出现，一有问题就找政府帮忙。因为个人的力量非常弱小。经济危机到来，他们就显得更加弱小和无助。于是，失业的要找政府安排再就业，企业濒临破产倒闭的要找政府贷款，农产品卖不动也要找政府帮忙。此时，政府虽然暂时性地解决市场主体的危机，但它往往是以牺牲其他看不见的市场主体的权利和利益为代价的，政府的行为相当于拆东墙补西墙。因为"拆"看不见，"补"却看得见且立竿见影，这往往会使政府也沉醉在幻觉中。另一方面，类似的个案解决往往伴随着决策的不透明，容易形成官员的寻租现象，造成企业对政府和官员的人身依附。

　　如果国家允许甚至鼓励以垄断的方式获取利润，极易使既得利益公司从现有能源及耗能产品的销售中获得巨大的利益，进而他们将继续向国家及其官员开展寻租活动，垄断的加强就不可避免，企业垄断——企业利润——企业寻租——政府及其官员利益——垄断的循环，甚至有可能生成官商合谋的境况。

因而限制垄断行为的意义不只是因为垄断使资源错置，更是因为它瓦解了创新的动力、破坏了创新的环境。

即使一个相对稳定的国家，给她的公民一定的安全感，且具有较高的资源利用效率，也会付出不菲的成本。除了常规成本，尤其指相对稳定的国家有一种惯性力，该力往往阻挠新发明的思考，冻结新的组织知识的方式——新知识的产生。权力的科层制结构排斥竞争，扼杀创意。新的环境要求直觉和审慎分析，但官僚体制却在消灭直觉，并以机械性的规则取而代之。而政治权力频繁更迭的国度，所支付的成本将更高。强化对国家各级权力机关的监督制约机制，制约它们的权力，实际上是对政治体制的合理性安排提出了更高的要求，旨在一定的时空内使资源得到充分有效利用，实现国家的基本功能。

二、"冗余秩序"的资源代价

国家创造资源的代价主要不在于弥补市场不足时带来自身的不到位，而在于政治权力的越位。马克思把人类劳动分为必要劳动与剩余劳动，托夫勒认为社会秩序有两种，一种称为"社会必要秩序"，维持人类不至于灭亡的秩序，为人类提供消极的自由；另一种是"剩余秩序"。在此基础上，我们把剩余秩序作进一步划分，为人们进一步发展提供空间的秩序，和不在于社会利益而纯粹是为了控制国家的那些人的利益的秩序，把后者叫做"冗余秩序"。任何政权，如果存在冗余秩序，就会使公众受苦，因为利用手中的权力抢夺总比创造要先一步。

民主作为当今社会一种多数人当家做主的国家制度，是一种个人在社会中寻求自由①、寻求平等的制度和力量，旨在维护多数人的利益，减少"冗余秩序"。但人类追求民主的历史表明，民主本身不是目的，而是一种手段，一种保障国内安定和个人自由的现实手段。这个手段并非完美无缺。这是因为，一是民主的产生和发展依赖于自身的力量，是内生的事物，自身没有终点，无法强加或管束；二是民主并不仅仅意味着投票权和遏制独裁，它更关注生活质量的提高；三是并不意味着只要权力是通过民主程序授予的，它就不可能是专横的，防止权力专断的不是它的来源而是对它的限制。在民主制国家中行驶政治权力的社会成员及其机构具有两重身份：一方面，他们作为政治权力的掌握

---

① 这里的自由是这样一种自由，免于强制、摆脱了他人专断的权力、从社会的种种束缚中解放出来的自由；而不是摆脱了必然性的自由——从生态环境的强制中的解放，这些环境不可避免地限制了我们所有人的选择余地。

者，代表公众的根本利益；另一方面，他们作为经济社会中的成员，在社会生活各领域内有追求个人利益的欲望与权利，即有追求食欲、性欲、享乐等欲望满足的需要。这两重身份在不同领域，都合理、合法；但作用于一个主体，极易利用手中的政治权力谋取个人利益。这种状况一旦发生，就会产生"冗余秩序"。

正如一位学者所言，"无论政府采取何种形态，统治者都是这种财产的真正所有者。但是，在民主制度下，或者说，从长期考察在任何形态的政府，统治者都是暂时的。他们总有可能在选举中落败，也可能被一场政变推翻。因此，任何政府官员都不会不认为自己不是暂时的所有者。其结果，私人所有者因为稳定地拥有他的财产及其资本价值，从而会为其资源的使用制定出长期计划；而政府官员必然尽其所能地快速榨取财产的价值，因为他没有稳定的所有权。即使是地位稳固的公务员也必然这样做，因为他们不可能像私人所有者那样出售自己财产的资本化。简言之，官员拥有资源的用益权，而不拥有其资本价值。若人们只拥有资源的当前用益权而不是资源本身，他们将迅速地让这些资源被不经济地耗尽，因为长期维护资源不会使任何人受益，而尽可能迅速地榨取资源的价值能给每个人带来好处"①。

作为公共物品提供者和外在效应的消除者以及收入和财富的再分配者的国家权力机关，自身具有扩张的本性。这种扩张一是来自于谋求私利而非公共利益，二是确证、显示政治权力的影响。政治上的决策并不都是依赖客观的发现或全面的了解，而是每种力量在追求私利的过程中相互博弈的产物。如果说前现代形式上的国家政治权力恩惠于世袭贵族、王侯将相，那么民主国家的政治过程明显倾向于有组织的、对相关问题拥有充分信息的选民，不利于分散的、对非直接相关问题拥有较少信息的选民。因而，有时打着全社会利益的招牌维护特殊利益集团的寻租空间——"政府权力与其说被用来保护个人权利免遭同胞的伤害，不如说被当作侵犯个人权力的工具；与其说政府利用权力和税收能力来提供公共产品，不如说是用牺牲公共利益，给政治上特别有影响的人提供他所希望的私人产品"②。

寻租作为一种非生产性活动，并不增加任何社会财富总量，只不过改变生

---

① 穆雷·罗斯巴德：《权力与市场》，刘云鹏等译，新星出版社，2007年，第196页。
② 戈登·塔洛克：《寻租：对寻租活动的经济学分析》，李政军译，西南财经大学出版社，1999年，第99页。

产要素的产权关系，把相当一部分公共或他人收入装进私人腰包。它极有可能成为资源配置扭曲、规制失效的根源，也是政治权力谋求私利的后果。寻租有多种表现形式：在霍布斯式的无政府状态下每个人反对所有人的战争中所发生的掠夺行径，专制者或其他政府通过充公财产或拒绝承认合同从而剥夺其公民的权利时所从事的掠夺行径；构成社会的一小部分的集团通过采取集体行动——通过游说和价格操纵，实现对自己有利的收入再分配，即使在对社会造成的损失比该集团从分配斗争中赢得的利益还要高。

一旦国家及其工作人员有自己的特殊利益要求，必然存在越权行为。例如，公民纳税是预支公共服务的成本——定制基本的公共服务。一旦公共服务收费化、高价化，这就改变政治权力性质，而使国家从非营利组织，最终蜕变为营利性组织。这样，国家凭借其垄断地位和暴力机器没有赚不来的钱。石化、烟草、交通等行业，凭借拥有国有资产和对国家权力的垄断，不仅占据着国家的土地、资产、机器和装备，而且占据着国家对产品经营的垄断权、进口权、定价权以及吞食利润的分配权。在高污染、高耗能行业的疯狂扩张中，地方权力机构通过上大型重工业项目，追求短平快的业绩。另外，作为政治权力化身的个人滥用权力，为了私人的蝇头小利而不顾公共资源的巨大浪费：为了在工程发包中谋取私利，不惜浪费大量资源，制造豆腐渣工程；为了从外商那里获得好处，不惜出卖国家利益，置国家宝贵资源于不顾。出国考察在各行政事业单位基本上演变成为一种福利待遇，当财政部门要求削减出国考察经费时，便遇到了一定程度的阻力。公车改革的阻力最大，甚至出现了改革后财政投入更多而不得不叫停的情形。虽然各地具体改革方案不尽相同，却具备同一个特征，即被改革的对象是主持改革的政策制定者和执行者。因而，改革政策过多地考虑了如何补偿既得利益者的损失，忽视了现行制度和"改革"结果给公共财政和纳税人造成的损失和伤害，等等。

政治权力者手中拥有的资源流向取决于他们对自己利益的理解，怎样理解就怎样影响公共资源的分配。例如，政治权力系统直接决定教育投入，而教育不会直接带来 GDP 的增长。因此教育在国家工作人员心目中的地位不可能很高。教育没有他们的办公场所和代步工具那样重要，那是自己的切身利益——国家各级机构的办公楼及其设备是当地最耀眼、最豪华的——国家级贫困县的政府建造办公楼花费可达几千万元。这就注定公共资源切给教育的那一块本来就小。这块本来就小的蛋糕切给教育之后，教育系统又按照已得的分割模式进行再分配，一个一个利益集团都来争夺这块小蛋糕的分配权，这就必然扭曲教育资源。实质上，教育的基本任务是给公平竞争创造一个底线——只要受了基本教育，在未来的竞争中，就有了相对均等的机会。可现实教育发展的好处更多地由政治权力者或相关者分享，贫困子女即使有幸（在贷款扶持下）读完大学，在激烈的就业竞争面前，也处于弱势。由此带来的恶性循环：弱者更弱，强者更强，无形之中损耗了人类自身资源。

要使政治权力效能充分发挥，减少冗余秩序，必须严格划清国家工作人员这两重身份、两种利益目标的界限，严禁以权谋私，确保国家工作人员的公共权力行为以社会公共利益为目标，不受其他工作人员及与工作人员关系密切的特定社会集团利益的干扰与侵犯。一是使政治权力处于公众监督的阳光之下。媒体日常的客观报道可将权力运作透明化，或者为司法机构惩治腐败提供线索，寻找证据。马克思曾经指出："报刊按其使命来说，是社会的捍卫者，是针对当权者的孜孜不倦的揭露者，是无处不在的耳目，是热情维护自己自由的人民精神的千呼万应的喉舌。"[1] 美国开国元勋托马斯·杰斐逊说过："民意是我国政府赖以存在的基础，所以我们首要的目标就是要保持这种权利；若由我来决定我们是要一个没有报纸的政府，还是没有政府的报纸，我会毫不犹豫地选择后者。"[2] 二是将公共选择机制引入到对国家工作人员的选择中，实现民众对政府官员的监管。民众的监管力量，来自社会面临的资源有限压力，民众通过民意表达机制，将这种压力传递到国家机构头上，使其更好地履行管理公共资源，生产公共产品的职能。国家机构再将这种民众压力转化为工作人员内部自我监管的压力，以确保政治权力廉洁高效。民众对国家工作人员的监管，可以采取多种多样的形式：广泛征求民众对国家重大决策与重大工程的意见，或征求民众对国家工作人员的意见，等等。

三、国际政治秩序失衡，加剧资源消耗

以历史为视点，处在国际分工金字塔上层的发达国家，是通过对外殖民掠夺资源逐步强大起来的。以现实为基点，在发达国家出技术、管理经验类资源，发展中国家出劳动力、物质资源的国际经济格局中，特别是资本有机构成越来越高的趋势下，如果把全球所有的资源都纳入统一的成本收益的价格，那发展中国家将处于明显的不利地位。仅以中国为例，由于缺乏核心技术，我国企业

---

① 《马克思恩格斯全集》第 6 卷，人民出版社，1961 年，第 275 页。
② 新闻自由委员会：《一个自由而负责的新闻界》，展江等译，中国人民大学出版社，2004 年，第 7 页。

不得不将每部国产手机售价的20%、计算机售价的30%、数控机床售价的20%~40%支付给国外专利拥有者。

在竞争中处于优势的市场主体——跨国公司往往来自发达国家。基于全球交换价值链的考虑，跨国公司将一体化的生产模式分解成若干阶段，根据不同生产阶段的要素密集程度在全球范围内配置生产资源。即发达国家成为零部件产品的供应方，而劳动力要素充裕国成为对应的输入方，并且随着发达国家资本技术要素的逐渐积累和劳动成本的上升，发达国家为了维持自身在高端环境比较优势，基于要素禀赋比较优势，将不具竞争力的终端产品转移至发展中国家，并促使这些国家加强劳动密集型生产环节，同时在国内聚集更多的资本技术密集型核心业务——集中资源专业化于研发设计和零部件产品的生产。在这样的国际分工体系中，处于不同生产阶段的各国虽然根据自身的比较优势，更加专业化，经国际贸易途径在国家之间交换零部件等中间产品，实现生产、加工、装配等环节的有效衔接。但相比较而言，明显不利于发展中国家，一方面所创造的产品，先进的、高附加值的被送往发达国家——依赖于全球资源为政治上占统治地位的那部分人利益服务；而把那些过时的、低劣的产品，与发展中国家分割利益。不管怎么样，发展中国家要么注视着外国公司掠夺走大部分资源，仅仅对当地的劳工付给施舍般的报酬，要么就被迫用这些资源在有利于工业国家的财政制度下换取进口工业品。另一方面由于国内资源集中到最终产品的生产部门，削弱了高端零部件产品的研发和生产能力，促成发展中国家的科技成果转化率较低。就以快速发展的我国为例，据统计，我国有上百万件专利技术、科研成果闲置。科技成果转化率平均只有15%，专利转化率只有25%，专利推广率在10%至15%上下浮动，大量优秀专利技术处于闲置状态，非职务发明人的专利成果少人问津。

在发达国家有形无形地把发展中国家的资源转移耗用的同时，在成本收益杠杆的作用下，把污染也转嫁给发展中国家，使得发展中国家越来越丧失发展的基础，处于"贫困——环境陷阱"之中。根据资本的本性和产业转移的规律，公害输出与危机转嫁——高污染项目外迁、向发展中国家出口本国禁用的产品、废弃物转移是发达国家一般的做法。这在他们看来给双方都带来巨大利益：发达国家享受清洁、舒适的环境，发展中国家则获得通过处理有毒垃圾或废弃物的相应报酬，不计代价地发展本国经济，以便改变落后、被动处境。这样，低技术、低管理水平导致高消耗、高污染、低产出，甚至鼓励发展危害环境的化学品（许多发达国家禁用的产品——如有毒杀虫剂），加上市场本身也会强化产业单一结构，从而恶化了发展中国家的生态环境，也削弱了发展后劲。

在开放的国际市场上，生产要素配置的主体是跨国公司，随着全球化的推进，跨国公司不可避免要涉及多种文化。关注全球范围的自然资源、生态环境、劳动权益和商业伦理就成为所有跨国公司必须承担的社会责任，承担全球性的社会责任也是企业公平化的要求。企业本身不再仅仅是法人，不只是立足于股东们的工具，同时也要遵循社会道德的要求，包括谋求众多利益相关者的共同发展战略的社会责任。

总之，在全球化进程中，资本流动需要依靠超经济行动和建立超经济机构予以规范和引导克服自身不断衰败的趋势。资本所有者只有依靠大量的制度安排和规则才能加强对财产的控制，而这些制度和规则只能由国家权力机构加以实施和保证。国际政治权力决定着资源的全球配置效率和全球公平的实现程度。这是由全球化过程中力量的不对称性造成的——发达国家强调商品交易和资本投资的自由化，但对来自发展中国家的劳动力流动却采取了严格的管制措施；发达国家要求发展中国家开放市场，但对本国高技术产品的出口和高技术产业的投资采取多种形式的保护措施。由此，国家权力引领着收入的不平等、发展的不平衡、环境的不安全等。

第六章

文化伦理在资源创造中的作用

资本力量、政治力量都是从人类文化伦理力量中分化出来的外显部分。文化伦理是对生活于其中的人的行为最基本、最持久和最深入的控制力量。它以人们的共同利益为基础，生成约束、监督社会成员利用资源的，特别是使用公共资源的社会伦理秩序——资源约束力在人们意识形态领域的反映，是社会理性的存在形式。在本质上，它是社会的而不是个体的，社会促使个体变得全面：从人们的思想意识入手，规范人们的行为，依据自身的标准对资源进行分配，引导人们如何生存——习惯于社会、习惯于自然。但在某种程度上又成为人生存发展的枷锁。

第一节　深层的文化伦理力量

文化没有明确的边界，也没有精确的起点和终点，文化的内涵和外延随着时间的变化而变化。但它的基本内容离不开存在于一定环境下的人们，在生活中通过反复互动，逐步积淀而成某种习惯性行为和思维方式——由价值观、道德、风俗习惯、常识、思想、意识形态、神话、宗教等形式相互作用而成，并对后来者产生深刻影响的人类生存发展的背景力量——社会的伦理秩序，即"隐秩序"①。伦理秩序将一些变量固定化，增加了人们之间交往行为的可预见性，促使人们在交往中，理解彼此间的"约定俗成"的"语境"，使人们处于不知不觉的习惯性的服从状态，或无可奈何地服从的情境。"社会文化是一个超级复杂的机器，不仅包含一个指挥/控制着逻辑的运用、概念的结合、话语

---

① 鲁品越教授在其专著《资本逻辑与当代现实：经济发展观的哲学沉思》（上海财经大学出版社2006年3月版）第268页指出，社会隐秩序指的是社会成员之间通过反复试错式的互动过程，逐步淘汰在特定社会条件下的那些不利于生存与发展的行为，保留那些有利于生存与发展的行为，逐步积淀而成的社会的习惯性行为结构的总体。

秩序的深层组织内核（范式），而且包含一些模式、图式、策略性原则、认识规则、思想预构建、学说的构造。在现代文化中，极其多样的认识原则、规则和方法（理性主义、经验主义、神秘主义、诗歌、宗教等）并列在一起，相互交错，相互对立、相互补充"①。

一、深层的文化伦理力量

人们在不同的环境中生活，产生了不同的语言，并以不同的经验和不同的心理模型等非正式约束制约着群体的内在结构，并通过风俗、禁忌和神话的形式解释周围的世界，从而生成不同的文化——不记名的、非个人的、跨越时间和空间的交流，"文化和社会处在相互生成之中。文化本身包含着以社会记忆的形式积累下来的集体知识，社会本身带有一些认识原则、模式和图式，社会生成一种世界观，语言和神话是文化的构成因素，那文化就不仅具有认识的维度，而且也是进行认识实践的认识机器"②。

虽然具体的生活条件和个性的差异铸就了个人活动方式的千变万化，但生活于同一文化区的人们遵循着同样的伦理秩序——规定许可或是不许可的范围和界限，而且伦理秩序的核心成分——价值观浸透在人们的行为方式中。因而理解了个人生活方式，在某种程度上也就了解该社会的文化。"文化印记使我们只能看到它让我们看到的东西，而看不到任何别的东西。即使在禁忌的力量被削弱的时候，文化印记也仍然决定着我们的选择性疏忽和淘汰性压抑．选择性疏忽使我们忽略一切不符合我们信仰的东西，淘汰性压抑使我们拒绝一切不符合我们信念的信息或一切被认为来源错误的反对意见"③。人的价值观塑造是一个动态的过程，是个体在适应外部环境与满足自身需要之间不断思考、提炼、整合与选择的过程。"渗透到群体意识中去，渗透到他们的习惯中去，渗透到他们的生活常规中去"，化为一种坚定的信念。

在实践中所生成的关于周围的人和物的社会地位与价值的评价体系，体现着人们的基本价值观念——对自己和他人的社会角色进行认定和行为的价值评估，进而把自己的内心价值体系投射到外部世界的人与物身上，给客观存在的

① 埃德加·莫兰：《方法：思想观念——生境、生命、习性与组织》，秦海鹰译，北京大学出版社，2002 年，第 10 页。

② 埃德加·莫兰：《方法：思想观念——生境、生命、习性与组织》，秦海鹰译，北京大学出版社，2002 年，第 7~8 页。

③ 埃德加·莫兰：《方法：思想观念——生境、生命、习性与组织》，秦海鹰译，北京大学出版社，2002 年，第 18 页。

144

事物赋予各种价值等，成为生命的意义之所系，甚至成为比生命本身还要重要的东西。人们一旦生成或接受某种价值观念，用不着再用强权去强迫，人们便自愿按照这观念去行动。它使人类有限的智慧在沿着事物的表面连续前进的过程中，在前面照亮道路和引导人类前进，用未来的吸引力取代过去的推动力。如信奉地球上的生物是相互依存、相互制约的，因而每一个部分都应该为整体的最大利益而和谐地组织在一起；这将产生可持续发展的强大的内在动力。一旦自身脱离周围而自居其上，认为其他生物都是为自己而创造，到头来自己也将为它物所创造。正如康德把先验的行为原则作为实践理性的来源，"按照那样一个准则去行动，凭借这个准则，你同时能够要它成为普遍规律"①。在一定意义上，价值观成为资源创造与分配的元指挥棒。

由价值观转化而来的社会惯性力量是伦理力量的重要组成部分。价值观念的灌输与内化，使主体不知不觉地形成了某种行为习惯，进而成为主体理所当然的行为方式。如果主体认可他们各自的作用、他们相互之间和处境的类别、交往中什么应被包含和排除的框架以及他们了解每个人被期望去做什么事情，他们就有可能投入资源来维持这种互动。当主体囿于这种强大的行为习惯之中，不知道可以采取其他行为方式，即使知道，也认为那些行为方式不可思议，便自发地用这类习惯性行为进行互动——君臣、父子，如此之类，产生出习惯性的社会秩序。还由于价值观念所形成的社会评价定式——社会舆论压力，对人的行为的强制是无形的，它的力量往往远远超过有形的权力强制。一旦触犯这种价值观念及其习惯行为，这种力量会使当事者面临着被全社会孤立和指责的压力，甚至无法生存下去。另外，就可知能力的所有问题而达成的共识本身就是一个正面的强化器，能激发正面情感的能量，强化这一社会伦理秩序。若共识达不成，将最终导致秩序的解体。

由社会价值观念形成的上述无形的文化力量，是历史上客观物质力量的转化形式。它与当代现实的客观物质力量一起，支配着人们的行为。马克思恩格斯明确指出，"每个个人和每一代所遇到的现成的东西：生产力、资金和社会交往形式的总和，是哲学家们想象为'实体'和'人的本质'的东西的现实基础，是他们神话了的并与之作斗争的东西的现实基础"②。否认与忽视文化环境的存在和它对人们心理结构的巨大的塑造作用，既违背历史，也无法解释

---

① 康德：《道德形而上学》，苗力田译，上海人民出版社，2005年，第39页。
② 《马克思恩格斯选集》第1卷，人民出版社，1995年，第92～93页。

今天的现实。

当人们遵循伦理秩序来争夺有限资源之时，会逐渐生成某种相对稳定的资源配置习惯法则。即便生产力水平和市场法则相同，在规范人们资源利用行为的过程中，也会显示出各民族的独特的伦理法则。哈耶克认为，人的行为既具有遵循某种行为规则的特征，又受着他自己所持有的观念的引导。行为规则主要是对人的行为施加禁令和约束，为每个人划出自由行动的范围，至于在这个范围内朝何处努力，则受到观念的引导，并将引导人们去改造同其观念不符的行为规则。诺思指出，即使两个社会面临相同的相对价格变动并且建立起大致相同的初始制度，但在随后的变迁过程中，会因文化传统和价值观上的差别而走上不同的道路，演化出相距甚远的制度安排。美国学者格雷夫相信，某种文化信念一旦形成，并为该社会每个人所知，则在社会成员之间的博弈中具有自我实施的特点——决定了每个人的最优战略选择，进而决定该社会的组织方式和制度选择。所以，理解目前中国进行的社会主义市场经济建设中出现的问题，在于其发展过程中形成的独特的文化环境以及由此造就的独特的国民心理结构——重视以血缘关系为基础的人伦关系的社会"隐秩序"，仍然是人们处理人与人关系的基本手段。

非盈利、非政府组织——连接于种种政策群体以及按功能或问题而形成的群体，通过各方之间的谈判与互动，实现自我约束与发展。"分化了的机构序列或功能系统（如经济、政治、法律、科学、或教育等）的协调，而每个序列或系统都有自己复杂的运行逻辑，以至于不可能从系统以外对其发展进行有效的全面控制。在这些系统之间，不仅以货币、法律或知识等交流符号媒体为中介，而且还借助系统之间的直接沟通，以求消除各个系统之间的摩擦，谈判协商，协调合作"①。这种协商与互动的约束力量归根到底是建立在共同利益基础上的文化伦理秩序。该方式在社会结构中逐渐增长，"行为者和机构把它们的资源、技能和目标混合起来，成为一个长期的联合体"，以作为对"无政府而有管理"这样一种要求的反应②。有些事务，使政治权力难以有精力维护每一次强制的结果，社会公众也会对政府的权力强制产生麻痹感，甚至反感，导致"令不行，禁不止"的政府失灵现象。而由非政府组织来替代，由民间

---

① 鲍勃·杰索普：《治理的兴起及其失败的风险：以经济发展为例的论述》，《国际社会科学杂志》中文版，1999 年第 2 期。

② 格里·斯托克：《作为治理的治理：五个论点》，《国际社会科学杂志》中文版，1999 年第 2 期。

社会进行一定范围内的自治与自我约束，则可能产生事半功倍的效果。

二、文化伦理力量的演变

人在自然中处于何种地位，其他万物与人之间是何种关系，人与人之间是何关系，一直是人类追寻的深层问题，也是关乎人类命运的生存问题。在一定意义上，人类的历史就是对这些问题不断回答、进而又推翻又回答的历史。

文化伦理一经生成，便具有相对独立性。然而，随着人们的物质生活状况的改变，它也不断增添新鲜血液或对原有的内容作些修正。"我们的出发点是从事实际活动的人，而且从他们的现实生活过程中还可以描绘出这一生活过程在意识形态上的反射和反响的发展。甚至人们头脑中模糊的幻象也是他们的可以通过经验来确认的、与物质前提相联系的物质生活过程的必然升华物。因此，道德、宗教、形而上学和其他意识形态，以及与他们相适应的意识形式便不再保留独立性的外观了。他们没有历史，没有发展；而发展着自己的物质生产和物质交往的人们，在改变自己的这个现实的同时也改变着自己的思维和思维的产物"①。也就是，随着实践的深入，人们也在不断地改变对世界、对自身的看法。

最初的人类，血缘关系是基本甚至是全部的社会关系，血缘群体就是社会本身。此时的经济活动意味着生存就是全部，生存逻辑是压倒一切的，人类为了生存才从事实践。同时，以自身状况观照身居其中的自然界，认为自然界是一个不仅有生命的、有心灵的运动不息从而崇尚活力有秩序和有规则的世界。它把秩序先加于自身再加于从属于它的所有事物，即首要的是自身的躯体，随后是躯体的环境。因而，人们的一切活动都处在神的把握之中，进而人类崇尚自然的神奇与伟大，渴求与自然融为一体。

文艺复兴伊始，人摆脱自然神论，逐步确立人的主导地位。在这一过程中，人们形成了两种不同的价值判断标准：道义论和功利论。道义论表明，判断一种行为本身是否合理的一个普遍标准是，这个行为本身是否包含有可普遍化和把行为对象当作目的本身来尊重的成分，即强调行为本身的善性和普遍性。功利主义则根据行为或决策所带来的需要的满足的多少来决定是否采取或接受该行为或决策，具体又分为帕累托福利最大化准则与卡尔多福利原则。帕累托福利最大化准则提出了以不损害其他部门利益的资源配置改进可以带来

---

① 《马克思恩格斯选集》第 1 卷，人民出版社，1995 年，第 73 页。

本部门的利益作为效率提高的原则，不损害他人利益便不能改进本部门利益为止；卡尔多福利原则优先将公平作为效率的附属物，可以在起点上牺牲公平，但这种牺牲不是用来保证一部分人的利益，而是用来保证社会整体发展的条件。只要在人们能够容忍的不公平限度内，或者能够在适合的时间内实现不公平的补偿，就容许在社会进步中的局部个人利益的牺牲。例如，如果某些部门利益减少，但对经济整体利益来说，是增加的；如果先富者能够带动社会整体富裕，就形成了社会整体富裕机制。

这两种伦理价值观把人种的形象设定为：人类处于万物的中心，一个只关心自己的存在物；进而把人的存在维度和意义空间完全压缩和控制在人际关系范围内。由此带来的，不是理性主义和逻辑主义泛化：使人屏蔽了自然的真实和自我的本质，就是无视生态平衡，使技术圈和生物圈对抗，只要能实现自己的目的可以不择手段，导致人类在不觉之中为技术而技术，颠倒和混淆了人与技术的因果关系。换言之，技术主义是对手段的迷恋和对使用价值的遗忘，直接导致了发展的"资源危机"。人类"做"的越来越多，而"想"的却越来越少：探索科学和技术的大脑越来越复杂，而思考资源和伦理的大脑却越来越简单。"能够做"的，就是"应当做"的，这就等于把人的行为是否对人类的生存和可持续发展真的有好处的伦理问题，完全置于视野之外。

当这种标准内化为现代性社会发展模式的深层理念，加上人类的无知、缺乏远见和愚蠢等，使社会的伦理价值体系僵化，使人类文化创造资源的潜能被忽视，使社会发展模式畸形、失调。只从人类（物质）利益的角度对待自然的做法，把人类与自然的丰富、多面的关系，当做一种单面的贫乏的关系，贬低了人与自然的关系。由此，人类凭借着一种求生的本能和盲目追求、挥霍物质财富的无限欲望，不顾后果地向自然界索取物质财富，以资源为代价换取自己的每一点"进步"。随着时间的推移，加速了自然资源的消耗和加快了人类危机的进程。地狱与天堂的界限在我们这一代人的眼中变得越来越模糊：把无止境地追求对自然界的掠夺和对自然资源的挥霍叫做"文明"、"进步"、"生活水平提高"，而没有看到这正是把人类推向悬崖峭壁的罪恶之手。

面对理论的困惑与实践的困境，人们不得不反思目前的生存方式。过去积累的经验不一定适合解决人们面临的新问题。简单的、停滞的社会信仰和制度更不能解决新的复杂的社会问题。已有的资源利用总是有利于拥有社会地位的人，因为他们能从惯例决定中获益。人类要摆脱当下的生存困境，必须从狭隘的伦理律条中走出来，把人的行为准则和道德规范从人与人的社会关系领域扩展到人与自然关系领域，克服功利主义和极端个人主义伦理观念的局限性。生态伦理与发展伦理应运而生。

生态伦理的生成，与其说是对古代自然有机体论的追求平等、关怀弱者的回归，不如说对其超越；与其说对功利主义的否定，不如说是对其发展。因为生态是包括人在内的生物与环境、生命个体与整体间的一种相互作用关系，是人类生存、发展、繁衍、进化所依存的各种必要条件和主客体间相互作用的关系的总和。从伦理层面看生态，它强调世间万事万物是联结在一起的有机整体，人的生存与其他物种的生存状况密切相关，其他物种的存在状态关乎人类的生存质量，生命和环境关系间呈现出一种整体、协同、循环的自组织状态。它克服现代性的机械观和二元论方法，主张内在关系不仅是物理单位的基本特征，而且是生命体的基本特征。然而，在现实世界中，生态伦理把自然与人放在同等地位，无助于人类面临问题的解决。其一，没有明白人在世界中的特殊地位，虽然人来自自然，长于自然，但无论如何都不可能与其他生物平等，这是一个不证自明的前提；追求与自然万物平等，无异于是让人类回到原初状态，或为人类设置一个乌托邦。实质上，人对自然状态的追求在于营造一个有利于自身生存、发展的空间，这并不非得与其他生物平等才能达到。其二，没有明白人与人的关系对人与自然关系的影响。当今的生态问题的根源来自人自身，人与自然的关系是人与人关系的反映和缩影，是人对人的剥削强化着人对自然的征服。当人与人出现和谐、平等的关系时，人与自然地关系也就和谐；当然，人对自然的统治又影响着人与人之间真正平等关系的建立。

发展伦理是关于人的发展、完善的文化伦理，建立在人的生存论基础上，规范人"应当"如何对待自然作为问题的一部分。它从人的主体视角出发，充分认识自然以及生态系统的价值，把握人与自然的共生共荣关系，尊重生命、爱护生命，尊重自然、爱护自然，建立符合自然生态规律的价值取向，是对发展本身进行评价和规范。它不仅是对传统伦理的继承与超越，也是对生态伦理的进一步深化。它继承传统伦理学所要解决个人之间的权利和义务关系。传统伦理是对个人行为做出善与恶、应当与不应当的评价、区分和规范，目的是保证社会整体的有序运行；在人与自然的关系问题上，则体现为"能够做的就是应当做的"的伦理原则。生态伦理旨在弥补传统伦理的不足，将传统伦理规范延伸至人与自然的关系，也是关于人的生存的伦理要求。发展伦理强调生态重要，只在于生态为人类生存发展提供前提条件。因而，它与环境伦理等有着千丝万缕的联系。简言之，当代在反思和批判生态危机时，我们要做的事情是不能止于非此即彼的结论式探究，而是要思考在总体上确定人的完整形象，更加有利于人的发展。

三、文化伦理的生成论分析

如果说，市场功效所付的代价是市场不及和市场超越了自身的有效范畴；政府履行职能的代价在于其无法得到完全信息和它的自身利益的扩张等因素。文化伦理则在维持、节约资源，维护人类整体和长远利益方面也需要成本。

伦理秩序的形成与维护需要代价。这种代价一是被用来表达恰当尊重和行为礼节的情感付出，而且花费在这类礼仪上的精力越多，那在其他活动上的投入就越少；当这种表达的情感心态本身成为一种可消费的公共产品时，以和谐、团结、正面情感的内在报酬变得比任何外在报酬如货币更为重要时，人们就会投入更多的精力。如果产生的情感与它们被包含在其中更为包容性的组织目标一致，这种以情感维系和得以延续的交往的巨大收益就在于降低了正规的监督和惩罚成本。相反，一旦被严重破坏，就会增加负外部性。二是追求平等必然迫使个体花费一些时间做一些与他们工作看似无关的事情。不平等制造了冲突，使平稳的互动遇到困难，冲突一旦被激起，会耗费人们的时间与精力，甚至生活费用等。

对于已存在于主体内部的旧有的思维方式、各种观点、原则，改变他们是不易的。因为主体的思维方式受到社会存在与社会意识的双重制约和规定。在长达300年之久的时间里，西方科学家把整个世界描绘成一个巨大的机器。在这个机器里，任何可以知道的起因，都会产生可以预知的后果。如，由第一推动力推动的宇宙，一旦动作起来，就事先把所有后续的动作都设好了，即条件决定了其结果，即使有人为干预，也只不过或多或少影响进程，对最终的结果是无法改变的。如果让现代的复杂性科学强硬地取代决定论的科学形态成为社会的主导形态，即一种科学"范式"代替另一种科学"范式"，其需要的代价高得惊人。同理，在工业化和城市化也就是社会成员市民化的过程中，从与世隔绝的村镇向大都市区域大规模移民，移民者很难很快融入都市核心文化伦理中。因为他们原有的价值观念传统和历史积淀很深，同化的难度很大，而且其成效取决于所迁移成员自身的状况和新制度对旧制度的相容程度，必然将使社会管理和社会福利消耗本来用作投资经济发展的物质资本。

我们所处的文化内在地承认文化伦理自身的独立，在顺应改变的同时，保持对某些价值的密切关注，当这些价值面临消失时出来坚守它。社会生活中常常遭遇这样的两难困境：即不得不保留相互对抗的价值，进而在两者之间作出取舍。因为其中任何一种价值从长远来说又不应当舍弃。这种变化模式是通行的惯例，这种策略的存在意味着承认社会在尝试着去保存那些对社会必不可少的却又相互冲突的标准。例如，对于某些稀缺资源的分配存在赤裸裸的标准冲突：一方面是社会据以决定分配的受益者的价值标准，即划定了稀缺的边界；另一方面则许以人们幸福生活的人道主义的道德价值标准。其中对某项正当性的维护总是陷于更深的不义，在难以忍受却又不可避免的暴力运用中，命运对抗着命运。以人与自然关系为例，人们对自然界加强统治会加强我们作为自然界的奴隶的身份的，从这个世界取出的愈多，给它留下的就愈少。到最后，人们就得还债，非常不利于生存，自己成为技术改进的奴隶。文明也是一种损失，只有通过压抑才能获得。简言之，人类是在矛盾的不可避免性、无法消除的张力和模棱两可及不稳定中的彼此对立扩展自身的生存与发展空间。

在一个分化的社会中，不同层次、集团的人们会有不同的价值追求，若以其中某一个为标准，不一定能够实现社会整体利益的最大化。从区间看，富裕的人们较多考虑营造文化精神方面的生活，而其他地区还努力从自然界获得更多的物质财富。这样，把各自所追求的目标差异，协调为统一的社会整体利益，有时导致生态系统的约束力并不能使社会总资源的使用价值最大化。例如，在当代，如果损害弱者福利，弱者个体不足以纠正这种损害；若对强者，他们可以找到代言人或形成团体；因而，限制对弱者损害，社会的不公正就可以得到抑制，资源能够得到较为充分利用。还有，对代际的不公平和福利的损失的纠正就不会找到动力和根据，代际间的福利损失的估计也存在着技术上的困难。有些利润的创造所造成的损失是不可逆的，让所有人都永远承担；另一些则会在一定时间内发挥作用，还有一些损失在短期内人们还感受不到，但却对长期福利产生影响。当代人的感受与未来人的感受是否存在差别，是否可以用现代人的感受代替未来人的感受，未来对环境治理能力是否十分杰出，当代人并无把握。

第二节　文化伦理在资源创造过程中的积极作用

人们生活的文化环境，是历史上物质生活环境的表现形态。它们对当下人们的社会意识和心理结构的塑造作用，也就是历史上的社会物质存在在起决定作用。在社会大生产中人们形成了相互依存的互补性利益和共同利益，并在此基础上逐步形成了平等互利、守信践约等伦理规范。这些规范所包含的要义不仅在于"怎么做、做什么"，而且在于"为什么去做"，主要解决的是原动力的问题。由此所表现出来的不仅减少交易成本，也促进人们之间的沟通与理解。

一、推动主体健康发展

人的生活世界是人的感性活动的产物，是人有意识、有目的改造客观世界的产物。而"意识在任何时候都只能是被意识到了的存在，而人们的存在就是他们的现实生活过程"①。因而，人与生活世界的关联具有"在内－在外"的性质。"在外"，世界作为人的活动的结果；人依靠世界而生存则是"在内"。在这种意义上，人在属于自己的世界中逗留，认识世界是对感性活动中前来照面的诸事的"静观"；谋划自身生存、生活，是建构自身生存的样式。然而，意识、思维等"内在性"，无非都是来自于而又必须服务于人的"现实生活过程"，是人的存在的基本内容。也就是说，在生活世界中，人类面临三个方面的问题：一是人与环境的矛盾问题，二是社会公正问题——社会和谐问题，三是人的生活意义问题，即人的身心是否和谐。生态问题只是社会问题的外化与表现：只有解决社会问题，才能更好地解决生态问题。而所有这些问题的实质是人的权利和责任的关系问题。根据道德学家麦金太尔的观点②，一种道德体系应包括三个因素：未经教化的人、认识到自身目的后可能成为的人和能够使人从前者向后者转化的道德戒律。道义论与功利主义式的目的论都只探讨了第一和第三个因素，只注重行为规则。如果这些规则不以人的理想状态或完整的人的形象为皈依，那就会失去客观的统一标准。人的理想状态首先在意识中生成。"人类的意图和目的直接影响着自身所感觉到的事物。价值和目的是知识所有范围的守卫者，塑造和影响我们的世界观"③。

意图和目的是创造性的最根本的发动机。从人的生命历程看，创造成为生命的基本组成部分。没有创造，人类就不可能发展。人的发展表现为一个巨大的波浪，从一个中心向四周延伸，当差不多到达圆圈时，就停下来，转变为在原地振荡。此时，只要突破圆圈上的任一个点，创造就能实现。人类的生命史就是记录下来这一创造的过程，创造的源泉首先来自意识自由本身。意识自由

---

① 《马克思恩格斯选集》第 1 卷，人民出版社，1995 年，第 72 页。

② A·麦金太尔：《三种对立的道德探究观》，万俊人等译，中国社会科学出版社，1999 年，第 24～27 页。

③ 维娜·艾利：《知识的进化》，刘民慧等译，珠海出版社，1998 年，第 259 页。

的外在表现是智慧，而智慧是确定性和不确定性的统一。不确定性为创造的存在提供了条件和可能。但是，如果意识不依赖物质，不适应物质，就不能穿过物质、实现创造。即使难以创造，难以捉摸，但毕竟人类能够创造，有这个可能性——"知识是不定形物，是神话中能呈现多种形状的精灵，一直在变化。我们的意图随环境而积极变化的同时，知识在演化。当我们实施我们的意图，而从各个方面影响和改变环境时，知识也在变更和扩张"。况且，知识"是有机的而不是机械的，知识的形状和运动情况依情很多因素……以知识为基础的定位方法则以大不相同的方式看待人。知识的主人成为分析的相关单元——这些单元不可相互替换的，每个人都有独特的知识结构"①。

伦理秩序必须在文化与传统的意义上及其背景中去理解和阐述。历史传统不仅用来调节特定的动作，而且可用来调节行为的全盘策略。这样一种策略反馈可以而且往往表现为从一方面看来是条件反射，而从另一方面看又是学习的那种东西。传统绝不是阻碍社会进步的绊脚石，相反，在很多方面恰恰是现代化赖以生长的土壤和个性发展的源泉。对于处在竞争激烈、变动不居的现代化过程中的人们来说，优秀传统无疑是一笔极其丰富而珍贵的文化遗产。因为如果在心灵的土地上毁掉了精神的植被，而又没有新的精神发芽和生长起来的话，那将是一片光秃秃的、荒芜的心灵，这样一种完全放弃给物欲去开垦的心灵，最终也将造成自然界的巨大灾难，使自然界也变成破败和荒芜的赤地。换言之，现代化如果只有钢筋水泥的现代建筑而没有优秀传统文化的改造和生长，就是"单向度"的、残缺不全的现代化。

还有，随着市场化进程加快，文化元素逐渐成为一种经济要素——"经济文化化"和"文化经济化"。前者指习俗、知识、科技、信息、发展观念、审美、创意、心理等文化要素在现代经济发展中显著扩张，对经济进展的重要性日益凸现甚至起主导性、决定性的作用；后者指在文化发展中不断融入经济因素，文化因素的经济价值充分实现出来，文化成为一种现实的生产力或现实的经济形态，其典型表现就是科技信息产业、休闲娱乐产业和大众传媒产业在现代经济结构中的比重显著提高。

生态文明是一种正在生成和发展的文明范式。它是继工业文明之后，人类文明发展的又一个新阶段。生态文明的有机自然观凸显作为整体之自然的内在价值，强调自然是文明的基础，倡导理性消费与绿色生活方式。这意蕴着生态

①　维娜·艾利：《知识的进化》，刘民慧等译，珠海出版社，1998年，第49页。

文明不仅需要现代公民具备传统公民理论所倡导的守法、宽容、正直、相互尊重、独立、勇敢等美德，还需具备现代公民理论所倡导的正义感、关怀、同情、团结、忠诚、节俭、自省等美德。公民如果不能养成这些美德，生态文明即使能够建立起来，也难以长久地保持下去。在经济发展方式上，生态文明内在要求走循环经济之路，这种经济不是把财富的获取建立在破坏生态系统的基础之上，而是在生态系统的极限之内组织人类的经济活动。在制度保障方面，它强调人类整体利益和基本需要之满足的优先性，科学技术不再是人类征服自然的工具，而是修复生态系统、实现人与自然协调发展的助手。

作为人所拥有的潜能，并不只够他的生存之用。在对人类的整体行为所依赖的已有伦理的反思、评价的基础上，确定完整的人的形象，人的行为的规则才不至于异化为限制人的桎梏。而人的完整形象的确定，不仅需要考虑人的社会生活背景，而且也不能脱离人在大自然中的地位——自然如何对待人类。在传统社会里，人在生存基础上主要是追求属人的方面的卓越——精神或文化方面的卓越，而在对物的关系方面无法着力介意。而在现代社会，人的注意力主要是追求自身对物的卓越，反而在精神文化的事物方面不知如何介意。发展的马克思主义不否认关于人的完美形象的观念，而是把它放在具体的时空范围内，放在由一定的生产力和生产关系所决定的社会背景中来加以理解，把它同创造社会财富的劳动者的自由联系起来，从而为人的完美的实现找到一个切实可行的途径。

人的完美表现为一种精神、一种状态——一种随心所欲而不逾矩的状态，是在人与自然辩证统一的历史过程中逐渐实现的。自文艺复兴和启蒙运动以来的现代意识，是一种"个人本位"的意识形态。在"个人本位"支配下的一切人类行为，为了追求无限膨胀的个人利益的满足而不惜以牺牲人这个"类"的生存利益为代价。而实践表明，要实现人的个体生存的持续性，就必须把人的"类"存在的利益的实现作为生存的最高原则。换言之，只有保持物种的生存，才有绵延不断的个体的生存。这也是发展伦理的内在要求。

发展伦理根据人类的长远利益，采取一种整合的思维方法，进入与生物的相互关系之中，把握事物整体。自然的演化史表明，自然的变化是渐进的而不是循环的；自然由过程组成，自然中任何事物的存在，都可被理解成一个正在进行的特殊过程。现代科学也表明，时空不是无限可分的，它有一个最小的可分量，如果这个可分量再分下去，其部分便不是这个实体的质素了——事物不仅有存在的时间间隔，在过短的时间间隔内便不能存在；而且以适当数量在空间中存在，否则就不是该事物。自然是人类生存与发展的家园，在不使自然恶化的前提下改造自然、服务人类。"人类的经验也向这个星球注入了许多据我们所知其他物种所不能有的经验。人际关系和人类的创造力所特有的享乐的特性具有独一无二的内在价值。我们是自然不可分割的一部分，这一点丝毫不有损于我们已实现的价值的独到之处"①。当代世界经济全球化与文化多元化、本土文化的复兴运动并行不悖。整体、长远的人类利益是环境保护的伦理底线或基线伦理，依据它提出的规范甚至可以用法律来加以强制执行。一般地，不论是人类中心境界、动物权利境界、生物平等境界，还是生态整体境界，人类都是以符合自身生存与发展的标准作为价值尺度，旨在追求多样性过程中保持稳定性，克服单一性所导致的脆弱性。

二、文化伦理节约交易成本

伦理准则并不能通过事先的推理觉察出来，而是通过不断的进化，在不断摸索和尝试中产生。在生活过程中，共同的文化遗产可减少社会上人们心理模型的分歧，并成为两代人之间统一认识的手段，"认识模式和既定真理的延续遵循着文化再生产过程：一种文化在属于这种文化的人当中生产一些认识模式，属于这种文化的人又通过自己的认识模式再生产出这种认识模式的文化。强加给人们的信仰又通过它们所唤起的信仰得到强化"②。

社会中的个人的谨慎、远虑、筹划、改善、独立、进取、骄傲和贪婪等动机的强弱在很大程度上取决于经济社会的体制和组织，取决于种族、教育、成规、宗教和流行的风气所形成的习惯，取决于现在的希望和过去的经验，也取决于资本设备的规模和技术以及现行的财富的分配和已形成的生活水平。例如，节日风俗是人们生存方式、生产力水平、生活质量、生活情趣与价值观的集中表现，是社会状态的一面镜子。随着社会环境等变化，节日风俗的具体方式在发生变化，但它的功能却没有变化。家庭保障机制、血缘归属、乡里认同、朋友互助体系对稳定基层社会，提高民众生存质量，降低生存成本，抵御生产生活风险，增加生活情趣起着至关重要的作用。中华民族过春节是对家庭、家族、亲戚、邻里、朋友等互助自治体系的年度维护、修复、提升和加强，其中包含沟通思想、交流感情、感恩回报等精神意义。在这一过程中，也

---

① 于文秀：《生态文明时代的文化精神》，《光明日报》2006 年 11 月 27 日。
② 埃德加·莫兰：《方法：思想观念——生境、生命、习性与组织》，秦海鹰译，北京大学出版社，2002 年，第 19~20 页。

可以用高质量的知识和技能武装年轻人，改造中年人使他们面对现实，过上内心充实，更富有创造力的生活。另外，文化伦理在信息和通讯技术的帮助下，有助于人们在大范围内寻找相同利益的人，便于交流，提醒居民面临的威胁或机遇以及其他与共同生活相关的事项；也使许多专业化的利益集团参与共同的经济、政治与社会生活，提高生活质量。简言之，凡是衡量费用很高的地方，作为共有资源的文化伦理作用便显现出来。

从历史上看，西方在数百年文化积淀中，形成了深厚的市场伦理底蕴，通过规则、程序和先例建立起来的社会网络和诚信的社会规范，成为社会的普遍准则和主流文化。以信任为例，它是减少不确定性和增加可预测性的一种机制，如果一个团体成员之间高程度相互信赖，那么它能比缺乏这些资本的相应团体取得更大的成就：有助于降低交易成本，寻找到合适的买方和卖方；有助于协商签订合约、遵守政府管制，并且在出现争执和违约的情况下，能够较好地履行合约。当出现技术或其他因素变化使得现在的组织形式过时，信任度高的社会更有能力实施有效的组织保障。如果信任仅仅存在于家庭之中，那市场供给就十分有限，从而制约了企业的发展规模。"信任……不是取决于天生的危险，而是取决于风险。然而，风险只是作为决定和行动的一个组成部分出现的，自己不会单独存在。如果你取消了行动，你就不冒风险。信任是对产生风险的外部条件的一种纯粹的内心估价。虽然，可能显而易见，做一件有风险的事情是值得的，甚至不可避免（例如，去看医生而不是只忍受痛苦），然而，它依然是个人自己的选择，或者当一个情景被定义为信任的情景时，似乎是这样。换言之，信任是基于风险和行动之间的循环关系的，两者在需求上是互补的。行动把与某一特定风险有关的自身定义为外部的（未来的）概率性，虽然同时风险是行动中固有的和只有行动者选择惹起不幸后果的机会和选择信任时才存在。风险同时出没于行动：它是一种行动参照自身的方式，是一种构想行动的矛盾的方式，并且这样说应该是恰当的，正像符号代表了熟悉和不熟悉间的差别再进入到熟悉的领域一样，风险也代表了可控与不可控的事物间的差别再进入到可控的领域。"[1]

个人和非个人信用是以不同的方式发展的。个人信用表现为网络中个人在复杂的友好交易中建立的相互责任，其实现的过程需要大量的社会交往，一般

---

① 卢曼：《熟悉、信赖、信任：问题与替代选择》，载郑也夫编：《信任：合作关系的建立与破坏》，中国城市出版社，2003年，第124页。

是以小的交流开始，相互考察对方，在获得信任之后进行大宗交易。非个人信用在有明确的规章制度的机构中进行，并且非个人信用与决策过程有关。西欧国家与日本在经济发展中产生的一大批具有悠久历史、其实力足可影响国家命运甚至全球经济的企业和一大批具有旺盛创造力的中小型企业群，无不体现其背后的个人信用和非个人信用的统一。美国斯坦福大学教授詹姆斯在所著《基业长青》一书中，列举了18家卓越公司的核心理念，这些公司没有一家将利润或利润最大化作为核心理念。迪斯尼的思维是"带给千百万人快乐，并且歌颂培育传播健全的美国价值观"；摩托罗拉公司存在的目的是"以公平的价格向顾客提供品质优异的产品和服务，光荣地服务于社会"；通用电气是"以科技及创新改善生活品质"。另外，我们中华老字号如全聚德、同仁堂、苏杭丝绸等企业，都是靠诚信至上而长盛不衰。与此相反，一些发展中国家或地区，虽有西方的科技和一整套照搬的市场经济模式，但背后没有支撑的文化伦理力量，即使取得短期的成功，却要为长期发展付出沉重的代价。

个人理性是发生在人类与自己几乎完全无知的世界的交界面上的知识，是人类对付巨大的未知世界的一种尝试性"工具"、一种"抽象思想的能力"，是引导个人在一个无力充分理解的复杂环境中行动，并使他能够把复杂现象梳理成一系列可把握的规则，来引导他的决策。然而，人们在行为中能够可靠地予以考虑的单一性规范的数量难以无限制地逐一排列；又不可能事先对所有相关的行为情景确定准确的规范，也不希望对所有相关的行为情景事先确定准确的规范（因为这代价将是高昂的）；但又希望不让行为者本人完全随心所欲地选择，这有赖于文化伦理中价值观念的引导。人们追求的利益只是个人所理解的利益，能够激励他们行为的也只是他们所接触的事物，人们能够理解的事物只是生活世界中在狭窄圈子内发生的事件。处于此环境中的个人，所能产生和利用的知识，只是以分散的、不完全的经验、习惯等，是在日常生活过程中，与特定环境相调适而生成的，虽为个人理性所不及，但却往往是人类行动遵循的基本规则。诺斯指出，"约束性的最大化模型因限于规章及其实施的制约，留下了一个只能通过调节伦理道德准则的力量来缩小的很大差距的后遗症，伦理道德准则决定着个人作为白搭车者从事活动所需要的费用"；以及"资源配置通过政治和司法程序来进行，便为思想信念支配决策过程提供大量的机会；使得意识形态在一定场合得以成为决定性的因素，这些场合便是思想信念的成本很小或可以忽略。强有力的思想信念可以并经常使决策者作出与已形成的利益集团压力相违背的决定"①。

当代人类的困境使文化伦理资源摆到了首位，但文化之树是否成为生命之树取决于我们在意识到自己的行为之后，是否能够充分弥补因明确的选择而付出的代价。"就知识的最基本意义而言，它是前理论的，个人的日常行为受一组习惯、准则、行为规范所支配。这些最初得自于家庭，而后得自于教育过程和教会一类其他制度。意识形态是使个人和集团行为范式合乎理性的智力成果……是一种节省的方法，个人用它来与外部协调，并靠它提供一种世界观，使决策过程简化"②。发展不能偏重选择消耗物质资源的大企业和资本密集型产业，而应该侧重利用丰富的劳动力资源以及满足绝大多数的人们所需要的相关产业。这样，在节约物质资源和充分利用劳动力资源的同时，改变资本分配能力强和劳动分配能力弱的局面，使劳动者各尽所能，谋其生活，得其收入，进而获得必要的发展。

在中国社会主义市场经济建设中，如能坚持民族的一些优秀伦理道德，如自力更生、勤俭自强、友善邻里、同情弱者、助人为乐等，则可以补充政治权力的不足，进而极大地推动生产力的发展和抑制或缩小贫富差距，实现资源创造。

三、促进代内、代际公平

文化伦理不是静止凝滞的，而是不断生成流变、不断自我超越、不断增加知识含量的。传统的意义是在理解者和原作的双方面对话、双向交流中产生的。从知识及其应用中所生发出来的力量、由知识力量的物化与传统化而形成的物质实践力量，以及以知识为基础的社会生产力和制度创新能力，会大大优化和强化人的素质与能力，改变人的活动方式与社会的生存状况。知识不断以自己的力量让精神观念转化为物质实践力量，让理想和现实的距离越来越小，并世代延续地改变着人类世界的面貌，促进人类文明的进步。

代内公平包括两个方面的内容：一是一国家或地区内同代人之间的横向公平；二是国家与国家之间的横向公平。实现代内公平有助于社会稳定，有助于最大限度地调动社会成员的积极性和创造性。但代内公平实现的程度取决于人类的实践水平，每一个时代都有与它相适应的公平理念及其表现形式。中国传

① 道格拉斯·C·诺思：《经济史上的结构和变革》，厉以平译，商务印书馆，2005 年，第 65、66 页。

② 道格拉斯·C·诺思：《经济史上的结构和变革》，厉以平译，商务印书馆，2005 年，第 57 页。

统文化中的己所不欲，勿施于人（《论语·卫灵公》）；己欲立而立人，己欲达而达人（《论语·雍也》）；君子成人之美，不成人之恶（《论语·颜渊》）；先天下之忧而忧，后天下之乐而乐（范仲淹）等等，即对人、对事、对世界都要"感同身受"，怀一颗"恻隐之心"，看到别人遭受痛苦和不幸的时候，自己也会感到难过，并尽可能通过自己的行动为别人增加一些快乐和幸福，有助于代内公平的实现。腐败行为极易导致社会不公，若能使腐败行为者感受要支付巨大的道德成本，如伪装行为所带来的精神压力与心理疲劳、随时可能被发现而受到法律惩罚的心理恐惧，以及腐败行为被发现后带来的声誉受损等，则会极大地减少腐败行为的发生。

代际公平就是资源在代际间配置的公平，反映的是当代人与后代人之间在权利分配方面的一种关系。由于代际间的讨价还价能力不对等，后代人没有与当代人进行讨价还价的资格，因而能否实现代际公平就只有靠当代人选择了。中国传统文化中的"生育文化"，重视生殖繁衍，重视家庭和宗族的价值。人类个体的生命是短暂的、渺小的，但每个人都是家族延续之链上的一个环节，通过永不断裂的代代相传、环环相扣，家族的血脉就像长河一般永恒流淌。列祖列宗就在子子孙孙的血液里、在永不断续的祭祀中获得了永恒的生命和价值。建立在这一基础之上的伦理道德，若能得到很好地改造，有助于代际间问题的解决。

虽然人们具有急功近利的、狭隘的、唯我为中心的特性，但人们也具有自我克制的能力。这个能力来自文化伦理的孕育。伦理不是以利润最大化而是以社会福利最大化进行决策，所以社会能做的和实际做的之间存在差距。新教徒认为，他们履行"天职"创造财富，并不是为了享受和挥霍，而是为了证实上帝对自己的恩宠。因为俗世的一切都是上帝荣耀的见证，如果自己创造和积累的财富越多，就越为上帝增加了荣耀，就越能证明上帝对自己的恩宠。他们只是上帝在俗世的"财富看护人"，代替上帝履行管理和看护这些财富的责任。为了表达自己对上帝的忠诚，他们杜绝享乐，甚至严格禁欲。

市场在配置资源时受价格和竞争机制调节，对于生产的成果，依靠价格机制来分配资源很容易导向消费者主权，从而在代际间表现为对当代人的过多关注。然而，在文化伦理约束与激励下，不合理的欲望和要求受到抑制，那些有可能以整个社会利益为代价的、存在着极大的效率损失的做法因担心自己的美德受损而望而却步，由此会给未来更加充足的机会。政治权力为其存在的合法性必然考虑其经济发展的质与量，这在一定程度上代表着社会福利和社会公正，也会制定某些政策为未来留下资源。虽然当代人消耗多少资源和留给后代多少资源才是公平的，未来的科技又能在多大程度上满足人类的需求以及当代人的一切活动能给后代带来何等的影响等等，对当代人而言无疑要比起跑在枪响之前需要更多的智慧，只能留给后代人回答。

发展伦理关注现实的人类状况，不仅在于生存，更是在此基础上的发展。它不仅是一种反思和批判的方式把人们从种种束缚中超越出来，促进人不断发展的"解放性力量"的生成——唤醒社会成员的批判、创新和开拓精神，激励他们超越现在的狭隘视野去思考社会发展的前途和命运，以防止社会在无人质疑之中走向停滞和僵化；还是一种激励人们创造未来的"前导性力量"，促使他们超越现存世界的限制，去思索未来发展的种种可能性，进而创造另一种可能生活——使他们永葆生气勃勃的求真意识、追善意识，为其自由创造提供更为广阔的空间。此时，知足常乐，集体分享有限的资源；对异质文化的融合与同化，呈现出一种和谐状态。

在现实生活世界中，发展伦理以肯定和否定两方面规范体现出来。从肯定方面看，具有文化亲缘关系的国家在经济上和政治上的合作远比那些超越文化的国际组织成功。面对全球的气候变暖、环境恶化，在各国纷纷自发成立民间环保组织、绿色组织并积极开展各种活动；当一个国家或地区遇到自然的或人为的灾难，其他国家和地区的政府、非政府组织、国际红十字协会和个人无偿提供援助和大量捐款。尤其在中国，在社会主义制度下，应大力建设和发展社会公益事业。据统计，我国非营利组织每年筹集的资源有 50 亿人民币，其中大部分来源于国际组织，而国内社会公益资源投入，仅为国民收入总额的0.1%，而在发达国家一般都在8%到10%。这主要在于整个社会的公益意识，尤其是先富人群的公民意识和社会责任感还有待提高，以及与此相关的推动责任感的公益捐助的税收政策优惠不够和 NGO 组织因为管理水低。社会要为 NGO 特别是公益慈善组织的发育创造良好的社会氛围，而 NGO 组织自身也应该研究落实群体的问题与需求，设计与之相应的援助项目，有针对性地缓解贫困人口的疾苦，特别是让捐赠者放心，给捐赠者必要的回报。

在一般情况下，具有社会责任感的人身上往往体现出文化伦理的巨大力量。霍英东和邵逸夫两位先生提供了范例。霍英东以他的名字命名的基金会一直以捐献和非牟利投资形式，策划了数以百计的项目，尤其是在推动各地教育、医疗卫生，体育、科学与文化艺术、山区扶贫、干部培训等方面做了难以胜数的工作。据香港媒体报道，过去数十年来，霍英东用作慈善的捐款超过一百五十亿元。邵逸夫捐助超过数以十亿计款项，为香港和内地建设教育、医疗设施等。以他名字命名的"邵逸夫奖"，每年选出世界上在数学、医学及天文学三方面有成就的科学家，颁授一百万美元奖金以作表扬。

从否定功能看，对发达国家以其技术优势在发展中国家继续以夕阳工业模式制造污染，并以奢侈的生活方式和对利润无止境的追求，迅速消耗着地球上稀缺的资源的行为纷纷进行谴责；对发展中国家在贫困落后、技术、资金缺乏的情况下，迫于不平等贸易和人口膨胀的双重压力，以粗放型的发展模式破坏着资源和生态环境的做法理解的同时也不忘批评，以求得必需的生活资源应当而且必须首先得到满足，而非生活必需资源则在国家调控下由市场调节，进而在全球范围内实现资源共享，尽可能地缩小发达国家和发展中国家的差距，把它控制在有利于发展生产力的限度内，已成为有识之士的共同理念。

总之，文化（尤其是发展）伦理在维持人类生存的基础上要求进一步丰富人的自身，其内在涵义必然不能为了眼前的、暂时的利益而破坏未来的发展根基。人类对自身及其生存环境有了深入认识之后，自觉不自觉为后代人留下生存、发展的空间，由此形成无穷无尽的生命力、凝聚力和创造力。即使在地理环境和自然资源方面处在不利的位置，即使在现代化进程中起步比较晚，但在发展伦理的引导下，在市场的激励下，在政治权力规约下利用科技造就的后发优势，使资源得以生成和有序运行。随着经济全球化和信息网络的无边界扩张，许多公共服务超越市场、超越政府，靠非政府公共机构等社会力量寻求人类更大的生存和发展空间将逐渐成为不可忽视的渠道。

第三节 文化伦理在资源创造过程中的消极作用

文化伦理在塑造人之为人，使得人类得以延续下去方面具有天然的功能。然而，文化伦理既是先人留给后人的财富，也是后人沉重的包袱；既是统一的力量，又是分裂的力量。也就是，人们既被文化所统一，又被意识形态所分离。文化的共性和差异性影响了国家的对抗和联合。尤其在当代资本力量所带来的伦理文化给人类心灵的洗涤以及与积淀深厚的具有原教旨主义色彩的文化之间的冲突不止于资源的一般损耗。

一、伦理冲突中的资源损耗

人类某些制度之所以存在，并非其有效或者适应环境，而只是在产生之初，它们挤掉了其他选择。随着时间的推移，当初随意性的细小差别可能会扩大为非常大的差别。在一些传统社会里，把计件率定得较高，就意味着农民会提前收工——希望挣到的东西只要够勉强度日就行①。由于社会结构的变迁，人们的交往、交易不断从"熟人社会"延伸至"公共场域"，但公共场所缺少相应的诚信伦理的约束，导致失信行为增多；加之全社会的商品化和功利心态的引导，在转型期不规范的市场经济条件下，"经济人"的理性也会刺激公共场所大量失信行为的发生。

同时，由于市场广泛存在的不确定性，主体在进行交易的过程中不得不支付交易成本，并且还要面对由于信息不对称所可能产生的欺诈、隐蔽行动、逆向选择等道德风险问题，道德风险的存在反过来大大增加交易成本。另外，伦理文化具有滞后性，对新的利益不能有效的保障，新的伦理的萌发所引起的冲突会使经济运行缺乏共同信念的保障，交易成本进一步上升。非个人市场的交易过程提倡各种不同的观念，转过来引起了思想的差异和冲突。由范式、官方的信任、占优势的学说、既定的真理等结合在一起的命令/禁止力量决定着认识的套话、未经考察的因袭观念、未受质疑的愚蠢信仰、无可辩驳的荒谬性、以明证的名义对明证的否决等力量在所有的地方都造成了认识的保守主义和智力保守主义的一统天下②。

职业专业化和分工的结果，突破了构成全体一致思想结构的交往和个人联系，并且产生了各种不同的价值观念。一个社会的专业化和分工越大，与交易有关的衡量成本便越大，发明有效伦理道德准则的成本也就越大。两难境地可能出现在各个单独的人之间，也可能发生在某个集体中，它能够阻止两个潜在的交换伙伴进行互利合作，也能够阻止提供群体所有成员一致渴望的急需的公共品。"看不见的手"无法确保个人恶习与公共利益之间的和谐，公共目标即使在每个参与者都对其实现抱有根本愿望并且在明智思考的基础上，作出决定时也无法完全实现。在一种令人不满的情形中，一种分配方法效果明显，但具有一些无法克服的缺陷，而另一种方法实际效果不佳，却在理论上可能达到完美。

具有不同价值观念的社会群体构造出不同的伦理秩序。塞缪尔·亨廷顿把世界上的文化归为八类：西方、中华、日本、伊斯兰、印度、斯拉夫—东正

---

① A·爱伦·斯密德：《财产、权力和公共选择——对法和经济学的进一步思考》，黄祖辉等译，上海人民出版社，1999年，第189页。

② 埃德加·莫兰：《方法：思想观念——生境、生命、习性与组织》，秦海鹰译，北京大学出版社，2002年，第17页。

教、拉美以及非洲文化，这些文化对个人与上帝、个人与社会、个人与国家的关系以及对权利与义务、自由放任和权威、自由和秩序、平等与等级的看法各不相同。在封闭的环境中，它们相互之间几乎不存在冲突；而在世界日益成为"地球村"的浪潮中，不同文明之间的相互作用增加，成本也随之增加。除了一般的适应成本，还有可能加剧隔阂、分离，甚至出现大规模的暴力冲突。"技术、变革、音乐等现代化产物淡化了人们对传统意识的认同，削弱了以民族国家作为身份的作用"①，而且"要实现跨越地域的合作利益还要考虑到语言、社会、文化及空间上的障碍，这对个体而言尽管难易不同，但都难以逾越，而且会使合作关系的扩大代价变高使人望而却步"②。还有贫穷、落后的人们还要把富裕、发达的文化伦理整合到他们自己的文化伦理编码中，以顺应发展的需要。再以中国和西方伦理要求为例，中国文化对世界的感知度，伦理道德和社会价值观念的倾向性，不是个体，而是整体和共性，因而其政治社会设计的出发点不是构成社会共同体的个体的自由，而是不同个体的和谐、同一和统一，道德和思想被看做政治秩序的基本动因。延续了千百年的西方文化支持和造就的是自由主义理论。这两种伦理秩序在走向经济全球化的过程中，既有利益受益者又有利益受害者，受益者都力图集结资源来拥护和反对预期的变革。在变革过程中，双方为变革冲突所消耗的资源按照成本收益原理无法证明；而变革之后，受益者又很少给予受损者补偿。

在世界理性化的时代，人们总希望生活得更好。然而，从本质上看，理性与创造是一对矛盾。理性看到的以必然性形式出现的自由——用一种人为的和近似的模仿来代替行动本身，而忽视内在于自由行动的新颖和创造性的东西。而这种模仿来自用旧的东西组成旧的东西，用同样的东西组成同样的东西。理性疯狂地寻求完美的秩序，而一旦所有的事物都处于完美的状态时，地狱之门就开启了：给人类带来内在的资源破坏——有计划的设计导致了对人类的纯技术统治，对科学的信仰逐渐代替其他信仰，科学要求人类进行两层努力：少数人努力发现某种新东西，其余人努力要求自己接受并适应这新东西。因而，面对在全球范围内的资源危机，功利伦理创造性有限，约束力更有限。这容易使人们走向另一极端：有可能以前现代社会的自给自足的生存模式为目标，以古

① 塞缪尔·亨廷顿：《文明的冲突与世界秩序的重建》，周琪等译，新华出版社，2002年，第28~30页。

② 米歇尔·鲍曼：《道德的市场》，肖君、黄承业译，中国社会科学出版社，2003年，第511页。

代中国的三皇五帝时代或古希腊柏拉图在《理想国》中所描绘的人类存在为蓝本，作为自己的底线。

二、功利伦理加剧资源危机

在前现代社会，一个人的劳动都集中于满足自己家庭的需要及部落或村庄社群的需要，社群的维系依赖于其成员的共同劳动与互相合作。当土地和劳动力转变为商品，人类社群与自然浑然一体的有机联系不复存在。圈地运动消灭了人类历史的大多数时间内所维系的道德经济，劳动力市场的需求摧毁了社群，也摧毁了社群所支撑的两大性别世界。与此同步进行的，以主体过分张扬为价值中枢的观念以及由此带来的由个人生理和心理本能决定并局限于追求个体经济效用的偏好，即资本的扩张。

在资本世界中，效用最大化本身就是一种社会规范。一旦基于伦理和共同制度之上的社会约束被从思想意识和实际生活中清除掉，技术将挣脱束缚，完全服务于损人利己的市场经济的需要。换言之，由来已久的约束曾把技艺限制在社会肌体中，而今这种约束却不复存在，在历史上首次失去了目标，只是惟市场马首是瞻，服务于功利主义思想。

在功利主义伦理视野中，人与人的关系依赖于他们所有的东西。以一种占有的方式所体验到的爱是对爱的对象的限制、束缚和控制，扼杀和窒息人，毁灭而不是促进人的生命力；以财富和利润为目标的价值取向必然产生对强力的要求，以便防备那些想要夺走资源的人，因为他们在拿取方面从来没有够了的时候。对于个人而言，幸福就是活的比别人好，就是能胜过他人，在于他的强力意志以及他能够侵占、掠夺他人的资源。这种以狭义的经济效用主义与利己主义为中心的偏好论与效用论，拒绝承认社会相互作用的人类行为机理，并进而否认快乐、幸福需要人与人、个体与整体之间相互和谐才能够实现的社会价值维度。在个体主义、利己主义、物质利益主义基础上的主流经济学价值观与逻辑理性主义方法论下，使得西方宗教中"魔鬼是由最美的天使变成的"成为现实。在当下的中国社会主义市场经济体制建立的过程中，有些企业不能正确处理与社会的关系，不愿承担社会责任。有研究表明，在2008年，我国100强企业的社会责任整体水平仍然较低，企业的社会责任平均分仅为31.7分，距60分的合格水平还有很大差距。其中，处于领先地位的企业仍是少数，仅有14家，约占样本总数的15%。2/5强的企业仍在观望，没有采取实质性的管理措施，也未向社会披露相关的责任信息。1/5强的企业社会责任管理不成体系，社会责任信息披露不全面、不准确、不及时。这在一定程度上加剧了资源的损耗——环境污染与人类自身资源配置不当。

人类面临的物质资源危机，是人类对自然界的过度开发和对自身资源的极大浪费造成的。对自然的过度开发，主要的已经不是为了满足人类的健康生存的需要，而是为了满足人的挥霍性消费，或者是为了获得一种物质消费的快感，或者是为了显示自己的身份和地位，在相互攀比中以获得一种心理上的满足。为了满足这种"非必需"的、"非生存"的消费的时髦，本身就不具有"生存的合理性"。社会或经济上的不安全感以及政治上的不满情绪，为宗教、肤色不同，甚至仅仅是国籍和语言不同的人们之间恶性冲突提供了土壤。尤其在一个缺乏积累（既指物质积累也指文化积淀）的国家，很容易把物质资源作为一种廉价的投入来过度使用，导致积累和消费的比例失调，以至于出现以牺牲当代人的消费为未来进行高积累的现象；或者在自然资源的使用上没有平等地考虑后代人，在最终的分配上又牺牲了后代人。

商品关系与私有制的结合，表面的平等关系下掩盖着主体之间的对抗。主体之间的纷争与对抗不仅损耗社会物质资源总量，而且压制了主体自身的资源性功能。第一，劳动者丧失了对物质资源的所有权，被迫向资本家出卖自己的劳动力，劳动者的劳动成了仅仅维持他最低生活需要的简单谋生手段。这种劳动对他而言，是一种自我摧残的、异己的、被强制的生命活动——"物的世界的增值同人的世界的贬值成正比"，"工人生产的对象越多，他能够占有的对象就越少，而且越受自己产品即资本的统治"，和"一方面所发生的需要和满足需要的资料的精致化，另一方面产生着需要的牲畜般的野蛮化和最彻底的、粗陋的、抽象的简单化，或者毋宁说这种精致化只是再生出相反意义上的自身"[1]。异化劳动所导致的直接社会后果，就是人类社会内部的严重分裂，人与人社会关系的疏远和他们之间的利益对立。人的商品化并未随劳动力的出售而停止，而是随着市场深化与扩展，孩子们的天性从小就被无休止和繁重的同一化、标准化教育所禁锢；人体器官、胚胎组织、生殖能力等也以商品的形式粉墨登场。

第二，主体的意志力图在科学技术的帮助下，超越一切时空的极限，把无边无垠之物作为自身驱使的对象。科学技术与资本的结合，能满足人们的物质生活和满足部分人的部分精神生活，如，减少人的劳动时间，增加休闲机会；但也能使人陷入新的困境。因为科学与其说是一种能够证明的东西，不如说是

---

[1] 马克思：《1844年经济学哲学手稿》，人民出版社，2000年，第51、52、121页。

一种能够据以行动的东西。它只在人们具有信仰自由的时候才能繁荣起来，基于外界的命令而被迫去遵从的信仰并不是什么信仰。基于这种假信仰而建立起来的社会必然会由于瘫痪而导致灭亡。因为在这样的社会里，科学没有健康生长的基础。但是，这种假信仰并不妨碍资本所有者去攫取可迅速取得而又稳当可靠的利润，并且在他个人行将破产之前撤离。此时的劳动者只不过是市场中的另一种机器。"当个体人被用作基本成员来编织成一个社会时，如果他们不能恰如其分地作为负责任的人，而作为齿轮、杠杆和连杆的话，那即使原料是血和肉，实际和金属并无差异。作为机器的一个元件来利用的东西，事实上就是机器的一个元件"①。换言之，"技术进步会为它给人类所带来的好处而索要一定的代价。为了解决自然稀缺性难题，技术的发展要求把人类降格为一种技术力量。人们变成了生产的工具，就像他们创造的工具与机器一样。相应地，他们将服从于同样的调节、理性化和控制形式，就像人类社会试图强加给自然和非人类技术工具的那些形式一样。劳动成为了双重意义上的媒介，一方面人们借以形成他们自我的方式，另一方面人们变成社会控制的对象。它不仅包含着人类力量展现为自由表达与自我发展的一面，也包含着人们由于劳动的绩效原则的压抑而表现出的屈从和自我抛弃。自我压抑与社会压抑构成了个人解放与社会解放的难以分离的对立面"②。也就是，此时的世界并不是一个快乐的、为了保护我们而创造出来的小窝巢，而处在一个具有巨大敌意的环境中。在这样的世界里，除了谦卑顺从、知足常乐可以得到某种消极的安全外，再也没有任何安全了。

科学问题在很大程度上由提供科研资助的人提出。从特殊到一般的类比能力和使用类比不仅是创造性思维的来源，也是隐藏在人们选择后面的文化伦理的体现。若把资源问题定为供应问题，科学可以列举资源损耗的数据，比较不同资源与技术的优缺点，就会得出人类在耗尽自然资源时，才去寻找新的资源。若把资源问题视为需求问题，则会提出资源的利用、分配、效率以及相应的技术等问题。实际上，从科学技术中寻求解决资源问题的方法是诱人的，但它并不是专门也不主要是科学技术方面的问题。正如爱因斯坦所指出的："科学是一种强有力的工具，怎样用它，究竟给人类带来福利还是灾难，全取决于

---

① N·维纳：《人有人的用处：控制论和社会》，陈步译，商务印书馆，1989年，第153页。

② 默里·布克金：《自由生态学：等级制的出现与消解》，郇庆治译，山东大学出版社，2008年，第60页。

人自己而不取决于工具。刀子在人类生活中是有用的，但也能用来杀人"①。

第三，主体不是从自身寻求生存发展的源泉，而是向外发掘，损害环境。增加的人口需要相应的自然资源、基础设施以及就业岗位。增加的需求不仅增加了对物质资源压力，而且直接加剧对环境的破坏。在这一过程中，巨额社会财富过度集中于少数人，而不是广泛地藏富于民，让越来越多的人拥有多少不等的财富。有不少资源掌控在官员及其家属、代理人手中，变权钱交易为掌控资源，比如土地、道路等稀缺资源。富人在政治诉求上愿望较强烈，很多人想方设法当人大代表、政协委员，目的是为了给自己镀金，或方便继续聚集财富，或增加保护自身财富的筹码。富人的奢侈消费和穷人的生存困境同时并存，还影响大众的有效需求制约经济的发展，富裕阶层收入增长更快，但缺乏消费的导向，很难形成有效需求。同时，穷人既是环境破坏的受害者，又是环境破坏的责任者。穷人更关心他们今天能从自然资源中得到什么，而不是为了明天而保护自然资源。由于缺乏资金和技术，又急需获得土地，农民便聚众开垦不适宜耕作的土地——陡峭的和易受侵蚀的坡地、土壤可能迅速退化的半干旱地、热带森林地区。若干年后，土地退化和森林砍伐最后导致土地生产率降低，结果是人们的生产和生活条件更加糟糕，贫困进一步加剧。由此，贫困、人口增长和环境破坏之间形成了一种相互强化的关系，即形成"贫困—自然资源破坏—贫困加剧"的恶性循环。这正是，劳动者开始拿命换钱，然后因劳累致病，再拿挣的钱换命。对生态造成破坏的谴责不仅要落在有意犯罪者的头上，而且也要落在对诸神和周围环境懵然无知者的头上。穷人和富人群体之间还缺乏良性互动，以及部分为富不仁的行为，还诱发出社会一部分人的仇富心理，从而影响社会的和谐。

功利主义推广到极致必然产生两种否定人类自身资源的思潮：悲观主义和历史虚无主义。悲观主义是一种否定人类整体生存意义，用自然性对抗人性，悲观地看待技术与现代物化生活，精神迷惘、信仰迷失，无节制的享乐主义与自暴自弃的悲观主义混杂，精神灵魂沉湎于物化生活而难以自拔。虚无主义则是用特定的民族性、国家意识、群体性以及个体性对抗和否定人类的整体性与多样性，诸如狭隘的民族主义与国家主义、大国沙文主义、帝国主义以及集体虚无主义等等，不仅否定了许多人类已创造的而且对人的生存发展至关重要的资源，而且极容易毁灭人类自身。

---

① 《爱因斯坦文集》第3卷，许良英等编译，商务印书馆，1979年，第56页。

总之，现实生活世界显示，如果市场发展根据它可接受的模式进行，任何人都会受到伤害；如果不允许市场发展，世界上则会存在永远无法摆脱贫困的公民，并被剥夺使生活更舒适和选择的多样化工具。这种困境构成了历史上最大的挑战，世界已进入一个人们从没有去过的新领域。人类如果不用新的理念，而是一如既往沿袭原有的生活方式，这两种思潮很可能变成事实。马克思曾说，文明如果是自发的发展，而不是自觉的发展，则留给我们自己的是荒漠①。路是人走出来的，但是，当你走到了悬崖，就必须回头。否则，毁灭的不是道路，而是你自己。这就是，物质资源是人类存在发展的前提，但人类发展的可靠的、最终的依赖是自身，自身资源不是递减而是倍增的。未来社会中个人与群体、社会之间的和谐关系成为自由全面发展的、彼此和谐相处的最重要的资源。

小结

社会是一个复杂的有机体。其复杂性不仅取决于组成社会结构的主体及主体之间所结成的经济、政治、文化关系的性质，而且取决于经济、政治、文化相互作用的方式。不管怎样，每一种经济、政治、文化的权力都对应于这个社会的资源总量，一个相对较低的资源总量和一个相对较低的资源创造力具有密切联系。由于主体对风险的憎恶决定了他们的选择，任何一种选择能力的获得都意味着要付出一定的成本或代价。因而，任何创造资源的方法都不可避免地具有缺陷，这也展示了其自身的矛盾性。

个人理性与集体理性之间在背离市场、侵蚀民主和搭便车等方面的隔阂有多深以及由其造成的危险能否成为现实，主要取决于社会的框架条件。在现代社会中，众多社会关系是缺乏明确界定的、主体之间的交往大多是匿名的。而社会越是匿名和非人格化，劳动分工、竞争和价格体系便越是有效，个人与集体、社会整体之间的矛盾越是加剧。如果让个体理性完全释放，这种趋势必将摧毁任何一个社会的基础，从而也将摧毁其自身的基础。然而，集体利益、社会整体利益的提升又依赖于个人理性的发挥。因此，需要用制度规范个人理性的运作。制度是主体之间相互博弈的产物，孕育于一定的生产方式之中，但也依赖于一种连贯的思想体系；思想的改变也或多或少地对制度的效率产生影响。简言之，要建立一个让每一个社会成员都满意的资源配置秩序是不现实

---

① 智宗法师：《倡导绿色文明，关键美好家园》，http：//www. fjdh. com/wumin/HTML/142108. html，2006 年 11 月 19 日。

的，也是不可能的。只要能够创造更多的资源来推动社会进步和为更多的人提供更多的发展空间，这个社会就有存在的必要。

市场经济是达到自由的一个不可缺少的手段，但只是社会的一个组成部分。市场有其自身的表现域，体现出对个人利益的尊重、对资源利用的拓展和对效率与公平的追求，而且有一个逐渐完善、自我完善的过程。但市场本身并没有提供像其理论所宣称的其主体有更多的自主选择权；市场体系也不具有各个最大化者之间的交易系统所拥有的整体效率——由于单个企业的生产能够节约成本，这时，竞争就有可能导致更高的生产成本和生产设备的重复投资。进而，自由市场鼓励了损害环境的生产和消费方式，产生了周期性经济危机和社会震荡，造成资源的极大浪费。这就注定了单纯的市场力量必将导致经济增长的不可持续。进而，泛化的市场会带来一切资源的价格化，进而用货币表示的人类自身的一些资源价格化，使人丧失其丰富性而与自身的存在相背离，也使得有价格的资源利用无法真实地反映社会需求。社会成员的许多需求是通过文化和政治制度的手段而不是市场得到满足。由此，它会在身体上摧毁人类，并把人的周围环境变成一片荒野。克服市场失灵（商品和服务的市场均衡配置对帕累托最优配置的偏离），使得资源最优配置（消费者在使自己获益增加时没有使其他消费者利益受损）的力量有两种，一是由制度、法律的规则实施的外在制约；二是由内化于人心的伦理道德实施的内在制约。

政治权力（集体理性）不仅要对市场主体权力进行适当的构建和管制，促进市场主体为了整个社会的利益保持自身的兴旺发达；也要对市场本身进行管制——例如控制金融市场，以防止柠檬市场的出现。另外，通过制定经济社会发展战略，由"看得见的手"引导"看不见的手"，使市场得以公平公开、平稳有序、遵纪守法、科学高效地向前发展，提高市场创造资源的效率，使社会能够有序运行。然而，政治权力无论采取什么样的资源配置措施都会在某种程度上以某种方式削弱市场的自我调节，加上政治权力也有自身的利益要求和偏好，政治权力若被用以取得某些目的，如收入的再分配和特殊产业的鼓励，则置经济效率于不顾。每一个市场交易一方进行制约的管制行为对另一方都具有相等或相反的效果。由此可能带来的是迫使市场体系的发展陷入确定的轨道之中并最终破坏以它为基础的市场主体。因此，这就要求政治权力的存在形式与运行方式不仅随时间而变，而且在具体社会中也会有所不同，但应该尽量不要进行短期的具体干预，而是要多花时间来考虑特定的有争议性问题的总体框架，在这里，政府有取得巨大成功的潜力，以求使一个社会的基本价值所遭受的损害降至最低。

在经济与社会变迁的背后，是人们思想习惯的演变，制度既是思想习惯发展之结果，又随思想习惯的改变而演化。文化伦理是对资本与政治权力作用的补充和限制。文化伦理是一种宣传劝说的手段，用教育、信息传播、培训等方式以及社会压力和协商，把责任内生于决策者的个人偏好中，从而改变决策者的观念和优先序列，以影响个人决策。它从人的灵魂深处引导和规范资源的创造与运行。任何社会成员都有利用资源的权利和创造资源的义务——由社会而不是根据国家决定。但是，不同的文化伦理约束行为主体的特定行为的方式是不同的，不同社会在决策方式上因持有不同信念而有所变化。功利文化伦理与当代的物质条件决定了人们需求的层次，也决定了应该怎样想和怎样做：过度的、不适当的开发利用文化资源，也会导致其破坏，甚至是不可恢复的破坏。比如，节庆活动是有特定的时间和空间场所的，并且带有某种神圣性，但如果不分时间、地点、场合，使之变成一个纯商业表演活动，完全破坏了它的文化意义，使这种文化符号"空洞化"。而花很长时间重建道德标准，又因环境问题的紧迫性不被允许；其它目标也涉及道德因素，如卫生保健、住房、治安、教育等，各个目标之间的冲突往往使我们无暇顾及道德，不得不去担心一些更为现实的问题如资金利用是否达到最佳效果等。

经济危机导致经济衰退、失业率增加、民族矛盾、恐怖主义、社会动荡、甚至局部战争随时发生，这是人与人的社会关系的危机。环境污染，水、气、土的污染，生态破坏，气候变暖，臭氧层出现空洞，森林破坏，物种的生物多样性的损失等等生态问题。这两种危机交织在一起，深层的是价值观和伦理道德的危机，是极端的人类主义、极端的生物主义、伪科学主义等等引起经济危机和社会动荡，这是人和自己的知与行的危机。当代各种深层而强大的力量正在调整和重新塑造我们的世界，时代的紧迫问题是使所有的人都成为朋友、而不是敌人。人与人之间的平等和谐关系，依靠示范性的生态社区和个人政治生活的改变来改变人们的心理结构、思想意识和价值观念，有利于人类的延续，实现理想社会。不管是崇尚"自由、平等、博爱"，还是追求"自由全面发展"，这一理想状态所依赖的关键资源是人类自身的资源。

第三篇
资源创造的社会经济回路

使用价值链与价值链的对立统一是资本世界的客观现象。满足人们需求的是使用价值，而资本是通过追求价值来实现资源创造的。人们能够利用资本、政治力量、文化伦理三种权力使它们统一，创造更多的资源。这在于三种权力内在一致性的诉求——社会的永续与和谐，也在于符合物质世界的运动规律。虽然这三种权力各自有其资源创造的最优边界，但是，一旦超越该边界就出现市场的泛化、政治权力的错位以及伦理力量的弱化，由此带来资源的多样性和复杂性与衡量标准单一性的矛盾，形成使用价值链与价值链的对立，加剧资源危机。

使用价值链与价值链的统一的运行方式是循环经济：在价值链的推动下，通过客体主体化运动，使资源在生产、分配、交换和消费等环节形成一个永续循环的过程。这一过程也是社会可持续发展与和谐的内在要求。当然，循环经济成为社会主导经济运行模式离不开三种权力整合为最优的社会边界。经济上，在政治权力制约下，追求价值的资本活动有利于使用价值链的生成；政治上，建立有效的产权及其实现形式，其中自然资源与知识资源不惟哪个人所有，但属于每一个人；伦理上，以公平性、效率性、循环性作为其准则和实践标准。循环经济的良好运转，有利于实现资源的创造、建设资源节约型和环境友好型社会，推动人的全面发展。

第七章

当代资源危机的深层根源：使用价值链与价值链的背离

资源之所以是资源，就在于它能满足人们的某种需要。然而，资源的不同属性如果不能适得其所，就可能变成影响甚至损害主体的垃圾或其它有害物质。从三种制度与资源生成的关系上看，在市场中，三种制度（权力）一般是通过交换价值实现其使用价值。若这三种权力体现出明晰的严格有效的产权，则有利于物质链⇔使用价值链⇔交换价值链共存并相互促进。否则，交换价值与使用价值在主体那里发生偏离，由此带给人类的是更大量资源的耗费。

第一节　资源使用价值链的生成

科学表明，物质是能量的载体，物质的运动与变化所表现的核心内容是能量的运动与形式的转换。世界上没有生命物质，只有生命系统——由无生命物质组成的特殊组织形式。生命的运转不仅表现为各个部分的连接和相加，而且有时通过分解和分化呈现出来。因而，主体和客观的外部世界有一种内在的关联，这种关联意味着主体从世界中产生并且能获得满足不同需要的可能。

一、物质世界的相互关联——物质链

宇宙演化史表明，人类生活于其中的世界是极为复杂的——"在这个世界上，存在着有序和无序的成分，它们的存在意味着世间万物在根本上都是相互联系的，因为无序与有序都具有一个共同的特点；它们暗示许多事物都是相互联系的"[1]。

撇开有意识的人类活动的影响，把人类与自然界其他物种组成的世界看成是由系统宏观不变、忽略粒子间相互作用和粒子间无差异的物理世界，那么在

---

[1]　A. N. 怀特海：《观念的冒险》，周邦宪译，贵州人民出版社，2000年，第266~267页。

这个世界中，粒子分布微观态是随机的、对称的、平权的，因而粒子间的排列组合可以出现多种。也就是系统中自由粒子因随机运动而不断扩张，去"占领"那些尚未被其"占领"的空间，使系统的有序转化为"熵增"的过程。那些未被"占领"的负熵，构成系统中能量可以向之流动的自由空间，构成其能量自发衰减之条件。粒子自由运动无阻碍地迅速占领可能的微观态，使系统的熵增加、直线式地走向热平衡状态，"熵的增加就意味着有效能量的减少，每当自然界发生了变化，就有一定的能量被转化成了不能再做功的无益能量"①。但由于系统的自组织，这些粒子总是自发地朝着实现几率最大的宏观态——系统的平衡态进发，系统趋向平衡态的过程，就是能量自发转化过程，且不可逆地沿着衰减这个方向转化。系统的熵值越大，系统越无序。因粒子的无限、无规则运动而耗尽了自身的能量，无法使其载体有序存在或继续运动下去，进而使物质走向无序和混乱，最终会达到分布性均衡，此时的系统处于"热寂"状态。

然而，牛顿的引力理论表明，宇宙间不仅存在热力学第二定律所描述的自由随机运动，而且还存在着被热力学系统的理论模型撇开了的物质间因相互作用力而产生的运动。正是物质间的相互作用力，使它们不再是孤立的，而是组成相应的结构单元，且这些单元相互规定，造成系统的各微观态之间"对称破缺"。据此可以解释从宇宙大爆炸中产生出来的世界万物，所呈现出物质大小不一、能量密度分布高度不均匀，温度高低不一样，如此等等的状态。这种"对称破缺"制止或阻碍各结构单元的某些可能的熵的出现，促使另一些负熵状态出现，即对各个可能状态进行了优胜劣汰，这实际上与热力学第二定律所描绘的熵增过程恰恰相反。由此生成了与自由随机运动趋势相反的运动趋势——"决定论趋势"②。在该系统中，结构单元与外界环境之间只有能量交换，而没有物质交换；能量交换是双向的，向着有序化的方向演化，呈现出有结构线形耗散。它们所表现出来的态势取决于物体或元素间作用力的大小，力量大的一方吸引对方，使对方趋向于自己。如原子结构中的原子核和电子，太阳系中八大行星绕太阳运动，生物界的食物链——适者生存等等，都是这种有序结构的表现。即使有某种不确定的力量在某一时刻将系统推离了均衡点，该系统仍然会自动回归到均衡点上来，例如生物圈中互为天敌的动物此消彼长，

---

① 里夫金等：《熵：一种新世界观》，上海译文出版社，1987年，第29页。
② 鲁品越：《反热寂论与可持续发展》，《中国社会科学》1997年第6期。

资本主义社会中的经济危机等。但要指出的是，这里所指的均衡点是在整体和外部环境不变所呈现出的是时点上而非时期，是一种没有任何暂态过程和耗散因素的超时间的可逆的均衡①；一旦超出系统自身的临界点，该系统将破裂，被新的系统所取代。

原有系统之所以能被新的、更大的系统取代，在于客观世界的高度的非均衡物质，在形成了各物质系统的内部结构的同时，也促使系统不断地与外界交换物质和能量，进而组成更高一级的系统。在交换过程中，系统内部某个因素的变化达到一定的阈值时，通过涨落，系统可能发生突变即非平衡相变，由原来的结构性均衡态转变为一种在时间上、空间上或功能上的全新有序状态。也就是说，由于结构间的相互作用抗衡着自由随机运动，耗散过程便不再是无序的，也不再是直线式的，而是沿着曲折迂回的道路进行，形成"有结构非线性耗散道路"②。在这种有结构耗散道路中，被耗散的能量被吸收到这新的有序结构中，获得新的存在形态，生成动态的结构。该结构从自身或从环境中吸取着正在按照熵定律耗散的物质能量。一旦当这些能量聚集到一定程度，原来的耗散过程就有可能被中断，形成新的运动方式，成为更高等级的物质能量。换言之，给结构性均衡事物以一定的外力，使系统引起振荡，或系统在时间序列上改变方向，或随时间变化，其方向突然逆转，向新的有序演化。也就是说，物质是流动的、变化的、可更新的和可循环的，物质之间存在相互转化的链条。例如，将一个已经达到热平衡态的系统置于与其相异的环境中，该系统中的能量便能够自发地发生转化。这意味着系统与周围环境进行着物质、能量和信息变换。

二、生命世界的链条——使用价值链

回到现实，审视由生命系统嵌入其中的世界。生命系统具有丰富的层次和结构，为维持自身在空间上、时间上或功能上的有序状态，系统就要不断地从外界引入负熵流，进行新陈代谢过程。生态系统是生命系统的最高形态，是一个包括多种植物及其群落自系统的大系统，植物的高矮、种类和气候分布的不同，产生了它们自己内部的生存斗争与相互合作，构成了它们的大循环之中的自循环之舞台，其基础是无机物，底级是微生物，而其顶级是人类。处于微生物与人类之间的存在物就构成了一个复杂的多级循环：或者成为食物链条的一

---

①　张彦、林德宏：《系统自组织概论》，南京大学出版社，1990 年，第 279 页。

②　鲁品越：《反热寂论与可持续发展》，《中国社会科学》1997 年第 6 期。

个环节，或通过自身的产生、生长和衰落到死亡进而成为微生物或真菌的生存基础。

构成这一循环或食物链的核心是能量，而能量的最终来源是太阳。地球吸收的太阳能一部分悬在地球表面，供各种生物当时之需或散射掉；另一部分则以适当形式贮存在地下，然后在需要的时间、在需要的地方和需要的方向上释放。历史上的太阳能，以煤、石油、天然气等化石能源的形式间接存在；当前的太阳能，除了直接以太阳能出现，还以风能、水电、潮汐能等其它各种形式存在。太阳能对人类的时间跨度而言是可再生的，是未来的主要驱动力。但它在何时成为人类的最主要能源，依赖于在物理力量的必然性中加入最大程度的不确定性的努力。这种努力虽不能创造能量，或者即使它创造了能量，其大小也不在我们的感官、我们的测量工具、我们的经验和科学所能及范围之内；但是能够转化能量，能够充分地利用能量（见下图）。

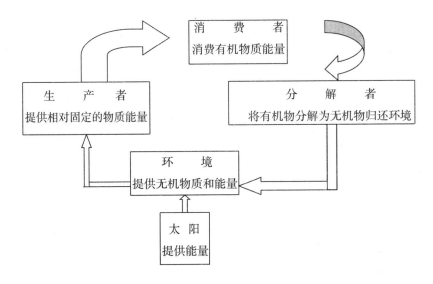

处于生态食物链高端的人类，一方面从绿色植物获取碳水化合物中的植物蛋白等糖类化合物，又从食草动物中获取动物蛋白，以维持生命所需的物质和能量；另一方面从碳水化合物中的纤维素获得生物质能，如木材和干草为人类提供了供热取暖的生物能源，太阳能为自然生态系统提供了取之不尽用之不竭的清洁能源。同时，太阳能通过绿色植物的叶绿体进行光合作用，把太阳能以化学能的形式储存在生物质有机体内。植物生长的过程是利用太阳能，把二氧化碳和水合成为储存能量的有机物，并且释放出氧气的过程。

具体而言，远古时代的人们，其生存规律是遵循自然界的必然性法则。以采集、狩猎、渔捞等天然的劳动方式，去获得为生存所需要的资料，对自然资源本身的关注很少。此时人类只是自然生态系统食物链上的一个环节，尚未表现出高于自然万物的优越性。人与自然界共存共荣，共同进化的方式体现着人与自然之间的一种天然和谐关系，即原始的"天人合一"状态。

随着畜力和金属工具的使用，人类进入农业文明的门槛。人类对自然的利用已经扩大到若干不可再生能源，从生态系统的食物链上解放出来，但对自然的索取在总体上尚未超过自然界自我调节和再生的能力——自然界较少受到破坏。传统农业在本质上是一种生态农业、循环农业。因为，进入生产过程的要素是循环流动的：绿色植物、藻类等生产者从太阳辐射中吸收能量，通过光合作用产生物质，这些物质通过食草动物、肉食动物等消费者和微生物、真菌等分解者的作用进入土壤库，土壤库中的物质作为生产者的营养成分重新进入生态系统的物质循环——遵循自然生态系统的能量转化和物质循环规律，使得该系统和谐地纳入到自然生态系统的物质循环过程中。在这个系统中，只有太阳能是来自外部的支援，只要太阳能不耗竭，该系统就能够长期稳定地存在下去，不会使自然秩序发生紊乱，生态环境也就不会失衡。

从人类从外界吸收能量来看，人类的生产活动和消费活动都是物质转换过程，而不是消灭过程。当投入物一定时，产出物则为一定量可以消费的物品、废料以及污染物，有用的消费品在使用或消费过程中也会产生废料，这些伴生物并没有在实体上被消灭，它仍停留在物质流中。用公式表示：客体→资源→生产过程（预期产品、伴生物）→分配（理想结果、差距及其成本）→交换（等价与否、成本）→消费（转化为能量与副产品）……其中，消费过程中能量转化后，再生为人类自身资源。也就是，物质无论在生产和消费过程之中还是在之后都没有消失，只是从原来"有用"的原料或产品变成了"无用"的废物进入环境中，物质的总量保持不变，只是要么以"有用"存在，要么以"无用"形式出现。

但"有用"和"无用"是相对的。随着新技术、新工艺、新消费观和新组织构架的生成，"无用"会向"有用"转化。这表现在大部分废物将重新成为原材料进入生产和消费过程，形成物质循环系统。一是，已经失去原有全部或部分使用价值的那些客体，被排放到环境中，经过时间的洗礼，重新成为资源。如，农业生产利用的人（畜）粪、把垃圾处理成农家肥等，实现与生态循环耦合的生产循环。二是，一些在时间不容许却能在科学技术的指导下，经过回收、加工处理，能够使其重新获得使用价值的客体。如废旧金属、报废电子产品、报废机电设备及其零部件、废造纸原料（如废纸、废棉等）、废轻工原料（如橡胶、塑料、农药包装物、动物杂骨、毛发等）、废玻璃等等，已都成为重要的再生资源。三是，人类劳动能够替代从环境中提取的物质资源。如，对那些物质密集性产品进行修理、再利用、革新、升级、再生产和再循环，进而被重新设计，即生产过程的伴生物、消费的副产品→废弃物回收网络体系→废弃物资源化→重新进入生产过程。四是，科技增加了能量的来源渠道。由于原子核系统中的粒子被紧紧束缚而失去了某种范围内的自由随机运动，能量未被"允许"占领；一旦通过科技，用足够的力量打击该系统内部结构，使其中的粒子能够在一定程度上自由随机运动，开发物质内在能量，使被禁锢的能量释放出来，有利于人类的吸收与利用。从理论上说，投入一定的初始资源，经过多次循环再利用，一直到可回收资源得到充分利用，使排放到自然界的最后废弃物在生态系统自净、调适能力之内。而这依赖于科学技术。从最初的来源到初级产品到中间产品到最终物品再到最终服务，科学技术的发展就在于尽可能地减少无效能量的损耗，提高其利用率。

然而，科学技术要真正有益于人类，就必须在符合人类生存发展需要的价值观念的指导下。也就是，人在考虑自然时，不仅视其为可利用的资源，而且看到它是人类赖以生存的基础；在考虑生产和消费时，不能把自身置于生态系统之外，而是置身于其中的系统的一部分。在考虑科学技术时，不仅考虑其对自然的开发能力，而且充分考虑到它对生态系统的修复能力，使之成为有益于环境的技术。在考虑人自身发展时，不仅考虑人对自然的征服能力，更重视人与自然和谐相处的能力。人类社会是生态系统的子系统，人与人之间的复杂关系形成了社会的复杂性。无论怎样复杂，社会首要问题是物质资料的生产，解决人的生存。伴随着生存需求的满足，人之为人的其它原始因素，诸如爱、同情、快乐等的渴求渐渐增强；对美的追求和对它们有意识的享受也开始提升。正如心理学家马斯洛认为，人们在基本物质性需求得到基本满足后，必然追求精神愉悦和快乐。

在当下，人类能力已经远远超出物质需求能力，对实物产品的需要，如吃、穿、用的产品一旦达到一定的程度，如果再增加下去，其效用便越来越小。若在生存满足之后，没有快乐、幸福的增长（自由度的扩展），任何物质增长都失去意义。在某种程度上，物质增长固然可以给人类带来快乐与幸福，但不是惟一条件。物质增长最终是为了增添人类快乐与幸福，实现自由发展。

快乐、幸福虽然具有主观性，但却是终极价值——自由的外在表现。因为快乐与幸福包含了亲情、环境、健康、宗教、友谊、社会公正等大量非经济因素，这些因素的改变和调整也能成为人类无上快乐的源泉。这也就是现实生活呈现给我们的，并不是生活水平越高的群体幸福指数就越高。

快乐与幸福不具有标准化和同质性。因而，满足千差万别需求的个性化产品依赖于一个以满足消费者心理感受为主而物质享受为辅导向的生产消费过程，该过程提供或展示设施、环境、氛围等在内的广义性的产品服务，使人们在一定时段内能充分体验和获得愉悦感受。这就不仅要更多关注由生态系统带来的舒适性服务，这种服务可能是全方位的，也可能是深层次的，其价值逐渐增大；而且要关注人与人之间的相互作用，承认"社会"是幸福的源泉。实际上，这就要求人与自然、人与人之间虽然存在个体差异、相互作用的形式及其结果并不相同，但在不损害整个社会有序运行的前提下，能够协调、共存共荣，个人从协调中获得了快乐与幸福，自由也获得了完善自身的力量。此时个人本身就是贡献自己的特色，对总的社会生活的复杂模式做出贡献。这并不是对古希腊"共同体主义"与中国"天人合一"文化哲学精神的某种传承，只不过是人类本性逐渐归真的一种体现。

至此，我们在生态系统中——自然界、个人、人类社会之间勾勒出相对比较完整的使用价值链。但这种使用价值链在现实生活中能否真正生成，取决于人类的实践水平和认知能力。从当下看，需要把主体平时被抑制的潜在性释放出来，寻求创造性的实践而不是想象的、神话的或巫术的，用新的范式来重新认识和思考那些已被视为天然的确定的事物和有待被认识的东西——寻求内在联系。从人与自然、人与社会、人与人的关系看（见下图），环境系统控制遗传密码，遗传系统产生并控制脑，而脑制约着社会与文化复杂性的发展。社会文化系统实现脑的智能和天分，改变环境系统，甚至还在遗传的选择和进化中发挥它的作用。文化的发展使得人类能够适应极其不同的环境，甚至使环境来适应她的生活。这凸显了（主体）价值观、科学技术水平在使用价值链生成中的作用。

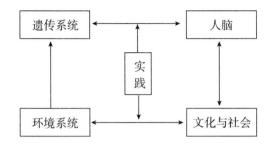

总之，人类的发展是一个漫长的历史过程，是一个不断由可能向现实转化的实践过程，也就是不断创造资源、利用资源的过程。在这一过程中，客观世界的物质链逐渐转化为满足人们需要的使用价值链。

第二节　资源的价值链

物质链转变成使用价值链，意味着劳动者不仅要通过具体劳动把物化劳动的价值转移到商品或新商品中去，而且需要抽象劳动将活劳动物化在资源的创造、维护和利用上，使之价值增殖或满足人们新的需求或重新满足人们的需求，从而使资源运行有了新的动力。当然，价值增殖，不仅包括一定时间内的产品和劳务价值，而且包括生态环境质量状况的改变所形成的生态环境价值。

一、价值链生成于理性计算

人们从事任何经济活动，必须通过投入一定的成本，或支付劳动报酬或配置其他必要的生产要素，才能实现主体所追求的目标。当然，这一目标内含着成本最小化和收益最大化，最低界限也是收益等于成本。

从单个经济主体而言，成本最小化和收益最大化，离不开对自身各个环节与过程的考察。迈克·波特（Michael E. Porter）在其所著的《竞争优势》一书中认为，企业内部某一个活动，如用以设计、生产、销售、交货以及对产品起辅助作用等相互分离的活动，是否创造价值，是否提供了后续活动所需要的东西，是否有助于降低了后续活动的成本，是否改善了后续活动的质量，是否更好地有利于实现企业利润。如果答案都是肯定的，这种内在联系就成为降低单个价值活动的成本及最终成本的重要因素，把它称之为价值链。后来英国卡笛夫大学彼特·海恩斯（Peter Hines）教授在波特理论的基础上认为，价值链是"集成物料价值的运输线"。在这条"运输线"中，原料的输入是起点，顾客对产品的需求是终点，利润是满足这一目标的副产品。把原料和顾客纳入价值链，这意味着任何产品价值链的实现在于满足顾客的需要，在获得价值的同时，实现使用价值。

随着产业内分工不断地向纵深发展，传统的产业内部不同类型的价值创造活动逐步由一个企业为主导分离为多个企业的活动，这些企业相互构成上下游关系，共同创造价值。即，围绕某种特定需求或特定产品生产或提供服务所涉及的一系列相互依存的上下游链条关系，诸如在技术开发、生产作业和市场等之间的这些价值活动流程进行各个单元的能力的整合，生成行业价值链，以适应环境的变化。在这价值链中，除了价值流、物质流、能量流，同时还必伴随着人力流和信息流的运行，而这些又是常常得到相关产业的支持。因此，在一定条件下，价值持续运行与银行、保险、证券等金融服务业的发展水平有着直接的联系。金融业不仅为实体经济价值流运行服务，而且不断通过金融工具的创新实现金融资产的自我扩张，形成与实体经济价值流相平行的虚拟经济价值流。这需要有效协调虚拟经济价值流为实体经济的价值流服务，使经济价值持续运行；否则，虚拟经济价值流的断裂必然影响实体经济价值链的生成。例如，2008 年肇始于美国，波及全球的金融危机极大地冲击了实体经济。

从国家和地区层面看，任何企业都只能是社会产品（服务）价值系统中的一部分，也是各自运行系统的一个环节。但这个环节可能是属于不同的价值链的。这是因为企业创造价值的活动不仅来自于内部价值联系，而且还来自于企业价值链与销售渠道价值链或买方价值链之间的联系，即纵向联系。卖方或买方的各种活动进行的方式会影响企业活动的成本或利益，反之亦然。尽管纵向联系常常被忽视，也不容易协调和优化，但它是企业竞争优势的一个不可忽视的来源。它们的各项活动和与企业价值链间的各种联系意味着企业与买方和卖方的关系并非是一方受益、另一方受损的"零和游戏"，而是一种双方都受益的关系。这为企业增强竞争优势提供了机会。但每个环节创造的价值并不完全相等，必然有一个处于主导地位的核心环节，因而分配也就不可能平均进行。谁控制价值链的核心环节，谁就掌握利益分配的主动权。比如，印刷厂是造纸厂的顾客，而造纸厂是造纸机械厂的顾客，如果造纸机械厂要求有适应纸张的宽度新要求的新造纸机械，由于印刷厂是处于其价值链上，印刷厂的赢利能力也会受到影响。因此，要获得和保持成本优势，仅仅了解企业的自身价值链是不够的，需要了解整个社会价值链系统。供应商和顾客，供应商的供应商、顾客的顾客的边际利润与企业的成本优势是密切相关的，最终顾客支付的是整个价值链上所有边际利润的总和。当然，同一行业中的企业，即使它们拥有相同的供应商，在同一个市场上竞争，其组成的整体价值链也是有差别的。这个差别来自于企业的某一创造价值活动所进行的方式、成本与另一活动之间的联系，竞争优势/劣势往往来源于这些联系。如果认识到这些联系并能加以利用，就能改变其成本联系，从而改善企业的成本地位，以提升企业的竞争优势。

在经济全球化时代，创造价值的活动已突破企业、地区甚至国家的边界生成全球价值链，即产品的设计、生产、营销和服务构成一个价值链，但这些活动由位于不同国家的企业来完成。根据全球价值链生成的动力机制以及所带来的机会的差异，可分为购买者拉动的与生产者驱动的两种生成全球价值链的路径。方便的技术往往促进购买者拉动的价值链，而生产者拉动的价值链需要掌握难度较大的技术——牵涉到紧密的协调以及自有产权的技术等等。购买者驱动的价值链，买主因为有品牌和营销等方面的核心竞争力，可以控制价值链和网络。它们日益组织起来，强化协调并控制生产、设计及营销活动以满足不同发展层次的国家的需求。构成这种价值链的往往是典型的劳动密集产业，比如在农产品和食品产业、纺织、服装和鞋子、玩具、家具等，与发展中国家密切相关。它们的强势市场地位来自全球品牌和对区域市场开发的品牌的总和。例如，对于有品牌的生产者来说（比如可口可乐），非常在意维持品牌的价值并通过知识产权保护来阻止仿冒，因为他们主要是获取因产品的研发、营销而带来的尽可能多的价值。生产者驱动的价值链，是主要生产者控制关键技术——对于价值链适配于最终产品市场方面非常重要，进而协调价值链的各环节及网络，帮助供货商和自己的客户提高效率。这种链条主要存在于中高技术——如汽车、电子产品和通讯等产业，与发达国家有较高的关切度。

不论是购买者拉动的全球价值链，还是生产者驱动的全球价值链，价值链上游若能控制原料等关键性生产要素，例如 OPEC 和其他石油输出国家就处于非常有利地位；美国因拥有无形资产的垄断优势，比如高端技术、低成本的金融资本、世界品牌、发达的资源交易市场和产品标准的确立等能力，具有更强的市场竞争力，从而从产品创造的全部价值中获取大部分。产品制造出来后又会进入一个服务的高价值创造环节，是创造最后财富和保管财富的关键环节，同样能够在产品价值链中获得更多财富分配；处于中游产品制造环节的国家只能拿到其中微不足道的部分。这也许是当下解释发达国家与发展中国家差距日益扩大的一条重要理由。

通过上述分析得出，由价值链联结在一起的企业或行业进而形成的经济结构是一个有差异、非均衡、非平衡态的经济系统。该系统的要素及要素间的组合方式以及与外界的竞争——价值增殖及其价值的实现，使其具有自组织能力和内在动力。在系统之间，以竞争力为主；在系统内部，以协合力为主；竞争力推进系统与外界环境相适应，协合力则提升系统的整体功能。市场经济优于自然经济，就在于原本没有势能差的主体在市场中激发出一定的活力产生适度的差异使系统从无序向有序转化。我国国有大中型企业经过改制、转制焕发出蓬勃生机就是证明。

二、价值链推动使用价值链生成

价值链的生成过程也就是剩余物质最小化的过程。而剩余物质最小化的过程实质上是使用价值链的生成过程。

在一定意义上，人们周围的一切以及人自身的方方面面都可以成为人存在与发展的资源，只要采用合适的方法使它们处于合适时间和空间。正如埃德加·莫兰指出，"无序的观念不仅不能从宇宙消除，而且它对于认识宇宙的本质和进化还是不可缺少的。我们审慎思考的时候，会发现一个决定论宇宙与一个随机的宇宙都是完全不可能的。一个惟一地随机世界显然将没有组织、太阳、生物与人类。一个完全决定论的世界将因没有革新而没有进化。这说明一个绝对决定论的世界与一个绝对随机的世界是两个贫乏的片面的世界——一个不能产生，一个不能进化。我们必须把这两个在逻辑是彼此排斥的世界混合起来"①。但它们的属性不会自动呈现于人面前并为人服务，需要人们去创造，以便能满足人们的不同需要，使用价值链得以形成。

在市场经济中，人们的经济实践领域离不开资本的推动。资本投入到生产系统之后，在把无序化物质变成有序化产品的同时，不仅能够创造一部分新增资本，还能把自己再生产出来而脱离生产过程。这种新增资本和社会关系力量作为成本反复进行下去，会使越来越多的物质能量被有序化，生成使用价值链。一旦这个循环停止，资本就还原为货币等自然物质形态，由此产生的有序物质将会无序地堆放，甚至会导致对整体有序的破坏。若这个循环不停止，以目前的状况持续下去，已经或将带来更多的生态成本——经济生产给生态系统带来的破坏，再人为修复所付出的代价。在生态系统中，不仅其中某种资源是

① 埃德加·莫兰：《复杂思想：自觉的科学》，陈一壮译，北京大学出版社，2001年，第169页。

有限的，而且其承载力和净化力也是有限的。以用水为例，一般只考虑取水的工程、机械和人工的成本等（取水成本），而不考虑其生态成本（由水在生态系统的地位决定）。一旦用水不当形成断流，就不仅有取水成本，而且有高昂的生态成本——破坏了下游生态系统；如果向水中排污，不仅是另一种用水，而且极有可能招致恶性循环，使生态系统退化。其次是人类自身成本。资本不仅使劳动者异化，而且使其所有者异化；由此人类创造的文明成为影响自身健康成长的因素。

因而，经济系统的运行不能停止，但又不能在原有水平上进行，那只能从生态系统中尽可能少取，废弃物也尽可能少排放，即在生产中尽可能利用可再生资源，使使用价值链与价值链得以统一起来，共同构筑起更高层次的循环。例如，各种固体废弃物在一定的条件下都可以资源化：回收各种有用物质用于再生利用，如纸张、金属、玻璃、塑料等；提取废弃物中的有价值组分，如在重金属冶炼渣中提取金、银、钴、锑、铂等贵重金属，从粉煤灰中提取玻璃微珠等；生产建筑材料，高炉渣、粉煤灰、煤矸石、废塑料、污泥、尾矿、建筑垃圾、垃圾焚烧灰渣等；生产农用肥料——有机废弃物生产沼肥和堆肥等等。

价值链推动使用价值链生成的关键因素是收益必须大于成本。一般地，从降低成本入手：一是减少投入成本；二是减少处理成本和剩余物质的数量。由于前者的减少有相当难度——以科学技术发展为前提，通常就通过减少剩余物质的处置成本和提高剩余物质的再利用率（在某种程度上可视为减少剩余物质的数量）来实现。根据边际分析方法，剩余物质的边际处置成本与边际收益相等的这一点是处置成本的最优值，即 $MC = MR$。由于成本、收益是能够准确核算（在产权较为明晰，责任和权利对等条件下），可以用成本—收益分析法研究剩余物质最小化而带来的收益：其成本是由资本、劳动、物质、信息和额外支出组成，其收益包括按市场价格计算的产品价值、不能按市场价格计算的产品价值（如未来使用的年结余或目前的处理成本）以及其他收益的价值（如一些公共性的收益）。但当这些剩余物再利用的价值已经小于回收再利用过程中添加的价值时，则没有再利用的必要。这时，剩余物质循环便停止。例如，一个厂商的成本函数可表示如下：$TC = C_1R + C_2E + C_3I + C_4W_A + C_5W_B$，其中 TC 为总成本，C_1 是投入原材料的价格，C_2 是能源价格，C_3 是信息价格，C_4 和 C_5 是剩余物质处置成本；而 R、E、I、W_A、W_B 分别是各生产要素的投入量。在资源使用量一定的情况下，通过技术进步，增加制成品，减少剩余物质，形成价值链。其价值函数可表示为：$W = W_{有用物质 + 有用能量} +$

$W_{可再生物质+可再生能源}-W_{废物}$。对于企业的单一剩余物质最小化过程，可回收物质的价值随着循环的增加而递减，通过公式表示：$R_{i+1}=\alpha R_i+\beta W_i$，而当 $YW_i\leq\alpha C_0\beta W_i$（其中：$R_i$ 是第 i 次循环再生产的资源价值，W_i 是指 i 次循环再生产后的可回收资源价值，α 是指生产前后可回收资源与原始资源价值比，C_0 是指添加资源中不变资本投入部分在各次循环中的折旧，β 是指添加资源中可变资本投入部分与可回收资源价值比，Y 是指可回收资源投放到环境中的机会成本与可回收资源价值比）时循环便停止。其实质是，基于环境因素的考虑，经济分析的生产和消费活动对象将从一次性的"有始有终"生产—消费过程，转变为"有始无终"的生产—消费—回收后—生产的不断循环过程。这样，生产成本中也将包含产品回收和资源再利用成本和收益。

然而，市场主体在何时、何种程度上进行废弃物资源化、减量化，有赖于国家营造的社会环境——主体不仅要有客体主体化的能力（科学技术的发展），而且要有废弃物再生资源化激励机制。例如，纸浆主要有两大来源，一是草本作物，如麦秸、稻草、棉秆、竹子等；二是木本作物，如松、杉、杨、桉、荆条等。如果能有效地解决草本原料的污染，将是双赢：农民从中可获得不菲的收入（将麦秸、稻草等销售给造纸厂）；2～3 吨麦秸就能生产 1 吨纸浆，造纸厂有丰富的原料来源；减少木本作物，降低成本和保护环境。如果是用来做食用菌、肥料、饲料或卖到垃圾发电厂，收入较小；或者采用燃烧的方式处理，会导致空气质量下降。在目前，国家或者聚集力量，对草浆造纸的污染治理问题进行专项攻关；或者出台政策，激励企业技术攻关，实现价值链和使用价值链有效统一，使麦秸的使用价值得到更好的实现[①]。

目前国际上有两种较为成功的循环经济模式。一是，杜邦模式——企业内部的经济价值链模式，通过组织厂内各工艺之间的物料循环，延长生产链条，减少生产过程中物料和能源的使用量，尽量减少废弃物和有毒物质的排放，最大限度地利用可再生资源；提高产品的耐用性等，尽可能实现"零排放"。在一定程度上，这一过程遵循着能量转换总是朝着能量贬值的方向进行。根据能量品位逐级利用，可提高能源利用效率。企业根据车间、产品、工艺的用能品质需求，规划和设计能源梯级利用流程，可使能源在生产过程中得到充分利用。以造纸业为例，其生产过程流水作业连续性强，能源电力消耗大。从循环经济的角度分析生产全过程的能量流，能够确定节能重点，实行能量的梯级利

---

① 冯永锋：《草浆造纸如何突破污染关》，《光明日报》，2007 年 6 月 24 日。

用，提高能源电力的使用效率。电力消耗，各个工序都需要液体传输，打浆、碎浆、压榨、脱水、成形等，这都需要消耗动力、消耗能量；蒸汽消耗，热缸升温压榨，主要提高压榨脱水效率，通过升温压榨可使出纸干度达 40% ~ 50%，可降低干燥工序的蒸汽消耗，纸页干燥时能耗最大的环节，通过烘缸蒸发脱除湿纸中的残留水分，使纸页干度达到 92% ~ 95%，其能耗约占造纸全过程的 50%。"零排放"关注排出的总废弃物，包括全部生产、办公以及生活废弃物，其目标是以废弃、废水净化处理为基础，实现企业的废水、废气和总固体废弃物排放为零——关注可再生资源和能源的利用，即提高生物资源、能源的利用率，将部分工艺中使用的原材料和能源以可再生资源与能源替换。工厂排出的"废水"实际上就是工艺水。该系统废水有机物去除率稳定在 90% 以上，在节能耗电的同时，全部过程产生的剩余污泥仅相当于活性污泥的 1/10。把这些剩余污泥直接混入芯浆用于造纸，既能节约污泥处置费用，又降低纸浆的消耗量。

二是工业园区模式，即经济价值链在企业、行业间的延伸，通过企业间的物质集成、能量集成和信息集成，形成产业间的代谢和共生耦合关系，使一家工厂的废气、废水、废渣、废热或副产品成为另一家工厂的原料和能源，建立工业生态园区。典型代表是丹麦卡伦堡工业园区。这个工业园区的主体企业是电厂、炼油厂、制药厂和石膏板生产厂，以这 4 个企业为核心，通过贸易方式利用对方生产过程中产生的废弃物或副产品，作为自己生产中的原料，不仅减少了废物产生量和处理的费用，还产生了很好的经济效益，形成经济发展和环境保护的良性循环。

贵港国家生态工业示范园区：以上市公司贵糖股份有限公司为核心，以蔗田系统、制糖系统、酒精系统、造纸系统、热电联产系统、环境综合处理系统为框架，通过盘活、优化、提升、扩张等步骤，各系统之间通过中间产品和废弃物的相互交换而互相衔接，从而形成一个比较完整和闭合的网络：甘蔗、制糖、蔗渣造纸生态链；制糖、糖蜜制酒精、酒精废液制复合肥生态链以及制糖、低聚果糖生态链这 3 条主要生态链，相互间构成了横向耦合关系，并在一定程度上形成了网状结构，在这个网中，没有废物概念，只有资源，各环节实现了充分的资源共享、变污染负效益为资源正效益（见下图参见鲍健强、黄海凤《循环经济概论》科学出版社 2009，第 143 页）。

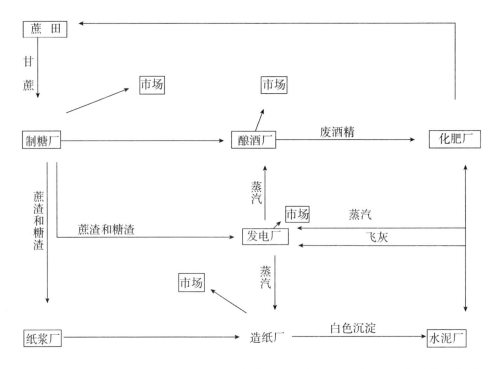

对于物质资源是如此，对人类自身资源更是如此。在知识经济时代，促使物质链生成使用价值链的关键因素是人自身。在不同的背景（尤其在不同的教育内容和教育层次）下成长起来的人具有不同的技能和行为方式，能够适应多层次的社会需要。但若得不到合理的使用，不仅会造成物质资源的损耗，也会使人类自身资源极大浪费，延缓社会的进步。以当下为例，相对低廉的劳动力成本在给发展中国家带来劳动力比较优势的同时，也呈现出负面效应——不仅严重制约了产业结构升级和技术进步，导致市场和生产结构的扭曲和畸形化，而且导致整个社会收入结构不合理，使资源得不到合理有效的分配，产生了价值链与使用价值链背离。

第三节　使用价值链与价值链的背离导致资源危机

使用价值是价值的物质承担着，但两者不可能为同一个主体所有：得到使用价值需让渡价值，反之亦然。既然不能为同一主体所占有，那主体间的差异必然影射在作为资源的价值与使用价值上。虽然货币淡化了这种差异，但这种差异随着社会化进程的加快，在个体理性与集体理性矛盾运动的伴随下，它的危害性开始凸现出来。马克思指出，"当内部不独立（因为互相补充）的过程的外部独立化达到一定程度时，统一就要强制地通过危机显示出来。商品内在的使用价值和价值的对立，私人劳动同时必须表现为直接社会劳动的对立，特殊的具体劳动同时只是当作抽象的一般劳动的对立，物的人格化与人格的物化的对立，——这种内在的矛盾在商品形态变化的对立中取得了发展的运动形式。因此，这些形式包含着危机的可能性，但仅仅是可能性。这种可能性要发展为现实，必须有整整一系列的关系，从简单商品流通的观点看，这些关系是根本不存在的"①。

一、资源属性的多样性与主体目标的单一性相矛盾

不同的人有不同的需求，不管是历史中的还是现实生活本身；即使是同一个人，在不同的阶段和不同的场合的需求以及满足需求的方式也并非不变。因而，对客观世界而言，客体何时、以何种方式、在何种层次上成为满足人需求的资源，也受多种因素制约。主客体之间的需求与被需求关系的复杂性，表现出五彩斑斓、生气勃勃的人间景象。

然而，人类无力一揽子认识、把握自然，但又由于生存和发展的需要，必须认识自然，便采用了科学研究方法——即设定自然是一个孤立或封闭系统，从极其简化的意义上，研究它，认识它，进而改造它。也就是，科学擅长对那种被认为能重复出现的东西加以处理，而不能处理在历史的连续时刻中不可还原、不可逆的东西。如果整体是原始的，那么科学在于把它分解为差不多是过去的再现的因素和方面。例如物理学家伽利略认为，自然界中真实存在的只有物质微粒、微粒的大小、形状、数目以及它们的运动，其他各种各样感性的质、颜色、气味、声音都只是因人的参与才出现的，这些感性的内容是由外界特定物体的特定运动引起的。拉普拉斯认为，一种智慧如果能在一个给定的瞬间里认识到使自然具有活力的一切力量，以及构成自然之生物的各自状况；进而对这些材料进行分析，并能把大到天体的运行、小到原子的运动纳入同样的公式中，那么对这种智慧来说没有不确定的东西，将来和过去一样，都能被把握。杜布瓦-雷蒙也指出，人们可以想象对自然的认识可以达到这样一种程度，世界的普遍过程可以用唯一的数学公式来表达，用共时性的微分方程的惟一庞大体系来表达，可以得出世界的每个原子在每个时刻的位置、方向与速

---

① 马克思：《资本论》第1卷，人民出版社，2004年，第135～136页。

度。这一认识自然的方法取得了重大成就，极大地改变了自然面貌和人类生活，但使人看到的只是自然界的一块块碎片。

把科学研究方法迁移到社会领域，便将复杂社会简化，也将人自身的多样性简化，将人的需求的多样性简化和资源的多样性简化。这种简化就是通过市场研究社会，把社会看作市场的一部分，进而把自然也看作市场的一部分——组成世界的一切事物都有价格，都可以用货币来表示，即市场价值支配一切。"我们力求获得金钱，那是因为金钱能给我们最广泛的选择机会去享受我们努力的成果。在现代社会里，我们是通过货币收入的限制，才感到那种由于相对的贫困而仍然强加给我们身上的束缚"①。在这一理念指导下，人们为了获得预期结果（把部分环境简化成商品）所做的一切，就是对不可量度的成本和效益计算出适当的市场价值，设置的详细方法把思想中的、逻辑中的结论演变成现实生活本身。

例如，为了在市场体系中内化环境，经济学家们通过"三步走"的手段，将环境分解为某些特定的物品和服务，令其从生物圈甚至从生态系统中分离出来，以便在某种程度上使其转化为商品。第二，通过建立供求曲线设定这些物品和服务的评估价格，以确定环保的最佳水平。最后，为实现理想的环保水平设置各种市场机制和政策工具以改变现有市场价格或建立新的市场。基于不同的社会历史状况、技术水平、经济发展的前提条件及其运行机制和对环境问题的不同理解与认识，前期是"外部效应内部化"理论，提出通过征收"庇古税"来达到减少污染排放；随后是"科斯定理"，认为通过产权明晰，设置排污权，以契约的方式解决环境污染问题，可以达到帕累托最优；接着兴起了"环境库兹涅茨曲线理论"，说明环境污染与人均国民收入之间存在倒"U"关系，随着人均 GDP 达到某个程度，环境问题会迎刃而解。

这些虽然表达了部分真理，旨在维护人的生存与发展，但为自然中所有事物设定商品价格并且建立市场以解决污染和资源耗竭等问题，只能在短期内使问题缓解，最终还会加剧所有矛盾，既破坏了生活条件，也破坏了生产条件。

一是自然并不是在市场上出售的商品，也不是根据个人喜好规则组建起来的市场，更不是私有财产。自然资源包括一切具有现实价值和潜在价值的自然因素，是自然界中具有一定的时间、空间格局、对人类生存和生活直接、间接地产生影响的所有自然因素的总和。它不以是否已经被人类所认识、是否被人

---

① F·A·哈耶克：《通往奴役之路》，王明毅等译，社会科学出版社，1997 年，第 87 页。

类开发利用为前提。除了具有显而易见的经济价值外，其多样性与复杂性决定了具有丰富的生态价值和社会价值：一是为人类提供最基本的生活与生存需要的"维生价值"；二是所提供的防护、救灾、净化、涵养水源等潜在价值、间接使用价值；三是提供自然景观、珍稀物种、自然遗产等为人类满足精神及文化上享受的"精神价值"；四是为满足人类探索未知而提供"科学研究价值"等。

自然的经济价值、生态价值、社会价值等是统一的和不可分割的整体，经济价值如果不顾及其他不断地开发，那么必然会引起生态价值和社会价值的流失和缺损。例如，为了应对生态危机和资源危机，将环境治理成本和资源枯竭后的退出成本计入石油、天然气、水、电、煤炭和土地等产品的定价中，且全面的效益等于国民收入以及可计量的财富与环境污染、假冒伪劣的损失值等"负面"财富之代数和。即使这样，自然的社会价值仍不能通过市场精确地反映出来，市场通常也反映不出环境破坏使社会付出的代价。还有，将土地与人类分离并按市场需求构建社会，源于不仅要按照市场—商品原则构建整个社会，而且还要构建整个人类生态的企图。这表现出相互交织的矛盾：把人类与自然蜕变成一套基于市场和迎合个体私利的公用产品，彻底将人类与从前的历史割裂开来；将人类与自然的关系降格为纯粹的个体占有关系。这并不代表人类需求和适应自然能力的充分发展，只不过是为了发展一种与世界单方面的、利己主义的关系而将自然从社会中异化出去的行为。简言之，只从个体的和物质的需求出发看待自然，而不是从信仰、责任、审美的角度审视，是一种错误的自然观。这样的结果将是，人类毁灭的不是自然，而是自己。

二是简化的标准范式突出适者生存，不合人类生活的实际。它强调消费者所消费的各种生活资料和服务必须来自购买，进而在一定偏好的基础上，以有限的收入尽可能大地满足自己的消费欲望——效用最大化原则。可是，消费者所面临的政治、经济、文化条件不同，所形成的行为习惯具有不可逆性、不可模仿性和复杂性等。况且，消费者不仅在长期内欲望是无限的，即使在短期内欲望也是无限的。因而要想建立完全适合每一消费者的各种行为的模式是不可能的。况且任何一种市场理论也只在一定范围内有效，如强调劳动生产率的资本投资，就会低估其他生产要素的作用；如把技术进步看成是劳动和资本的乘数或加速器，就会忽视在福利方面的提高。这种分析范式是把问题肢解成小段，然后一段段按部就班的处理，表现在经济上就是把生产过程拆解成一连串独立的步骤，如筹资、招人、购料、广告、营销等等，进而通过内省、演绎及逻辑推理等方法得出一些整体性的结论。然而，公司赢利的最大化未必会使社会总体利益的最大化，利润最大化本身并不能符合更广的社会需求。恰相反，会妨碍社会需求的实现。因而，不能用单一的经济研究方法同时解释宏观和微观复杂的社会现象并得出相对一致的结论。否则，类似于通过分析寻找宗教幻象的世俗核心，比反过来从当时的现实生活关系中引出它的天国形式要容易得多，"一切神话都是在想象中和通过想象以征服自然力，支配自然力，把自然力形象化"①。在这种范式下，科学也常常违背信念，为强者无可辩护的事物进行辩护。

市场经济虽承认人类追求幸福的道德合法性，可幸福在市场经济中被简化为建立在物质消费基础上的效用和福利，这种对幸福、效用、福利及经济财富的追求必然导致对资源的索取。这种索取在人类有限意识以及对自然的虔诚、恭敬，被人的理性的狂妄、放肆以及对主体无限能力的崇拜中变得无限。在社会生活中，对自然资源与人类自身资源无限的开发和索取代替适度规模的小农经济，把自然界当作取之不尽并可肆意挥霍的材料库和硕大无比可以乱掷污物的垃圾桶，进而巧取豪夺，竭泽而渔，终于导致了生态与社会的双重危机——环境污染、生态失调、能源短缺、城市臃肿、交通紊乱、人口膨胀和粮食不足等一系列问题，日益困扰着人类。

退一步，市场主体不是不保护资源，而是出于以下考虑：一是与新开采资源的成本比，回收旧的费用太高；二是自己不承担或少承担成本最好，至于谁承担则不在考虑范围之内。自然资源被用来生产而完全不管原有的植物和动物群落——生态承担成本，废料被排放而不考虑它们对生态的影响——由生态和别人承担。实在要由自己承担，就头痛医头，脚痛医脚，在生产过程的末端采取措施治理污染。这种办法在遏制污染过程中虽起到了一定的作用，但是随着经济规模的不断扩大，治理的技术难度也增大，不但治理成本畸高，而且生态恶化难以遏制，经济效益、社会效益和生态效益都很难达到预期目标。

总之，人类在自身进化的同时轻视与之密切相关的生态系统，就会出现前者的有序进化是以后者的混乱退化为代价。这样，资源出现在不该出现的地方，不仅造成浪费而且有可能损害其它资源的绩效，使地球上有限资源消耗呈指数性增长，环境污染也呈指数性加剧。它使人类的自由就好像是自身脚下的一卷大地毯，在面前成米成米地展开，却在背后成码成码地卷起。也就是说，

---

① 《马克思恩格斯全集》第12卷，人民出版社，1962年，第761页。

现有的资源配置模式既可能是进步的源泉，也可能是倒退的源泉，增加系统的复杂性。正如人自身，是一个"矛盾的构成物"，是一个与危机共存的动物：这个矛盾构成物是失败、成功、发明的源泉。

二、人的需要的多样性与标准的单一性相矛盾

何谓人，人从哪里来，将向何处去，一直是哲人们对人思考的基本问题。笛卡尔基于人的心灵受到污染的判断，提出"普遍怀疑一切"——"我思故我在"，力图为思维提供一个"纯洁的开端"，实现思维的"清楚明白"。在康德看来，"我思"的功用只是引导"我"的一切思想。这是"我"所固有的联结感性杂多的纯粹"自发性的活动"，是"自我意识的先验统一性"，一切知识皆因之而成为可能①。黑格尔继续完善康德的认识，认为理性先验性作为形式必定具有自己的内容，这种内容仍然源于理性之自我创造。理性经过自身"无限的形式"去创造和统摄一切，从而成为万物"无限的内容"：万物的"精华"和"真相"、世界的"灵魂"和"共性"②；"精神"自己回复到自己的过程，具体表现为精神的原始种子次第展开并返回自身，形成绝对确定性的知识亦即"绝对精神"的过程。因而，人作为"能思之我"而生存乃是人安身立命之本，"能思维"就是人和禽兽分殊的标尺，人与形而上学的因缘天生注定。由此给出了关键性的概括——"人乃是能思维的动物，天生的形而上学家"③。由此，理解事物，只需"现在"，根本不需要"过去"和"将来"。因而，柯林武德指出："在黑格尔的哲学中，最引起人们强烈的反对和敌视的，莫过于他把历史当作是一种在时间中发展的逻辑过程"④。

实际上，人筹划生存的历史必定要守护着"过去"、"现在"和"将在"三个时间样式，三者原始地共属一体。缺少其中的任一环节，人也就成了一种被肢解了自己的生存时间而破碎化了的人，是为了迎合逻辑需要的"剧中人"。由之而来的结果表现为：以近代哲学为精神动力的欧洲人，基于万能理性而来的对于现实和未来的信心，在建造"丰裕"文明之中把自己抛入追赶"无家可归"的天命之中。此时的人的需要，在理性的指导下，简化为通过货币来满足，进而使人自身也有了价格标签。而有价格的事物并不神秘，价格的

---

① 康德：《纯粹理性批判》，韦卓民译，华中师范大学出版社，2000 年，第 155～157、349、391 页。
② 黑格尔：《历史哲学》，王造时译，上海书店出版社，1999 年，第 9 页。
③ 黑格尔：《小逻辑》，贺麟译，商务印书馆，1980 年，第 216 页。
④ 柯林武德：《历史的观念》，何兆武、张文杰译，中国社会科学出版社，1986 年，第 133 页。

高低意味着价值的大小。这使人缺少了自由度，缺少了抉择、责任和尊严的象征。

现实中的人，千差万别，存在的需要也是多样的、多层次的。正如莫兰指出，"我们不能没有观念，也不能没有诗歌、音乐、小说，它们有助于我们理解世界的存在，我们不能没有伦理……现代神话被包括在我们的抽象概念中，与我们的价值混合在一起。爱情、正义、真理、人，都变成了我们的神话，我们不可能没有这些神话，因为它们构成并完善我们的人性。关键在于选择我们的神话，改变这种神话吞噬现实并控制我们的奴役而盲目的关系……不能使神话和观念完全工具化，但我们可以相互控制。理性固然应该批判神话，但不应该消解神话，否则，理性变成了神话"[1]。

要使单一的资源利用或资源的单一利用符合千差万别的主体的要求，是不现实的。这如哈耶克所说，"千百万人的福利和幸福不能单凭一个多寡的尺度来衡量。一个民族的福利，如同一个人的幸福，依赖于许许多多的事物，这些事物被以无数种组合形式提供出来。它不能充分地表达为一个单一目标，而只能表达为一个种种目标的等级、一个每个人的每种需要都在其中占据一席之地的全面的价值尺度。根据一个单一计划指导各种经济活动，这种企图将会引起无数问题，这些问题的答案只能由一个道德条规提供，而现存的道德根本回答不了这些问题，而且对人们应该做些什么也根本不存在一致的看法"[2]。实质上，这种平等主义忽视了个人求生意志的因素，也没有衡量个人对于社会的相对价值。

市场刺激人的多样性需求，也试图满足人的各种需求——试图一切市场化，超越市场应该提供给人的需求。人们被市场中竞争的鞭子驱赶着，害怕落后而忙个不停，市场在科技的帮助下成为千百万人的一种宗教。"货币在质的方面，或按其形式来说，是无限的，也就是说，是物质财富的一般代表，因为它能直接转化成任何商品。但是在量的方面，每一个现实的货币额又是有限的，因而只是作用有限的购买手段。货币的这种量的有限性和质的无限性之间的矛盾，迫使货币贮藏者不断地从事息息法斯式劳动"[3]。人们的这种蜂群精神令自身忽略自己现实生活的很大一部分，为的就是在没有终点线的赛跑中保

---

① 埃德加·莫兰：《方法：思想观念——生境、生命、习性与组织》，秦海鹰译，北京大学出版社，2002 年，第 278 页。

② F·A·哈耶克：《通往奴役之路》，王明毅等译，社会科学出版社，1997 年，第 60 页。

③ 马克思：《资本论》第 1 卷，人民出版社，2004 年，第 156 页。

持自己的位置——前人把他们的生活贡献给了工作，为的是让后人免遭同样的命运；可是后人却仍在拼命地奔跑，只是为了能够站得更稳；当真正的幸福之源出现时，人们却经常向另一方向张望，企盼经济竞争中的下一次挑战①。一个正在发展的市场经济可以满足越来越多的人对可交换财货的需求。结果，可交换财货的边际效用随时间递减，而不可交换的物品之边际效用递增。

市场发育与科学技术进步的结合使人们的生存方式是一种"生产的逻辑"，使得生活既充满了活力，又成为一种又破又立的巨大的源泉。技术不断地改变着人类的交换条件，给道德提出的问题不在于经济交换本身的性质，而在于自身以及自身的变化。在技术的刺激下，不仅出现了残酷的社会动荡和癫狂的社会行为——为获取最大利润而不惜采取残酷手段等。更为重要的是，人们以外在的成败论英雄，以权力和金钱划分人的等级，都给人类制造了破坏、灾祸以及摇摇欲坠的生存环境，从而让人们痛感缺乏一种精神上的寄托，没有一块能够真正长久的安身立命的地方，但造成梦想破灭的不是技术而是人类本性。这就是，如果不改变我们对自己是谁的理解，不改变我们对生活中关键问题的理解……我们既是认知的主体，又是被认识的对象；既是强有力的行动者，又是权力规训的目标；既受到限制和操纵，又是操纵服务的对象，操纵所实现的恰恰是我们的价值。

单一的决策准则导致单一的目标需求。经济领域的成本收益原则与方法——利润最大化（获取尽可能多的货币），在社会生活中不是作为唯一的目标，就是唯一的决策准则。作为商品生产者的目标是按成本最小原则进行决策，生产者本身又是千差万别的，其行为具有明显的不确定性，加之消费者的行为差异和不确定性，追求盈利最大化与追求满足最大化的过程往往可能发生冲突。另外，只要有获得超额利润的生产者，就表明该产品生产上资源配置不当：一是产生需求大于供给和另一些供给大于需求；二是造成一些市场主体为了追求个别利益而增加社会范围内的成本，产生外部不经济。

主体主观上追求盈利，客观上起到了满足需要的积极作用。正是这种一致性，成为市场引导资源有效益的证明。然而，若将主观效用货币化，那拥有货币多少似乎也就成了衡量幸福和快乐程度的尺度。进而，"最大多数人的最大幸福"不仅可以成为普遍的道德标准，而且应成为国家立法、司法和制定政策的出发点和归宿。美国经济学家萨缪尔森提出幸福＝效用/欲望，效用来自

---

① R·W·费夫尔：《西方文化的终结》，丁万江等译，江苏人民出版社，2004年，第315页。

于人们对商品和服务的消费，并最终决定于收入的多少，社会的总福利可以通过国民总收入 GDP 衡量。由此，利润最大化决定着我们的生活环境，科技也助长了这种自鸣得意的态度，同时还竭力把自己塑造成对社会负责，善待环境的形象。

GDP 的增加固然能够带来社会的财富与繁荣，然而，如果仅用 GDP 来评估一个地区的发展成果，不仅容易导致地方不计代价片面追求增长速度，不能准确地反映一个国家财富的变化及人们的福利状况，而且容易忽视结构、质量、效益，掩盖了资源不适当利用对人类带来的负面作用。因为 GDP 在某种意义上只考虑产出与结果，而不在意这个结果是用什么换、怎样换来的，"无度和无节制成了货币的真正尺度"①。

为了追求更多的货币，许多市场主体对产品进行过度包装，不仅经济价值与使用价值不符，而且产品包装所消耗的资源超过了产品本身的使用价值。过度包装是企业为一时的经济利益所驱动而过度的投资于产品的包装，其主要形式有：层次过多、材料过当、结构设计过当、表面装潢过度、包装功能过剩、包装成本过高，等等。据报载，2005 年我国包装产业创产值 4100 亿元，其中一次性就达 2800 亿元，1/3 属于过度包装。一种商品的包装材料，只有消费者没想到的，没有厂商做不到的。除了塑料、纸板之外，还有各类金属、木料、竹料、绸缎、陶瓷、玻璃、有机玻璃等；还有些包装，不仅表面讲究，而且包裹严实，大盒套小盒，盒外再用塑料膜密封。有些商品从外表看，体积很大，看起来货真价实，其实并非如此。仅以茶叶为例，有的茶叶盒看起来很大，但里面的茶叶却很少。空荡的空间，塞了几个小杯子才显得"充实"②。大量销售利润不断刺激市场主体发明产品和扩大产量，导致生产和消费的脱节。

另外，在 GDP 光环下，浪费的资源比实际使用的要多得多。华丽的楼房建筑——有机玻璃构筑的外观，无不在消耗大量的资源。"罩着玻璃罩子，套着钢铁膀子，空着建筑身子"，中看不中用的宽大玻璃幕墙，不仅不能有效地隔热挡光，反而透光吸热，增加了室内温度，以至于室内不得不打开空调降温，这种"捂着被子打扇"的做法，使一些大型公共建筑成为资源杀手。还

---

① 马克思：《1844 年经济学哲学手稿》，人民出版社，2000 年，第 120 页。
② 庄电一：《商品包装，有多少是恰如其分》，《光明日报》2007 年 6 月 24 日。

有，据权威部门透露的一组数据①，2007 年 1～4 月，全国住宿与餐饮业零售额累计实现 3880.1 亿元，同比增长 17.6%，比去年同期增幅高出 3.1 个百分点，占社会消费品零售总额的比重达到 13.9%。但它的成本可从下面几个数据中推演出来：上海市日产餐饮垃圾约 1100 吨，武汉市每天倒掉 500 吨剩饭菜；全国餐饮业每年消耗一次性木筷 450 亿双，需砍伐 2500 万棵大树，相当于一个木材大省一年采伐量等等。一次性消费充当起了把资源变成垃圾的加速器：消耗巨大的资源和制造了大量的垃圾。

有研究表明，我们所购买和消耗的物资中有 93% 根本没有物尽其用，80% 的产品经一次使用后就被弃置了。现在美国商品生产或包含在商品中的原材料的 99% 在销售的 6 周内就变成了废物。由于目前生物能源生产主要以粮食为原料，例如，美国用玉米，欧盟用菜籽等，这对于世界粮食的需求和价格产生了显著影响。2006 年，美国生物燃料乙醇的产量为 1700 万吨，使用了全国玉米产量的 20% 左右。研究表明，发展乙醇导致玉米需求量增加，使 2006 年美国玉米价格上升了 73%。据不完全统计，如果全球制造业生产能力全部开动的话，将是市场需求量的许多倍。因此，如果仅仅在相对狭小的实物生产圈子中发展经济，几乎不可避免地带来重复建设与重复生产，带来了各个制造业厂商之间的残酷的市场竞争。由此爆发的经济危机，足以使全球大多数国家陷入类似于东南亚金融危机式的萧条，由此激发的国际冲突和国内冲突也将日趋激烈，终将难以继续发展下去。

另外，石棉被当作一建筑材料加以销售，自然就为国民生产总值作出贡献。然而，石棉粉尘会导致一种危险的肺病，此病的医疗成本也可贡献于GDP；患者因所受损害而起诉石棉生产者，法律费用也计入 GDP。此外诸如假冒伪劣产品、虚假广告以及由此引发的人际冲突与纠纷的解决等等，无不在增加 GDP。也许亨德森对 GDP 的批判最为准确：环境污染、社区崩溃、家庭生活瓦解、原有生产关系失范，这种种问题的社会成本也许是 GDP 中唯一在增长的部分②。在利润最大化原则运作下，每当资源被重新分配，其结果是一个零和游戏，一个人或团体所赢得的是其他人所丧失的。也就是说，单纯的经济增长引发的只是膨胀的物欲，不一定会促进社会的整体进步；反而使原有的社会信任结构肢解，贫富鸿沟与隔膜加深，人类原有的个体的仅有自信与尊严也

---

① 山峰：《餐饮业之喜与节约型社会之忧》，《光明日报》2007 年 5 月 30 日。
② 亨德森：《太阳能时代的政治学》，道布尔戴出版社，1981 年，第 12 页。

不会存在。即，标准的唯一性使得生产和消费方式是暴力的一个规模、一个混合体、一种程度，越来越不适合宇宙的定律——人类不仅是主体，而且是生态系统的组成部分。威廉·莱斯认为，"在一个刻意与过去彻底决裂的社会制度中，在一个以发展生产力、满足物质欲求为第一要务的社会制度中，人类征服自然的观念成为一种基本的意识形态"①。

面对如此种种的现象，人们面临严酷的抉择：不是将建立更公正的社会秩序作为最基本目标的以促进自然、社会和谐发展，摒弃阻挠一切行为；就是无动于衷，坦然面对失控的生态与社会危机及其对人类和众多其他与我们共存物种所造成的无可挽回的毁灭性后果。选择前一种，需要恰当的定位，节制欲望，减少不必要的张力，进而减少纷争与战争。

---

① 威廉·莱斯：《自然的控制》，布拉齐勒出版社，1972 年，第 179～180 页。

第八章

解决资源危机的出路：科学发展

解决资源使用价值与价值背离的根本出路在于整合资本力量、政治力量、文化伦理力量，使它们各得其所，各司其职：作为经济力量的资本固守自己的领地，着力激发主体的活力创造资源，市场不泛化；政治权力重在维护市场的运行秩序、人与人之间的平等诉求，在应该在的位置；文化伦理营造共同的目的指向和存在氛围——实现自身的永续发展。本质上，这也是它们存在的内在根据和目的，"历史并不是把人当作自己目的的工具来利用的某种特殊人格，历史不过是追求着自己的目的的人的活动而已"①。

第一节　科学发展与和谐社会

社会永续发展意味着经济、政治和文化等内在统一的有序运动——促使价值链为使用价值链服务，在维护人类生存的基础上促进其发展。而这要整合各种资源，一是要正视自身文明潜在毁灭的现状；二是从思想上、逻辑上寻找延续文明的路径；三是在这一思想指导下采取切实的行动。正如马克思所指出的，"光是思想力求成为现实是不够的，现实本身应当力求趋向思想"②。人类伟大的观念连带着罪恶的附属物及讨厌的联结物走入现实，经过筛选，伟大存留下来并激励着人类缓慢地前进。

一、永续发展：当代人类的诉求

永续发展是自然资源的可持续、经济的可持续、社会的可持续发展的统称，其基本含义是，要求当代人在考虑自己的需求与消费时，也要对未来各代人的需求和消费担负起历史的与道义的责任。它源于人类赖以生存和发展的物

---

① 《马克思恩格斯全集》第 2 卷，人民出版社，1957 年，第 118～119 页。
② 《马克思恩格斯选集》第 1 卷，人民出版社，1995 年，第 11 页。

质资源遭到越来越严重破坏的认识和深切关注，将物质资源的利用从动态角度加以延伸，使其公平合理利用的内涵拓宽到代际公平这个层面，使未来各代人与当代人享有同样的权利。

这样一种状态不是世外桃源，而是历史延伸的必然之境。"自进入文明时代以来，财富的增长是如此巨大，它的形式是如此繁多，它的用途是如此广泛，为了所有者的利益而对它进行的管理又是如此的巧妙，以致这种财富对人民来说已经变成了一种无法控制的力量。人类的智慧在自己的创造物面前感到迷惘而不知所措了。然而，总有一天，人类的理智一定会强健到能够支配财富，一定会规定国家对它所保护的财产的关系，以及所有者的权利范围。社会的利益绝对地高于个人利益，必须使这两者处于一种公正而和谐的关系之中……社会的瓦解，即将成为以财富为唯一的最终目的的那个历程的终结，因为这一历程包含着自我消灭的因素。管理上的民主、社会中的博爱、权利的平等、普及的教育，将揭开社会的下一个更高的阶段，经验、理智和科学正在不断向这个阶段努力"①。

要达到这样一种状态，主体必须坚持两个原则：一是公共利益最高原则；二是权利和义务统一对等原则。而要坚持这两个原则，应在可敞开性之中筹划自己的生存，而不是在自身不可捉摸的内在结构中设计自己的存在。其一，人的"现实生活"是一个运动的、敞开的世界。在这个动态社会中，不仅在于社会为他提供生活水平本身，还在于生活水平是否在提高以及提高的机会有多少。对物质利益追求，在主体的意义上，只是主体的手段，其背后是对精神需求和快乐的追求，是对自由的渴望。也就是，随着生产力的提高、社会财富的增长，绝大多数主体能够从中获得与社会相一致的发展空间。而要达到这点，不仅要改变目前的经济增长方式，更要转变其背后的生存方式——生产方式和生活方式；只有生存方式转变——只有人们的幸福观和消费模式能从异化的物质欲回归到"只有大家好才是真的好"本身，经济增长方式才会发生真正的"革命"；此时，物质财富的拥有不再是一种权利的象征，而是实现自由的保证。这两个原则的统一所呈现出的社会是马克思意义上的社会主义。

从历史发展的角度看，人与人的冲突愈是增加，人与自然的关系愈是紧张，意味着资源问题、生存问题愈是严重；反之，资源问题能得到有效处置。出于对资本主义的否定，不仅摒弃私有制，而且把市场经济也抛弃掉，在生产

---

① 《马克思恩格斯选集》第 4 卷，人民出版社，1995 年，第 179 页。

力不发达阶段运用计划经济模式——突出并追求社会整体利益——在短期内能够激发出巨大的社会力量。但这个整体利益以平均主义的形式呈现出来，平均主义试图以社会的"同质性"来消除的社会"异质性"，忽视了作为社会成员的个体自由发展空间和压抑了个体对于合理利益的正常追求。从经济学角度看，计划经济有合理配置资源的可能性，但在现实生活中无法转为现实性。因为人的有限理性和付出人、财、物的代价且需要时间来辨别信息的真伪，以及在获取资源时所付出的成本制约，不可能模仿出逼真的市场分配资源的机制。更为重要的是，在计划经济下，一般的个体是没有主体性和能动性的。

而在社会主义基础上，运用市场经济发展较为落后的生产力，必然出现诸多问题，这是资本扩张的悖论。背离社会主义要求的一面如果不能得到有效解决，必然会产生更大的矛盾。而要想更好地运用市场经济发展社会主义生产力，国家必须运用各种力量构建社会主义和谐社会——一个人与人和睦相处，资源得以高效创造与生成的有序社会。社会主义和谐社会包含两方面的内容：一是人与人关系和谐；二是人与自然关系和谐。

和谐社会首先是人类自身关系——社会结构的和谐。社会结构是社会的框架，是人口结构、民族结构、职业结构、地区结构、家庭结构等有机的统一整体。和谐的社会结构的生成与演化离不开发展基础上的起点平等、机会均等，也就是效率与公平的有机统一。在这一结构中，人与人之间平等互信、融洽友好、团结互助；各阶层之间和谐互动，城乡之间、区域之间、脑体之间的差距合理，人们的收入水平与他们的教育程度、劳动的复杂程度以及对社会贡献相适应，基本上达到人尽其才、材尽其用。和谐不仅是同一，更是内涵差异，差异是世界本身的存在，五彩缤纷、色彩斑斓正是世界的魅力所在。差异构成了个体或群体之间"错位竞争"的条件，有差异的个体不一定要在同一空间对垒，不同个体、不同群体可以在自己能力所及的范围，寻找自己的舞台，充分发挥所长，实现自身的价值和目标。就是在同一空间对垒，主体的差异（能力、兴趣与爱好等），依据一定的原则，也能促进资源的最优配置、个人潜能的最大限度发挥。而在一个完全同质的社会里，若消除了人与人、群体与群体之间的经济和社会差异，也就消除了一个正常社会的多方面的活力。

和谐社会是一个"和而不同"的社会，是一个公民基本权利与责任对等、并在此基础上各种不同的合理的利益诉求能够通过合适的方式——诸如理性谈判来实现的社会。据此，在当下，需要优先考虑贫困和弱势群体的需要，在雪中送炭的基础上帮助维护其基本权利——赋予弱势群体改善自身地位和处境的力量。"贫困不仅仅指收入低微和人力发展不足，它还包括人对外部冲击的脆弱性，包括缺少发言权、权利被社会排除在外"①，因而，"穷人需要的不是慈善而是发展的机会"。而消除贫困，首要的是"资源分配和经济增长模式必须是有利于穷人……由经济增长所创造出来的资源需要投向消除贫困、促进人类发展和保障人权"②。如果能做到这一步，无论是对富人还是对贫困者都是有利的。"所有的人单独地和集体地都对发展负有责任，这种责任本身就可确保人的愿望得到自由和充分的实现，他们因而还应增进和保护一个适当的政治、社会和经济秩序以利发展"③。这样，既能有效地提升社会的整合程度，又能极大地激发社会活力。

人仅仅是生态系统中普通的一分子，自然的组成部分。和谐社会也是人与自然的和谐。人生存于地球之上，人的行为与他所赖以栖居的自然有着直接的相关关系。它们不是一种外在关系，而是自然即人，人即自然，自然和人是相即不相离的。恩格斯指出："我们连同我们的肉、血和头脑都是属于自然界，而存在于自然界之中，我们对自然界的全部力量，就在于能够认识和正确运用自然规律"④。人离开自然，则无法生存；自然离开人，则它的道理无法彰显。马克思指出，"正像社会本身生产作为人的人一样，社会也是由人生产的。自然界的人的本质只有对社会的人来说，才是存在的。只有在社会中，自然界对人来说才是人与人联系的纽带，才是他为别人的存在和别人为他的存在，只有在社会中，自然界才是人自己的人的存在基础，才是人的现实的生活要素。只有在社会中，人的自然存在对他来说才是自己的人的存在"⑤。中国传统文化中的"天人合一"、"大同社会"的理想充分体现了中华民族对人与自然关系的本真的追求。作为一种世界观和思维方式，一种思考问题的路径来看"天人关系"，赋予"人"一种不可推卸的责任。知天和畏天的统一，正是"天人合一"的重要表现，从而表现着人对天的一种内在责任。它不仅包含着人应该如何认识天，同样也包含着人应该尊敬天。人必须在同"天"交往的过程中，实现"人"自身的超越，达到理想的天人合一状态。因而，人格的健全可以通过生态状况得到反映，"无论从微观还是宏观角度看，生态系统的美

---

① 世界银行：《2000/2001年世界发展报告》，中国财政经济出版社，2001年，第11页。

② 联合国开发计划署：《2000年人类发展报告》，中国财政经济出版社，2001年，第79页。

③ 1986年，第41届联大的《发展权利宣言》。

④ 《马克思恩格斯选集》第4卷，人民出版社，1995年，第384页。

⑤ 《马克思恩格斯全集》第3卷，人民出版社，2002年，第301页。

丽、完整和稳定都是判断人的行为是否正确的重要因素"①。人与自然和谐必然形成节约能源和保护生态环境的产业结构、增长方式、消费模式，生态环境质量明显改善。

然而，历史表明，从意识到问题的存在到提出解决问题的办法再到转化为实际的结果，这一过程是缓慢的。缓慢的原因既在于社会的复杂容易使大部分人墨守成规、因循守旧，无法在短期内形成共识；或者在于人类急功近利——毕其功于一役，但在以后的相当长一段时间里不得不为此埋单。另外，在某种意义上，以每个人的利益需求和他们的理想为价值前提，来分析有关政策的理性推断，是合理的；但若以实际的将会发生的事情为前提，那就难以相信这些符合理性的政策结论会得出满意的结果。正如康德所指出的，自然的或无法律的社会状态，可以看作个人权利的状态，而文明的社会状态可以特别地看作是公共权利的状态。文明状态的法律，仅仅取决于依据公共宪法所规定的人们共存的法律形式。严格地讲，这个文明的联合体不宜称之为社会。因为在文明的社会组织中，统治者和臣民之间通常是没有往来的，他们并不是联合伙伴，在一个社会中彼此平等地联合起来，而是一方听命于另一方。那些可以彼此平等共处的人，必须认为彼此是平等的。这个文明联合体与其被看作是一个社会，毋宁把它看作是正在形成一个社会②。

正在形成中的社会主义和谐社会，首要的是要能创造丰富的资源。物质利益支配着人们的社会活动，是全部社会生活的基础。马克思指出："人们奋斗所争取的一切，都同他们的利益有关"③。恩格斯也认为，人们的现实行动大都是"从直接的物质动因产生，而不是从伴随着物质动因的词句产生"④。促进人际关系和谐，首先需要协调好人们之间的物质利益关系，实现人们在物质利益上的公平。普遍贫困的社会不可能是一个和谐社会，贫富过于悬殊的社会也不可能是一个和谐社会。当然，富裕不一定和谐，但贫困肯定导致不和谐。

贫困不仅有物质上的、还有精神上的，物质上的贫困必然促使他不择手段地对待自然，甚至他人；精神的贫困不是来自物质的贫困，就是来自人际关系的扭曲。贫困并不可怕，可怕的是找不到摆脱贫困的路径。摆脱物质上的贫困，就是发展生产力，遵循自然内在的规律，创造更多的物质财富；进而适时

① 霍尔姆斯·罗尔斯顿：《环境伦理学》，杨通进译，中国社会科学出版社，2000年，第307页。
② 康德：《法的形而上学原理——权利的科学》，沈叔平译，商务印书馆，1997年，第133页。
③ 《马克思恩格斯全集》第1卷，人民出版社，1956年，第82页。
④ 《马克思恩格斯选集》第2卷，人民出版社，1995年，第39页。

调整生产关系，促进生产力发展——以集束的形式展开，随着最初互补关系的融合、发展而相互分离；发展以竞争为推动人类展现自身能力的基本手段，而竞争在社会统一体中通过协商、沟通、妥协和平等博弈等机制来进行。在物质富裕的基础上，进一步改善生产关系和上层建筑，使发展既体现在各类资源的优化配置，更体现在有助于人的自由全面发展上，创造足够数量和质量的精神产品，确保经济健康发展，进而提升人们的心智力量，逐渐摆脱精神的贫困，才能真正创造和谐的社会，创造美好的生活。这些条件已具备，"促进人类与自然和人与人之间和谐的知识与物质工具，在很大程度上已经存在，或者容易被设计出来。很多过去用于制造潜在破坏性设施比如传统电站、能源耗费交通工具、露天采矿设备等的物理原理，也可以用来建造小规模的太阳能和风能装置、有效的交通手段和节约能源的住所。我们所严重缺乏的是，有助于我们实现这些值得期待目标的意识与感知……包括以一种人类主义方式进行逻辑思考和情感回应的能力，还要包括一种对事物间相互联系的新型意识和对未来可能性具有想象力的洞察……这种新型意识与感知不应仅仅是诗意的，还必须是科学的。在一个特定的层面上，我们的意识应当既不是诗意的，也不是科学的，而是同时超越二者进入一个理论与实践相统一的王国，一种把幻想与理性、想象与逻辑、设想与技术结合起来的艺术境界"①。

总之，人类的发展需要经济与生态的双丰收，尽可能少地从生态系统中提取，也尽可能少地向生态系统排放剩余物，使得人类自身资源与物质资源最优化组合，以最有效的方式实现资源共享，促进物尽其材、才尽其能。只有在此基础上，它指向诗意栖居与和谐守望的境界才有价值意义。"自由王国只是在必要性和外在目的规定要做的劳动终止的地方才开始；因而按照事物的本性来说，它存在于真正物质生产领域的彼岸。像野蛮人为了满足自己的需要，为了维持和再生产自己的生命，必须与自然搏斗一样，文明人也必须这样做；而且在一切社会形式中，在一切可能的生产方式中，他都必须这样做。这个自然必然性的王国会随着人的发展而扩大，因为需要会扩大；但是，满足这种需要的生产力同时也会扩大。这个领域内的自由只能是：社会化的人，联合起来的生产者，将合理地调节他们和自然之间的物质变换，把它置于他们的共同控制之下，而不让它作为一种盲目的力量来统治自己；靠消耗最小的力量，在最无愧

---

① 默里·布克金：《自由生态学：等级制的出现与消解》，郇庆治译，山东大学出版社，2008年，第5页。

于和最适合于他们的人类本性的条件下来进行这种物质变换。但是，这个领域始终是一个必然王国。在这个必然王国的彼岸，作为目的本身的人类能力的发挥，真正的自由王国，就开始了。但是，这个自由王国只有建立在必然王国的基础上，才能繁荣起来"①。

二、永续发展需要循环经济

和谐社会的构建与追求永续发展是一致的，但一致性不等于现实性。在社会和谐之于政治、经济、文化等的规定性中，经济运行的良好秩序是社会和谐的最主要的基石。虽然资本与科学技术的叠加给人类造就了负面效应——资源危机，但它们不仅确证了人类从自然获取物质资源的能力，而且竭力发掘人类自身资源，促使人们以尽可能小的成本获取最大收益，由此有可能催生价值链与使用价值链的统一，使人类获得了较多的自由发展的空间和时间。

（一）循环经济：价值链与使用价值链的统一的运行形式

价值链与使用价值链的背离所表现出来的是经济活动遵循着"资源——生产——消费——废弃物流回生态系统"单向流动的线形模式。也就是，人类从地球上提取大量的自然资源，然后又以污染物和废弃物的形式大量排向大气、水体和土壤，把地球当作"阴沟洞"或"垃圾箱"。

不管怎么样，人类都不可能有意识破坏自己的生存之基。面对满目疮痍的地球，人们已经考虑如何修复自己的家园。其一，沿着既有的模式，先任其污染，然后再去治理。在某种意义上，这是一种创造资源还抵不上很可能损耗的资源，或者所造成的隐性风险有可能使人类的文明成果毁于一旦。其二，用一种新的经济活动形式，如"稳态经济模式"、"小规模技术"或"零增长方案"等具有生态意义的主张。这虽然不是以往的唯利是图的利润最大化的生产模式，而是具有维护生态平衡和促进人类社会的可持续性的功能；然而，这不仅没有可能性，更与人的历史进程背道而驰。因为，它要求"使人口和人工产品的总量保持恒定的经济"，这实际上只考虑人的生存，而没有考虑人的进步与发展。从历史上看，人口增长极为缓慢的古代社会最符合这种经济活动形式。对人而言，在生存的基础上发展才是人的本质属性。

其三，循环经济模式。这种模式有两个重要来源。一是根据物质不灭定律，自然界的物质可以不断循环利用，能量可以梯级使用的。植物通过光合作

---

① 马克思：《资本论》第3卷，人民出版社，2004年，第928～929页。

用吸收太阳能，进入动物的食物链网，食草性动物又为肉食性动物提供物质和能量，微生物能把所有的动植废弃物分解、消纳，并释放到环境中，成为植物生长的养分，周而复始，循环不息。太阳能是各种能源形势的终极来源，如何充分利用太阳能，把人类经济活动与地球生态活动有机地融为一体，成为生态网络系统中的一个组成部分。二是宇宙飞船理论。K·鲍尔丁认为，地球就像在太空中飞行的宇宙飞船，这艘飞船靠不断消耗自身有限的资源而生存，如果资源开发与环境破坏超过了地球的承载能力，就会像宇宙飞船那样走向毁灭。因为，宇宙飞船是一个孤立无援、与世隔绝的独立系统，靠不断消耗自身资源存在，最终它将因资源耗尽而毁灭。唯一使之延长寿命的方法是实现宇宙飞船内的资源循环利用，如将呼出的二氧化碳进行分解，使之转化为氧气，将尚存营养成分的排泄物进行科学分解，从而提取出营养物进行再利用，尽可能少地排出废物。

这种模式一开始就考虑生态问题并采取措施，使经济活动与生态环境相辅相成。把原来"资源—产品—废弃物流回大自然"的单一过程，改变为"资源—产品—再生资源—产品……再生资源"循环反馈式流程。

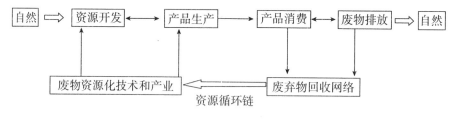

资源循环链

[参见鲍健强、黄海凤《循环经济论》科学出版社 2009，第 15 页]

在这一模式中，经济主体从单纯的生产阶段逐步延伸到产品废弃后的回收、利用和处置环节。也就是，生产不始于工厂，也不终于工厂，而是往上下游再延伸：往前到改变设计、成本、生产方式或其他项目；往后则到产品废弃后的环境污染等问题。价值链的延伸不仅为其带来可观的物质收益，而且也带来相应的社会效益与生态效益。生产链条的延伸和对再生资源的回收利用，主要在收益与成本的核算中，经济主体能够得到更多的利益。否则，经济主体将撤离市场。

在这一模式中，没有了废物或垃圾的概念。有关再生资源的概念经历了多次的界定与修正，反映了人类对废弃物的认识在逐步深化。20世纪50年代称之为"废品"，60年代以后逐渐改为"废旧物资"，现在则称呼"再生资源"。从生产、流通、消费过程中产生的废弃物一部分经废物利用等技术加工分解形成新的资源返回到经济运行中，每一个生产过程产生的附属物都变成了下一个生产过程的原料；另一部分经环境无害化处理后形成无污染或低度污染物质返回自然环境中，由生态系统自身对其净化处理。在微观层面上，企业节约降耗，实现减量化：减少产品和服务的资源使用量、减排有毒物质、提高产品的耐用性。对生产和生活过程中产生的废弃物进行综合利用，并延伸到废旧物资回收和再生利用。在中观层面上，根据资源条件和产业布局，延长和拓宽生产链条，促进产业间的共生耦合。把不同的经济主体连接起来形成共享资源和互换副产品的产业链，使得一经济主体的废气、废热、废水、废物成为另一经济主体的原材料等；建立企业群落的物质集成、能量集成和信息集成，建立企业与企业之间废物的输入输出关系的价值链。在社会整体层面，将制度、体制、管理、文化等因素通盘考虑，注重观念创新和生产、消费方式的变革；遵循自然生态系统的物质循环和能量流动规律，以产品清洁生产、资源循环利用和废物高效回收为特征的经济生态化发展。在这一层次上，回收利用再生资源承担起与寻找替代资源一样的重任。

这一过程以"减量化、再利用、再循环"为资源创造与利用原则，以低消耗、低排放、高效率为经济活动的基本特征，最大限度的利用进入生产和消费系统的物质和能量，提高经济运行的质量和效益。在一般情况下，随着可供开发的资源数量越来越少，用于资源开发的成本会变得越来越大。当成本大到一定程度时，资源开发就会变得毫无效率。在废弃物处理方面也是如此，由于处理废弃物的边际成本会随着剩余物的减少而急剧增大，在通常情况下要实现零排放非常困难或者成本极高。

在新产品的制造过程中，需要消耗大量的能源，这些能源在投入之后就消失了，并被包含在所生产的新产品之中。而再制造是直接利用旧产品的零部件进行生产，原产品中所包含的大部分材料和能源都能得到保存。根据专家估计，全球再制造每年节约能量大约1600万桶原油，相当于8个中等规模核发电总量或7.5万辆汽车终生所消耗的能源；节约材料1400万吨。对环境伤害也降到最低：大幅度减少报废设备或其零部件直接掩埋对环境造成的固体垃圾污染，避免采用回炉、冶炼等回收方式对环境的二次污染，大幅度减少零部件初始制造过程对环境的污染和危害。美国环保局估计，如果美国汽车回收业的成果被充分利用，对大气污染水平将比目前降低85%，水污染处理量减少

76%。这一循环过程，内在地包含着生产、分配、交换、消费以及与之相关联的资源回收与再生产等活动的各个环节，而各个环节又体现着通过市场和技术进步逐步减少对枯竭性资源的路径依赖和新资源生成的价值链和使用价值链的统一。

从上述看，循环经济模式标本兼治，从源头上既防止破坏环境因素的出现，又不影响人类的生存发展。循环经济是一种正在兴起的经济发展模式，其核心是在市场机制基础上，通过制度和政策措施的制定和创新以及科学技术进步，推动高投入、高消耗、高排放、低效益的整个社会经济模式朝向低投入、低效耗、低排放、高效益的模式转型，实现社会步入可持续发展的良性循环轨道。换言之，循环经济模式要求在人与自然统一的生态观指导下，利用已有的文明成果（个人利益只有在整体利益中得到保证和体现）改造社会，在明确的未来价值目标导引下，以知识创新为动力、制度创新为核心、确定发展道路、设计发展模式、调控发展秩序、规范发展行为，以使它既足以克服不利因素又不至于破坏了社会组织以及它赖以立足的文明。循环经济是使用价值链和价值链统一的最好表达方式。

（二）循环经济凸现知识的功能

循环经济是以生态优先和物质循环理念重构传统的经济流程和工业发展的模式，以清洁生产技术、生态化产业链集成技术、环境无害化技术、废弃物回收和再资源化技术为基础，以环境友好的方式永续利用自然资源，以和谐的方式处理人与自然环境的关系，实现资源减量化和高效化，废弃物再资源化和无害化，经济活动生态化和循环化。知识经济是基于知识和信息的生产、分配和使用之上的经济，通过知识流和信息流来整合、优化物质流与能量流，使之高效化、合理化的经济运行方式，实现智力资源对物质资源的替代，实现经济活动的知识化。

使用价值链与价值链的统一表明了物质资源作为前提而存在，人类自身资源尤其是知识成为循环经济的核心要素。在科学技术发展的今天，高素质的人力资本和科学技术在起作用。托马斯·弗里德曼在《世界是平的》里论述道，"所谓平坦系数是这样一个概念——一个国家自身越平坦，也就是说一个国家的自然资源越少，那么这个国家在平坦的世界中的处境就越好。在平坦的世界里，一个理想的国家是没有任何资源的，因为没有任何资源的国家无依无靠，所以倾向于挖掘自己的潜力，提高自身的竞争能力。这些国家会设法调动起全体国民的干劲、创业精神、创造力和学习知识的热情，而不是热衷于挖油井"。

知识进入生产体系，指导和控制实物生产过程，克服生产的盲目性，使之成为理性作业。一是立足于整体和长远利益，系统合理地规划产业等国民经济结构。如果没有更高层次的规划，再多的劳动力、土地和资本都不够消费者滥用。二是延长资源产业的生命周期，加快产业结构调整，拉动众多产业的发展，扩展延伸产业链条。据有关资料显示，回收利用 1 吨废钢，可炼钢 0.8 吨，节约铁矿石 2～3 吨、焦炭 1 吨；回收 1 吨废铜，可炼铜 0.85 吨，节约矿石 1500 吨、电 260 度；回收 1 吨废纸，可以生产 0.8 吨好纸，节约木材 3 立方米、电 600 度、煤 1.2 吨、水 100 立方米①。与原生资源相比，使用再生资源可以节约能源、水，减少矿产资源的开发和环境污染，把产业链末端的废品还原成最初的资源。还有研究表明，技术节能只能完成节能目标的 30%～40%，而结构节能更具节能潜力，也不低于 1/3。自然资源在不断循环中得到合理和持久的利用，把经济活动对自然环境的影响降低到最低限度，实现环境与经济的双赢。比如，污染物的净化处理，清洁能源的开发和利用。在一定程度上，环保技术广泛应用也可以直接推动经济发展方式的转变。正如美国著名学者J·L·西蒙在《最后的资源》认为，科学技术发展能为解决资源（环境）问题开辟新道路。

更为重要的是，知识是一种合作事业，人类不断地在用创造性的思想碰撞的火花锻造和锤炼人类的知识体系。"通过一个集体的社会过程，我们创造了文化、角色、行为标准、关系和物质环境，我们所处的社会影响着我们的行动；我们重复的行动建立了行为标准，设立了在组织中用相似的方法进行相似行动的途径，重复的行动建立了大脑中的神经方式"②。知识也是一种非竞争性物品，它能够被许多人所共享，同时并不减少其中任何一个人可以得到的数量。通常提出知识不会造成提供者的贫困，相反，分享通常可以成为财富的源泉。

同时，知识本身的生产以知识为中心，其产品不是实物，而是知识本身；不是"无差异人类劳动"（即体力劳动）的结晶，而是以创新为特征的智力创造活动的结晶。换言之，知识的增长，不仅创造了以前所不存在的市场，引起和产生更多的创新，出现报酬递增；而且更多地满足人类的非物质需求，如政

---

① 罗晖：《回收利用资源：我国每年浪费 300 亿》，《科技日报》2004 年 12 月 19 日。

② 维娜·艾利：《知识的进化》，刘民慧等译，珠海出版社，1998 年，第 221 页。

治需求和精神需求。在科学知识和人文知识交相辉映中，人类的知识体系得以活化、升华，并制约、引导和影响着人的精神状态和实践活动。其中有影响力的知识还进入历史性的时间之流中，交付给后人去阅读和理解，并且在与后人的对话中不断延续和增加其实践意义。

然而，当人们在观念和利益上都并不认同的情况下，科学技术本身并不具备内在动力和激励机制，去"说服"人们不断探索更为合理的发展模式。即一种崭新的发展模式不会因科学技术的增长而自动出现。它们只是在人们的价值判断和利益分配格局发生变化时——关于"发展"的理念以及相应利益激励机制，才决定着人们对于发展模式和技术应用的选择。有关价值判断的知识力量不仅在于其理性化的力量，而且也体现为知识对于人的基本权利和义务的揭示与捍卫的力量，体现为使制度合法化的意识形态的力量。新的知识的创造与形成会在社会的经济、政治、文化、生态等方面为社会的生存和发展、为人的社会生活提供更加强有力的支持，为社会发展带来新的生机与活力。现时代，各种自然科学、社会科学知识以及人文知识更加渗透于社会的一切生活领域，成了增强社会实在力量的一种"基本资源"。这种资源运行作为一种创意的生产方式和生活方式，体现着知性文明与德性文明的融合，体现着人通过知识的完善、文化创造的力量而不断生成高雅之美、清淡之美、宁静之美、自然之美和创造之美，体现着人类追求幸福、追求人与自然、人与人的和谐统一；即在知识创造中不断体现出人的真、善、美相统一的品质。

总之，以知识为主导的经济形态与以市场为主导的经济形态统一于人类的生存和发展中。建立在劳动"生产率"和个人利益最大化基础之上的市场，易于以机器替代人力，必然产生自然资源的耗竭、人类资源浪费的高昂代价。而建立在知识"生产率"基础上的市场，经济活动变得越来越综合，不仅满足于基本物质生活消费，而且也满足于非实质性的需求，而且这些需求与人的关系、亲密感情等都变得越来越重要，不能轻易地被缩减或以机器来替代。然而，没有前者，无法弘扬人文精神、维护人的尊严、尊重人的感性生活以及自由理性，无法摆脱异化状态和"单向度的人"；没有后者，知识更新的速度与知识职能的彰显无从表征。也就是说，市场经济为个人聪明才智的发挥提供了广阔的舞台，也给社会发展提供了源源不竭的动力。

第二节　循环经济与政治、文化伦理环境

循环经济源自于人类对自然系统进化过程的理性思考，是人类探索社会经济可持续发展历程的必然结果。它不光要求建立生态工业，还需要建立生态农业、绿色服务业等相关产业。然而，这一过程不可能依靠市场自发形成，必须有政府的参与、引导和人类彻底转变观念，改变行为方式。即，政治力量通过规范人与人之间的关系进而影响人与自然的关系，实现人类社会的有序；文化伦理从更广的空间和时间表达了人类自身存在的意义和对资本力量与政治力量的非强制的补充。三种力量共同努力，推动循环经济发展方式早日生成。

一、政治权力：低成本运作与高效率创造资源

虽然"经济运动会为自己开辟道路，但是它必定要经受它自己所确立的并且具有相对独立性的政治运动的反作用，即国家权力的以及和它同时产生的反对派运动的反作用"[1]。这个政治与经济的辩证关系突出表现为经济基础和上层建筑的内在张力。在不同的历史时期，政治对经济的反作用是不同的：如果说以前权力运作模式是以个人为本位带动整体利益，现在必须强调整体利益以促进个人利益的实现。

在当下，政治权力的基本任务一是确立为社会提供更多的切身利益相关的服务，如在环境保护、基础设施、义务教育、公共卫生、社会安全等等方面；二是消除经济上或社会上的障碍——约束公民的实际平等，阻碍人类个性的发展和人们实际参与国家的政治、经济和社会活动；为公民有效参与决策提供制度的便利和通畅的渠道——政府的决策过程透明，政府的公共事务让群众容易了解，有一种平等的服务意识——让人们用最佳的和最富有效率的方式进行生产，强制和暴力可以进行分配但不能生产。在此基础上，"国家真正作为整个社会的代表所采取的第一个行动，即以社会的名义占有生产资料，同时也是它作为国家所采取的最后一个独立行动……对人的统治将由对物的管理和对生产过程的领导所代替"[2]；"社会主义在本质上是工业文明所固有的趋势，通过自觉地使自行调节的市场服从民主社会来超越自行调节的市场"[3]。

---

① 《马克思恩格斯选集》第3卷，人民出版社，1995年，第701页
② 《马克思恩格斯选集》第3卷，人民出版社，1995年，第631页。
③ 诺斯：《经济史上的结构和变革》，商务印书馆，2005年，第209页

从人类的进程看，社会主义不是历史的终点，而是一个新的进化时期的开始；是一个过程而不是静止的事物。也就是，"社会主义只能是以现在的环境为基础。一方面，市场经济已经创造了经济丰裕、消除贫困、提供良好的教育以及提供普遍的卫生保健的极大可能性。新的社会主义制度可以迅速地消除贫困，为所有人提供教育和卫生保健。另一方面，要把严重不平等的资本主义转变为一个人人平等的社会——要击败那些现在拥有大量财富的人的反对——需要很长的时间……我们只得从这样一种社会开始，在其中，即使我们消除了大公司的私人所有制，也仍然需要比如根据工人的产品付给报酬（但剩余产品不会被公司和资本家拿走）这样的激励体制。我们只能慢慢地达到未来一个更平等的阶段，在那个阶段，许多产品和服务都可以免费获得。进一步的进步必须以可供利用的产品和服务为基础，同样也要以转变对激励的态度为基础。但是进化的历史告诉我们，这种进步是完全可能的——它只取决于人类是否组织起来用一个更人道的社会去改变和代替现在的制度"①。

　　也就是说，社会主义公有制的建立是人们自觉的历史实践活动的需要，体现了人类实践活动具有明确的价值取向：消除"劳动异化"，弥补有史以来生产者与消费者的分裂，使劳动与劳动主体的需要直接统一——"既是生产者又是消费者"的经济，也可以追求非利润最大化的目标——可以追求由它负责的政府部门所指定的各种目标。对于资源，不论是物质资源还是人类自身资源，就其禀性来说，属于世界上的所有人，但不为每个人所有，这些资源应该为所有人谋取福利。实际上，在一国或全世界的生活水平一定的条件下，人们关心的中心是自己甚至他人是否都有权过上一定水平的生活，而不是对一定数量的资源是否拥有所有权。人类完全有能力将自然资源的天然空间分布看成一个初始点，经过不断地被修改，使这些资源能为所有人的利益服务，而不仅仅是为那些幸运和富裕的人们服务。

　　但是，在生产力发展不充分的社会主义国家，不能采取完全的公有制形式，而是以公有制占主体才有可能抑制资本的负面效应。这种产权着眼于和谐的社会经济利益结构并维护这种利益的社会结构，体现的是社会化生产与劳动者占有生产资料的统一，是效率与公平的统一。因为一种占有形式的改变意味着会改变物质刺激……若这种占有使被占有的群体免于处于更坏的情况下，这

---

　　①　威廉.M.杜格、霍华德.J.谢尔曼：《回到进化－马克思主义和制度主义关于社会变迁的对话》，张林等译，中国人民大学出版社，2007年，第183～184页。

种占有就是必要的①。资本的扩张表明，不是劳动交换本身导致不平等，而是作为其基础的财产关系——生产资料的私有权，劳动市场只是使生产资料私有权能够转化为不平等的最终收入和福利的一种手段②。

生产力发展水平以及资源的公共属性，反映公有制的本质特征规定——更好地促进绝大多数乃至每一个社会主体的生存与发展。这也就是社会主义初级阶段性质的产权。需要说明的是，经典作家那里的社会主义公有制实质上是个人所有制，"在协作和对土地及靠劳动本身生产的生产资料的共同占有的基础上，重新建立个人所有制"③。它是对以独立的个体劳动为基础的私有制与资本主义私有制的双重否定：它否定以个体劳动为基础的私有制的个体劳动，而把自己的基础放在共同占有生产资料这一资本主义所创造的社会化生产基础之上；它也否定资本主义所有制下劳动者与生产资料相脱离的劳动异化，重新恢复以个体劳动为基础的私有制中劳动者自由而直接地与生产资料相结合，直接支配生产过程和劳动产品的特征。因为只有在这样的环境中，人才能实现自由全面发展。

其次，政治权力对市场干预以及这种干预的力度适当，以便在市场主体与公共领域之间形成一种适度的张力，这种张力使市场的功能得到更有效的发挥。政治权力对市场干预的方式有：运用行政手段，进行价格改革，完善资源价格形成机制，调整资源性产品与最终产品的比价关系，更好地发挥市场配置资源的基础性作用。补贴改革，取消扭曲能源、资源价格的补贴，对生态农业投资给予补贴，对从事资源收集和回收的中介机构和环保产业给予一定扶持。税费改革，提高企业排污费的征收标准、促进企业技术改造、进行资源的回收再利用，征收特别消费税、对居民征收垃圾处理费。例如，日本法律规定，废弃者应该支付与废旧家电收集、再商品化等有关的处置费用。韩国实行"废弃物预付金制度"，即生产单位依据其产品出库数量，按比例向政府预付一定数量的资金，根据其最终废弃资源的情况，再返回部分预付金。

再以丹麦为例，丹麦在节能措施方面，从 2010 年开始，家庭和工商企业

---

① 约翰·E·罗默：《在自由中丧失：马克思主义经济哲学导论》，段中桥、刘磊译，经济科学出版社，2003 年，第 184 页。

② 约翰·E·罗默：《在自由中丧失：马克思主义经济哲学导论》，段中桥、刘磊译，经济科学出版社，2003 年，第 147 页。

③ 马克思：《资本论》第 1 卷，人民出版社，2004 年，第 874 页。

能够为在家庭和生产过程中节能而享受补贴，提高对公用事业公司的节能要求，开展建筑节能，提高节能标准和要求。在发展能源科技方面，政府将寻求建立具有国际竞争力的项目联合团队，其中涵盖丹麦公司和研究机构中最好的科研力量，增加提高能源生产效率和使用可再生能源新技术方面的投资。在重点领域进行研发，主要包括用于交通运输领域的第二代生物燃料、风力发电、氢和燃料电池、低耗能建筑等。由此，丹麦每千瓦时发电量排放的二氧化碳由1990 年的 940 克减少到 510 克，二氧化碳的排放总量相应地从 1990 年的 6000多万吨减少到 5100 万吨①。

　　政治权力的这些干预形式始终要以使用价值为前提来界定公共消费并提供必要的公共品。这里的公共产品生产包括用来改善社会生产、生活条件，特别是用来改善落后地区、领域的生产、生活条件的公共基础设施建设；用来进行当代尖端性、战略性科学创新和技术创新，促进生产力跨越发展的公共科技基础设施建设；以及用来维护人类的自然生存条件的环境、生态公共设施建设；教育、医卫、文化等在内的社会福利和保障体系建设，不仅是为了提高广大群众的生活水平——通过国民收入的再分配，对低收入者进行劳动报酬的补偿，由此弥补市场机制作用下按照要素市值贡献分配的缺陷，而且围绕着使用价值来发挥规制和监管，有助于引导人们追求高尚快乐，拒绝低级享乐，将人变为真正的人的教育：告诉他们什么是真正的幸福，如何才能获得真正的幸福。由此，人们通过市场决策性生产和公共产品生产两种机制，实现财富生产最大化；通过市场性的产品分配和福利性产品分配来实现财富的人民共享和共同富裕。通过提供公共品，发挥乘数效应创造更多的资源，提高人们的生活水平，让所有的人都能享受到由于经济繁荣而带来的生活舒适和安逸。

　　政治权力要实现这些功能，就必须减少冗余职能，增强必要社会功能。除了提高政治权力的运作效率——不仅表现在既包括在经济调节、市场监管、社会管理和公共服务方面履行职责所需的成本降低，也包括政府应对各种危机事件的速度、手段和效果等方面有明显的改进，关键是要体现社会主义国家的优越性，按规律办事，对自身行为有约束能力，该管的管好，不该管的放手，实现"到位"，不"越位"和"错位"，不搞"形象工程"与"政绩工程"，避

---

① 《丹麦新能源发展的成功经验及启示》，http：//www.bioon.com/Bioindustry/bioenergy/416440.shtml，2009 年 11 月 27 日。

免因干预过当造成的资源浪费。

具体而言，一是政治权力不断完善企业在劳动关系，劳动标准，劳动保护，安全生产，工会组织，环境保护，消费者权益等方面的法律法规，严格要求企业依法经营，保护劳动者权益、消费者权益和相关利益群体的权益，不断增强环境保护意识，同时组织企业通过多种形式参与社会活动，引导企业承担相应的社会义务。为此，加强法制宣传和政策咨询，使企业真正理解劳动合同法的精神实质和各项规定，自觉履行法律义务，使广大劳动者了解和熟悉法律中与其切身利益密切相关的内容，进一步增强依法维权的意识能力。

二是政治权力动员和组织各种社会力量帮助企业开发劳动力资源。在这一过程中，尤其要竭力推动社会性别平等。社会科学文献出版社发布的《教育蓝皮书：中国教育发展报告（2009）》认为，教育在缩小男女两性收入差异上发挥了显著作用。低教育程度的女性面临更大的工资性别歧视，而对高教育水平的女性而言，工资性别歧视则要小得多。还有研究显示，专门以女性为重点的计划能够为女性和整个社会创造更多的益处。比如，在教育方面没有实现性别平等的国家，在每年的人均经济增长方面要低 0.1 到 0.3 个百分点。此外，如果一个国家的全体成年女性受教育年限每增加 1 年，该国的人均 GDP 将因此提高近 700 美元。上述影响综合起来产生了这样的事实：在子女健康和教育方面，与拥有类似条件的父亲相比，受过教育和有工作的母亲会产生更为积极的影响。

三是在新农村建设中，政治权力努力营造城乡资源的公平合理配置。由于诸多因素的影响，中国目前的医疗资源配置不合理，优质医疗资源过多集中在大城市。北京、上海等大城市聚集了全国最优质的教育资源。北京约一百多名考生中就有 1 人有机会上北大、清华，而在山东，4000 多名考生中才有 1 个人有此机会，机会相差三十多倍[1]。

农村向城市输送农产品与劳动力，而没有提供能源；城市向农村出售农业生产资料，如机器设备、农药与化肥，没有相应的人才与技术的支持。可转移的农村青壮劳动力正在被吸纳殆尽，30 岁以下农村劳动力尤为偏紧，结构性供需矛盾日益突出。在沿海地区调查发现，接受过职业培训、有一技

① 《中国大城市人口严重超载人口流动带来犯罪问题》，http://www.chinanews.com/gn/news/2010/02 - 23/2133483.shtml，2010 年 2 月 23 日。

之长的农民工供给严重不足。为此，在构建社会主义和谐社会过程中推进的新农村建设，政治权力在农村土地所有权不变的基础上，一是着力引导农村土地资源使用权相对集中，实现适度规模，通过租赁经营、承包经营等形式，为专业化生产、机械化耕作和富余劳动力向非农部门转移创造条件。政府虽通过免农业税、粮食生产直补、良种补贴、购置农机具补贴、林业牧业和抗旱节水机械设备补贴、九年义务教育免学杂费、推进农村新型合作医疗、养老保险等措施使农村居民增收节支，但输血不等于造血，应增加农村居民创造财富的机会。例如，农民承包山地后，在林地里养鸡、种中药材、种蘑菇等；还可以通过林地抵押、树木抵押，甚至宅基地和住房抵押的方式，获得贷款，为进一步发展积累资金。二是加强乡镇的基础设施建设。以工促农、以城带乡，着力推动资源要素向农村配置，促进农业发展方式转变，把基础设施向农村延伸，把公共服务向农村覆盖，缩小城乡公共事业发展差距，使留在农村的人能够共享经济社会发展的成果，降低农民的生产经营成本和生活费用。提高农村义务教育的水平，并加大对农村劳动力的培训力度，使其掌握生态农业的相关技能和较高科学文化素质，以提高农业劳动者的整体素质，为富余劳动力进入城镇以及生态农业的发展创造条件。同时，进入城镇人口必然带动大规模的住房和道路、水、暖、电、学校、医院等公共设施的建设，促进经济结构的变化，也就是非农产业的不断发展，农民能够从事这部分产业，又具备较好的生活条件，逐步减少农村人口，相应地提高农民平均拥有的资源要素数量，为乡镇企业发展提供基本条件。贴近农民，更贴近农村，更有利于吸引一部分农村的剩余劳动力到这样一些小城镇里去，实现地方化，甚至于乡土化，把建设社会主义新农村和推进城镇化作为保持经济平稳较快发展的持久动力。

三是强化乡镇企业的服务导向。引导乡镇企业以市场为导向，以本地资源为依托——或以加工业为主，或以商贸为主，或以风景旅游为主，或以休闲娱乐为主等把原材料基地、高附加值的加工与流通企业、市场三者有机地结合起来，形成一个利益共享风险共担、共同发展的产业链，如把种、养、加作为一个整体来看待和处理，以实现对其包装、储藏、保鲜等，不但增加了效益，而且降低了运输成本，以便在一定范围内把农村地区的各项事业发展带动起来。鼓励乡镇企业为农业生产者提供产前、产中、产后服务，有效地克服一家一户分散经营的局限性，实现家庭经营和联合组织经营的优势互补，使农业生产者享受到生产全过程中的各个环节的平均利润。支持乡镇企业积极利用并开发生物质能源。《中华人民共和国可再生能源法》"鼓励清洁、高效地开发利用生物质燃料、鼓励发展能源作物，将符合国家标准的生物液体燃料纳入其燃料销售体系"。各级政府做好农林业的废弃物等生物质原料的收集及生物质转化等规划与研发——乡镇企业类型与规模、原料收集方式、同种原料优先满足何种所需，以及加大生物质能源利用中关键问题的研究，缩短从研发到产业化应用的中间环节等。另外，在财政、税收等方面，建立和完善生物质资源有效开发补偿机制。如对利用生物质能源的乡镇企业进行投资补贴、减免税费，高价收购以生物质为原料所生产的电能等。

简言之，城乡一体化中的乡镇企业主要作用不仅在深化农产品加工，而且在生物质能源的利用与采集方面表现出来，促使农村资源通过连接、延伸行为生成使用价值链。连接就是将农业产业链中原先中断的部分接通，或把工业链与农业链衔接，使得产业链完整；延伸就是根据农村资源属性，在已有的基础上向两端——产业的上游（研发、设计、重新设计）和下游企业扩展，以达到资源更加充分利用。也就是，

四是国家营造循环经济的发展空间。建立循环经济的相关制度—环境与资源的产权制度、税收制度、绿色采购制度、财政金融制度、环境责任制度。借鉴德国、瑞典的成功经验，推动循环经济运行——德国以"垃圾经济"为核心的循环经济——《循环经济和垃圾处理法》、包装物的二元回收体系、重视公众节约意识；瑞典促进企业自觉地承担经济循环化的义务，即谁生产、谁负责的生产者责任制。

日本在构建循环经济中政治权力的运作图（见下图）。制定或修改与银行业务有关的借贷、融资政策，建立财政信贷鼓励制度，为循环经济发展开辟通道，鼓励循环经济企业的股票上市，建立循环经济专项基金。

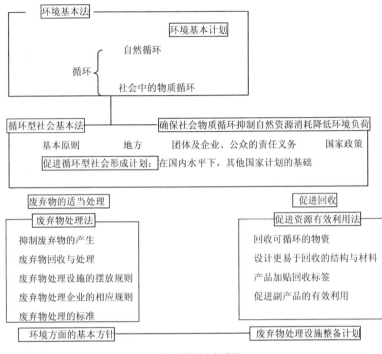

根据各种产品的特性制定的法规

容器包装循环利用法	家用电器再生利用法	建筑材料再生利用法	报废汽车再生利用法	食品再生利用法
由当地政府分别收集，制造商加工	消费者承担循环费用并返还废旧电器给零售商，制造商加工	建筑承包人拆解建筑物，建筑废弃物再资源化	制造商等回收氟利昂、汽车安全气囊、粉碎碎末，报废者支付处理费	食品制造、加工、贩卖者对食品废弃物进行再生利用

绿色采购法 ➞ 政府带头购买再生品

[参见鲍健强、黄海凤《循环经济论》科学出版社 2009，第 221 页]

换言之，政府按照"污染者付费、利用者补偿、开发者保护、破坏者恢复"的原则，推进生态环境的有偿使用。另外，在现有技术水平下，除了水电和太阳能热水器有能力参与市场竞争外，大多数可再生能源开发利用成本高，再加上资源分散、规模小、生产不连续等特点，在现行市场规则下缺乏竞争力，需要政策扶持和激励。以太阳能发电为例，它被称为是理想的发电方式，是一本万利的事。然而在我们的生活中，却很难见到这些太阳能电池产品。因为一套野外使用的应急灯具，两个 LED 灯泡、一块太阳能电池板和蓄电池组成一套系统，价格是 600 元，虽然不用花电费，但是这 600 元足够两个普通灯泡 10 年的电费了。因而，规划或承担研发和技术推广等大众基本需要，是目前私人不愿意从事的公共性产品，这应该成为国家分内之事。

还有，国家应努力建设一个"百花齐放、百家争鸣"的学术研究氛围。一方面，只有在学术自由的环境下，一个人的心智才情才能够得到充分发挥，认识到存在于自由与创造之间的内在关系。另一方面，只有在学术自由的环境下，那些有志向的人才能质疑既有科学与真理的权利，进而通过对既有科学与真理的不断"证伪"使人类一步一步还原事物的本来面目，通过知识获得源源不竭的人类发展动力。

总之，社会主义国家在设计历史活动时，既要考虑个人发展的权利，又要维护社会利益。在这样的社会主义的政治建设进程中，社会将向有利于人的自由全面发展的方向进发。公众一方面自觉遵守环境法规和环保政策，改变不合理的消费模式和消费行为，树立绿色消费观念，降低消费活动对生态系统的影响。另一方面通过抵制污染环境或选择有利于环境的商品进行消费，间接地影响企业的经营活动——企业为了实现自身的利益，需要进行更深层次的定位，必须找到一种市场——既能考虑社会事业，又能考虑个人消费的品位和价值，能够使他们在经营中获得丰厚的利益。只有此时才是社会驾驭经济而不是经济驾驭社会。法国经济学家蒂埃里·让泰认为：社会经济不是"以人们衡量资本主义经济的办法即工资、收益等来衡量的，而是把社会效果和间接的经济效益结合在一起的"。美国学者杰里米·里夫金则把社会经济界定为非政府非营利组织中的经济形式，并且强调是人们进入后市场时代的必然选择①。

不断涌现的非政府非营利部门，是国家机构的必要补充。通过整合社会资源，它提供各种政府不为、市场难为的工作——不仅在救助弱势群体，也为其他群体提供了更为丰富的社会服务。例如，为大量的社会成员提供工作机会，为他们营造一个新的生存与发展空间。当然，这些活动也是一种社会交换，是带有志愿精神和相互扶助等特征的交换。一个人自愿地为别人奉献劳动时间，完全不同于那种建立在出卖自己和自己的劳务给别人基础上的市场关系，而是以人文关怀和社会效益最大化为宗旨。此时不需要有大批职业官僚组成的复杂特殊政治机构，少数非常设的办事机构和兼职人员就可以完成对公共事务的日常管理工作，社团、社区自治能够处理一般的事务，从而降低可有可无的行政

---

① 马仲良等：《社会经济：构建和谐社会的新思路》，《文摘报》，2006 年 12 月 3 日。

成本和减少冗余秩序存在的机会；社会成员有更大的空间参与社会活动，个人将通过深层次的更新摆脱异化，成为自己的主人。正如恩格斯指出的："在生产者自由平等的联合体的基础上按新方式来组织生产的社会，将把全部国家机器放到它应该去的地方，即放到古物陈列馆去，同纺车和青铜斧陈列在一起"①。

二、在文化伦理层面，坚持发展伦理观

政治权力的运作能否达到预期的目的，不仅取决于自身，还依赖于其背后的文化伦理的支撑。"政治制度是文明表面转瞬即逝的权宜手段，每一个在语言上和道德上统一的社会命运，都最终依赖于某些基本的建构思想的幸存，历代人围绕着它们结合在一起"②。因而，在有利于人的发展的和谐社会中，从经济上看是物质资源的循环运行，从政治权力上体现为社会主义的"民有、民治、民享"的权力运作，从文化伦理层面则是发展伦理观。

发展伦理是关于人的发展、完善的文化伦理，建立在人的生存论基础上，其基本内容是规范人"应当"如何对待自然以及人与人之间结成何种关系能够促进社会的进步和人的发展。发展伦理观在资源的生成方面不仅要考虑"是怎样劳动，什么劳动的问题"③ ——"种种商品体，是自然物质和劳动这两种要素的结合。……人在生产中只能像自然本身那样发挥作用，就是说，只能改变物质的形式。不仅如此，他在这种改变形态的劳动本身中还要经常依靠自然力的帮助。因此，劳动并不是它所生产的使用价值即物质财富的唯一源泉"④。而且要权衡"物怎样来满足人的需要，是作为生活资料即消费品来直接满足，还是作为生产资料来间接满足"。⑤ 而这些使用价值在主体之间配置的标准在于，在资源不足以满足每个社会成员需要时，优先保障社会成员的生存权，然后则是"劳动多少，劳动时间多长"。对于那些能够直接满足人需要的自然资源的合理配置最终体现在发展文化伦理中。

以主客二分为哲学根基的传统伦理观，内含着敌对的情感和求优势的欲望。只局限于人，约束的是人与人的关系，对人与自然的关系没有制约作用。把人的发展看作是占有物质资源的增加。主体占有的物质资源越多，优势感越

---

① 《马克思恩格斯选集》第 4 卷，人民出版社，1995 年，第 174 页。
② Lester Pearson, *Democracy in World Politics*, Princeton：Princeton University Press, 1955, pp. 83～84.
③ 马克思：《资本论》第 1 卷，人民出版社，2004 年，第 59 页。
④ 马克思：《资本论》第 1 卷，人民出版社，2004 年，第 56 页。
⑤ 马克思：《资本论》第 1 卷，人民出版社，2004 年，第 47～48 页。

强。市场是表达这一观念的最好途径。于是，市场被戴上神圣的光环后，人类已有的思维习惯成了更难以逾越的障碍。一方面，市场泛化给人们带来了看得见的福利，而最终的代价还不确定，因而原来的方法显得更有效。另一方面，人们认为即使遇到问题，这个问题也在人的解决能力的范围之内，只要人类不断努力做着更周全的计划，就可以减少进而避免错误等。然而，过分地依赖市场与技术，一旦技术不能解救生态阈值，便会产生反对经济增长的消极想法。说到底，出现资源危机的根源在于不同利益主体在利益最大化追求的过程中，强调个体而忽视整体，不能深刻理解和把握人的社会性乃是人的本质属性。从总体上看，资源创造不是成本高于收益，就是社会主体不能都公平地享受到社会发展的成果。

因而，要克服资源危机，摒弃资本为价值而生产的生产方式和生活方式，就必须强调使用价值的优先地位，使人们的聚焦点在使用价值而非价值。也就是要树立价值为使用价值服务，用社会主义价值观念替代资本主义理念——资本主义文化是以个体理性为基础，社会主义制度和文化则以集体理性为基础。

前面曾提到，在资本主义世界中，也存在废弃物再利用，但这是资本家追求剩余价值最大化的需要。表面上是物质资源的节约，实质上是对人类自身资源的巨大浪费："利用机器生产剩余价值包含着一个内在的矛盾：在一定量的资本所提供的剩余价值的两个因素中，机器要提高一个因素，要提高剩余价值率，就只有减少另一个因素，减少工人人数。"① 因而，"只有消灭资本主义生产形式，才允许把工作日限制在必要劳动上。但是，在其他条件不变的情况下，必要劳动将会扩大自己的范围。一方面，是因为工人的生活条件将会更加丰富，他们的生活要求将会增大。另一方面，是因为现在的剩余劳动的一部分将会列入必要劳动，即形成社会准备金和社会积累基金所必要的劳动。劳动生产力越是增长，工作日就越能缩短；而工作日越是缩短，劳动强度就越能增加。从社会的角度看，劳动生产率还随同劳动的节约而增长。这种节约不仅包括生产资料的节约，而且还包括一切无用劳动的免除"②。

社会主义取代资本主义，是从人类劳动的共性、需要的复杂性中寻求走向

① 马克思：《资本论》第1卷，人民出版社，2004年，第468页。
② 马克思：《资本论》第1卷，人民出版社，2004年，第605页。

人类美好未来的路径：从人类自身资源与物质资源的不同结合方式构成不同的生产方式入手，以具有更好整体效率状态的资源配置方式取代相互分离的雇佣形式。"在劳动强度和劳动生产力已定的情况下，劳动在一切有劳动能力的社会成员之间分配得越平均，一个社会阶层把劳动的自然必然性从自身上解脱下来并转嫁给另一个社会阶层的可能性越小，社会工作日中用于物质生产的必要部分就越小，从而用于个人的自由活动、脑力活动和社会活动的时间部分就越大。从这一方面来说，工作日的缩短的绝对界限就是劳动的普遍化"①。这个整体效率所体现出来的是，人们有同等的权利获得他们所需要的资源，进而共同生产。"联合的体验常常是一种天赐的礼物，联合的内涵是终极的综合和易扩展的空间，允许我们通过转移到不同的价值体系来改变世界观。这种协作或交流的感觉状态导致了一个价值体系的产生，这个价值体系包括更大社会、环境以及行星的生命力"②。

人生存于其中的生态系统内的一切要素及其变化之间的相互关系，很少能以精确定量的形式为人所知。例如马尔萨斯的人口原理，连同他的推论，并非是铁定的必然，而只是事实所固有的一种可能性，能够给某些人类社会或者所有的人类社会的一些情况提供解释。科学技术在一定的区域里有效，一旦突破该界限，所带来的弊端将超过收益，若仅仅在一般的调节手段和政策设计上进行修修补补，最多只是延缓生存的时间。市场或经济也只是社会的一个组成部分，在该部分是非常有效的，应该服从和服务于这个社会。一旦超过这领域，显现更多是缺点而不是优点。因而，从社会发展视角看市场，人类不仅有眼前的利益，而且有长远利益；社会不仅自身稳定有界限，而且环境的净化能力和承载力也是有限的。

这并不意味着主体不能改变自身。主体能够通过已有道德中的平等观念，减少或消除敌对的情感和求优势的欲望，或间接地通过下列方式：消除目前刺激他们产生的政治和经济环境——尤其是各国间的政治权力之争和经济竞争——不是互相交替，而是相互补充；用人类的共同欲望——信念、普遍的情感、行为准则三者的统一体——求幸福的欲望、求内外和平的欲望、求解这个我们自己无法选择而又不得不生活在上面的世界的欲望来替代。这也就是要求不同的文明学会在和平交往中共同生活，相互学习，研究彼此的历史、理想、

---

① 马克思：《资本论》第 1 卷，人民出版社，2004 年，第 605 页。
② 维娜·艾利：《知识的进化》，刘民慧等译，珠海出版社，1998 年，第 110 页。

艺术和文化，丰富彼此的生活。换言之，人类生活在一个相互依存的商业世界里，首先需要的是一场思维革命，价值观革命。如果无法认清发展的目的，人类就永远只能在不断的金融危机和能源危机中轮回。金融危机和气候危机的背后可能正是人类价值观的危机。科学离不开想象力和创造力，很多科学发明和新技术都是由一个小小的创意开始。石油的可枯竭让人类利用自己的想象力，研究不同的植物生产出各种替代能源，生物质能源就此诞生。然而，"任何技术——即使是这些出色的社交技术——都不能替代面对面的交流时间，不能替代对本组织人员状况的了解，不能替代为把握这种状况以取得最大优势而做的努力……如果我们因为太过担心可能带来的风险和负面影响而裹足不前，那我们就不会冒险进行尝试，不会真正去部署并启用这些新工具，也不会鼓励人们采用这些工具"。

无论如何，劳动力资源是社会的第一宝贵资源，是企业和社会赖以生存发展的基本要素。只有当产品、服务带来价值的时候，企业才能生存发展。而产品、服务这所有的一切都是通过劳动者努力去工作的结果。也就是，所有的其他资源只有通过劳动者的运用和掌握才能发挥各自的作用，资源效益又和劳动者的思想、技能、作风及其工作态度甚至和他当时的思想情绪大有关系。"文化与个性的改变应与我们实现生态社会的努力并行——一个基于用益权、互补性和不可简约的最低保障的社会，同时要承认一种普遍人性的存在和个体的权利要求。在一个不平等中的平等原则指导下，我们在实现社会内部和谐、社会与自然和谐的过程中，将做到既不忽视个人领域，也不忽视社会领域，既不忽视家庭，也不忽视公共领域"①。由此，主体不占有什么，也不希求去占有什么，只要心中充满欢乐和创造性地去发挥自己的能力努力去做，就会产生新的资源。

归根溯源，自然资源是人类共同拥有的。作为市场主体的企业在利用这些资源时，应该给没有利用的人们以何种补偿呢？换言之，企业应该承担怎样的社会责任呢？社会要发展，需要正确地把握个人、企业生存发展与社会发展的关系。企业社会责任并不仅仅是创立公众形象或者说是进行慈善捐赠或者不歧视任何群体——与世界各地的客户、供应商、员工、社会和股东之间的关系。企业的生产增长和盈利创收不应该给社会造成负面影响，企业内部的正效益不

---

① 默里·布克金：《自由生态学：等级制的出现与消解》，郇庆治译，山东大学出版社，2008年，第403页。

应该给企业外部包括社会带来负的效益。企业作为一个整体，不单纯是要挣钱、经济利润、公司治理，还要关注的环境、福利。经济发展的最终和唯一的目的是使人类的生活变得更加美好，任何经济活动都要关注民生，体现以人为本，促进社会和谐。也就是，企业获利，不仅要对股东负责，还要承担起对员工，对社会对环境的责任——在职业健康，保护劳动者合法权益，节约资源，回报社会方面做得更好。企业社会责任不是简单慷慨地给予和单向的付出与牺牲。社会给予企业的就是企业本身的发展，一个社会离不开它的核心价值观，这种观念必然反映在企业的行为、策略中。这种责任不应该是企业的一个短期行为，应该是把它作为一个长期的、一种自愿投资行动。从理论上来说，如果一个企业非常关注社会公平、经济发展、环保，那么在相对较长的时间内，这些投资也会以持续经营性的方式反映在未来的收益里面；由此带来的是提升它抵御外部环境政策变化的能力，有助于企业稳定发展。

　　然而，在一定意义上来讲，企业能做到的和社会所要求的，总是有一段差距，而这个差距就是我们所要努力的。在可持续发展的框架内，企业用创造性的、有市场前景的方式调动包括客户在内的利益相关人的参与来满足人类的需求和解决人类所面临的问题。一是遵守法律法规是企业的最基本要求。企业用工要依法与职工签订劳动合同，依法制定企业规章制度，按时足额发放工资，建立和谐稳定的劳动关系。二是企业依法参加社会保险，不断提高职工的各项社会保险和福利水平，社会保障和民生之安；只有依法为职工缴纳社会保险才能消除职工的后顾之忧，让职工及其家庭生活稳定。三是企业切实维护好职工的各项合法权益。企业要不断改善劳动条件，注重劳动保护，为职工提供良好的环境，严禁使用童工，不断增加职工的收入提高职工的福利水平。

　　这一切依赖于提高产品质量和服务水平。只有最大限度地为消费者创造价值，产品做到安全有效，经济、合理、方便，才能满足社会对企业的要求，实现盈利能力。企业在实现经济利益、效益的核心功能时，在运营过程中对利益相关方和自然环境的综合价值最大化，实现企业与社会、环境发展的共赢，成为提升企业核心竞争力的重要途径。然而，企业承担责任必然要付出成本，如果企业没有较好竞争力搞低水平建设，搞低价格的恶性竞争，是不可能承担起社会责任。例如，如果用几亿件衬衫去换一架波音飞机，处于价值链的低端，利润非常微薄，由于增值非常少，所以就没有多少利益空间来让社会来分享，不得不通过去压榨员工、破坏环境、污染地球才能得到这一点利润。

　　作为企业，需要把社会责任纳入到企业的战略决策中去：一是企业的决策和行为会对社会带来什么样的影响，二是企业能够为社会做些什么有益的工作——公司不应该雇佣孩子和搞性别歧视；应该是通过社会责任将财富公平分配，以及在不同的利益相关者和股东之间进行分配。具体而言，要关注到工艺的安全，职工的安全、原料以及运输到我们客户，客户怎么样用我们的产品，以及剩下来的废弃物的处理。当创新一个产品的时候，或者现有产品创新的时候，企业要对产品的影响进行分析——产品对于消费者的安全、生产过程的安全、对所有股东所产生的影响，以及对环境的影响：产品对环境所造成的潜在风险，通过生产、流通，进入到环境中去，是不是有害的；有些时候不光考虑生产，还要考虑最后产品废弃对环境造成的影响。通过这些负责任的方式和行为，推动合作伙伴或者供应商生成价值链，通过价值链推动使用价值链来促进企业履行社会责任，符合基本的人权保障。

政治、经济、社会三个部分应当携起手来，共同对社会的进步和社会发展承担起自己的责任。政治权力告诉企业不能做什么，同时还要制定政策鼓励引导企业应该做什么，比如节省资源、减少消耗以及对企业捐赠的税收等等；大力表彰公众认可的，在履行社会责任方面做出重要贡献的单位和个人，如果有条件，建立相应的奖励基金。在打击非法收入的同时，应当利用税收杠杆搞好二次分配，提供公共支持效率和分配的公平性，抑制社会的继续分化，实行促进税制，合理地把高收入群体的收入消低。

社会注重资源的第三次分配，从维持最低标准或寻求资助，转变为改善就业、提高整体生活质量和生活标准。通过 NGO 特别是公益慈善组织的发育，推动先富人群和后富人群之间的互动，平衡社会的心理冲突。如果先富人群资助穷人，穷人就会感动，这种感动可以减轻社会相对失衡的心理冲突，激发后富人群的斗志和责任，先富人群也会通过做善事发现自己新的生命意义，增强公民意识和社会责任。理论界和新闻媒体通过各种方式加强企业社会责任的基本知识和宣传和普及，使企业、管理者和员工熟知这些内容，要使广大人民群众，广大消费者也要熟知这些内容，引导全社会都来关心，让社会每个成员不仅关心、关注社会责任，而且能够身体力行，从我做起——包括商业部门、政府、NGO、媒体，都必须合作起来，这个不是个人的问题，是我们每个人的问题，是涉及我们未来的问题。

企业不局限于规避风险或提高声誉，而是转向通过解决主要战略问题或挑战来改善自身的核心价值创造能力，与政府及社会相关力量携手积极参与各种文化、教育、环境保护、科研以及艺术和体育等公益活动。善待客户，进行一种比较好的与环境与社会和谐的那样的一种产品消费。善待社区，能和周边的社区，周边的居民共生共荣。善待社会，在遵纪守法的前提下，通过为客户创造价值，为股东赚取利润，同时给更多的人创造就业的机会，给国家上缴更多的税款。在此基础上，还要做到关爱保护我们生存的环境、气候，参与支持社会公益事业，促进股东、员工、顾客、国家、社会的和谐，企业才能够成为受人尊敬的企业。经济发展只是手段，它的终极目标，是增加社会的幸福感，让每一个生命过上自由、尊严、免于物质匮乏的幸福生活。总之，企业应在政府和 NGO、商业伙伴与公益伙伴的合作中，营造政策上更加确定，法律上更加健全，伦理上更加宽容的经营环境，更好地利用现有的资源，成为全球化的真正受益者。简言之，企业履行社会责任的状况是一个国家和地区社会文明，物质文明，精神文明，生态文明、法治文明和商业文明的综合体现。

总之，发展伦理意蕴的是社会公众确立科学发展的理念，正确处理社会进步、人的发展与资源的关系，也就是科学处理当代人之间以及当代人与后代人之间、人类与其他物种之间利益的关系。这最终表现在资源的创造将实现主导性生产资料由"物"到"人"的决定性转变，知识与技能、身体与心理和谐发展的"人"成为资源的主体。单纯的物质性力量，没有智力来提供渠道，只能释放洪水。政治权力执行者采取政治、经济、法律、科技、宣传教育等各种措施广泛动员社会各主体，从生产、流通、消费等领域和资源开发、利用与污染防治等不同层面和不同环节上协调人与环境、人与人的关系。

第三节　资本：推动循环经济运行的经济动力

资本与科学技术是一对连体婴儿。没有科学技术，资本扩张失去了工具；没有资本，科学技术失去了物质基础。马克思明确指出，"自然科学却通过工业日益在实践上进入人的生活，改造人的生活，并为人的解放作准备，尽管它不得不直接地使非人化充分发展"[①]。

一、资本促进科学技术的发展

科学技术的发展伴随着资本的扩张史，不仅从量上剧增，而且种类也极其多样，渗透社会生活的方方面面。从生产力角度看，具体表现在如下四个层

---

①　马克思：《1844 年经济学哲学手稿》，人民出版社，2000 年，第 89 页。

面：一是科学技术武装了劳动者，使其掌握了自然科学、社会科学理论和生产技术，并运用到生产实践中去，使生产经验更加丰富，设计和制造出更先进的机器设备，提高了劳动生产率；二是科学技术不断促使生产工具的改进，用先进工艺取代落后工艺；三是科学技术不断扩大劳动对象，开辟新的生产领域，如发现和开发自然资源——石油、原子能，创造和开发人类自身资源——国际互联网，教育和培训劳动者等；四是科学技术渗透在生产的全过程中，主体发明创造新资源以替代旧资源，或发明对原有资源的新的利用方式。换言之，科学技术在解决资源枯竭的问题上，新的技术手段能够引起劳动对象的变化，使更多的自然因素纳入劳动对象的范围，从而扩大人们对自然资源的利用广度和深度，以保存部分稀缺资源。

科学的方法加上资本强烈的增殖欲望必然推动经济社会快速变化。首要地，资本不断挖掘人类自身潜能。人们的个体潜能得以开发。生产本身就是消费，消费为资本增殖创造条件。劳动力所得报酬是可变资本，这种资本转化成维持生存的手段，它必须被消费从而再生产劳动者的肌肉、神经、骨头和大脑，并创造新的劳动者。因此，在私有制与资本并存的时代，无产阶级的个人消费就是把劳动力以资本回报所得的维持生存的手段恢复成资本可以再剥削的新鲜劳动力，也就是是资本主义最不可少的生产工具——工人——的生产和再生产。但资本不满足仅仅是劳动力的再生产，它需要人体更多的潜能。在资本控制的劳动过程中，劳动力商品的生产性消费尤其需要把活力、性驱力、情感意识和创造性劳动力等等动员到资本所规定的特定目标之中。例如，根据资本和科学技术的需要使劳动力非熟练化、熟练化和再熟练化——在生产过程中的那些快速变革能够作出反应的劳动力的可变性、流动性和灵活性生产；使劳动力在文化上适应任务的惯例化，使劳动力习惯于封闭在受管制行为的严格时空节奏中，使他们作为机器附属物频繁地服从身体节律和欲求，使劳动力按不断变动且经常是强度增加的长时间集中劳动的要求中社会化——适应不同性质的劳动分工的发展，在工作场所中对等级制的适应以及对权力结构的服从等等。总之，人体的旧能力被重新改造，新的能力被揭示出来……人类身体未完成的计划在一组特定的相互矛盾的方向上被推向前进。换个思路，这为人的全面发展奠定了基础。

资本开发人类的协作能力。"资本是集体的产物，它只有通过社会许多成员的共同活动，而且归根到底只有通过社会全体成员的共同活动，才能被运用起来。因此，资本不是一种个人力量，而是一种社会力量"①。科学技术的迅猛发展，使人类有了更多的器官的替代品——机器、设备等只是人体器官的延伸。现代化的生产线、交通、通讯，进而生成的全球村等，无不在利用和培育人类的基本合作/协作能力。虽然它的起点不那么光彩，"由各种年龄的男女个人组成的结合劳动人员这一事实，尽管在其自发的、野蛮的、资本主义形式中，也就是在工人为生产过程而存在，不是生产过程为工人而存在的那种形式中，是造成毁灭和奴役的根源，但在适当的条件下，必然会反过来转变成人道的发展的源泉"②。而且这些协作能力也是摆脱人类面临的生存困境的基本条件。因为，"只有结合工人的经验才能发现并且指出，在什么地方节约和怎样节约，怎样用最简便的方法来应用各种已有的发现，在理论上的应用即把它用于生产过程的时候，需要克服那些实际障碍，等等"③。

二、资本求利最大化促进废弃物资源化

那些被积压的资本投资于风险性的科技创新，开辟新的消费领域，并且通过产业链带动着一系列新兴产业，给新增资本开辟了新的投资渠道。例如，汽车、广播电视、个人电脑与国际互联网、移动电话等前所未有的新型市场。这不仅为剩余资本找到了出路，还将自然界更多的客体圈入到市场化的旋涡中，变成为人类服务的产品。与此同时，资本逐利的本性又通过市场竞争压力使旧产业重新洗牌，企业倒闭，工人失业，被困的生产要素将会被释放出来，经过改造与转型，又被重新吸收到新企业或新产业中，获得新的价值。

除此，科技创新更能体现在如何使有限的物质资源更好地为人类的生存发展服务。虽然资本追求利润，不追求环保；但环保产业如果也能带来利润，资本也不会拒绝。这主要表现在两个方面，一是提高资源利用率，减少废弃物的排放；二是对废弃物资源化，进一步减少废弃物。正如马克思指出的那样："化学的每一个进步不仅增加有用物质的数量和已知物质的用途，从而随着资本的增长扩大投资领域。同时，它还教人们把生产过程和消费过程中的废料投回到再生产过程的循环中去，从而无需预先支出资本，就能创造新的资本材料"④。把生产过程和消费过程中的废料投回再生产过程，正像只要提高劳动

---

① 《马克思恩格斯选集》第1卷，人民出版社，1995年，第287页。
② 马克思：《资本论》第1卷，人民出版社，2004年，第563页。
③ 马克思：《资本论》第3卷，人民出版社，2004年，第118~119页。
④ 马克思：《资本论》第1卷，人民出版社，2004年，第698~699页。

力的紧张程度就能加强对自然资源的利用一样，科学技术使执行职能的资本具有一种不以它的一定量为转移的扩张能力。同时，这种扩张能力对原有资本中已进入更新阶段的那一部分也发生反作用。资本以新的形式无代价地合并了在它的旧形式背后所实现的社会进步。

科学技术的发展使得大批新型生产工具问世，而新工具的问世意味着为已有资源找到了新的用途。马克思多次指出："机器的改良，使那些在原有形式上本来不能利用的物质，获得一种在新的生产中可以利用的形态"①；"人们使用经过改良的机器，能够把这种本来几乎毫无价值的材料，制成有多种用途的纺织品"②。伴随着科学的进步，工艺水平也日益提高。而工艺的进步，改变了对生产原料的利用途径和方式，极大地提高了资源利用率。另外，科学技术的进步使那些在原有形式上本来不能利用的、生产中的各种废料，获得了一种在新的生产工艺中可以再利用的形式，废料成为了新工艺的原料。实践了马克思早在 100 多年前就明确地说过的话："所谓的废料，几乎在每一种产业中都起着重要作用"③；"在生产过程中究竟有多大一部分原料变为废料，这取决于所使用的机器和工具的质量。最后，这还取决于原料本身的质量。"④ ——垃圾是放错了位置的资源。因为科学的进步，特别是化学的进步，发现了那些废物的有用性质，"化学工业提供了废物利用的最显著的例子。它不仅找到新的方法来利用本工业的废料，而且还利用其他各种各样工业的废料，例如，把以前几乎毫无用处的煤焦油转化为苯胺染料，茜红染料（茜素），近来甚至把它转化为药品"⑤。

在解决能源紧缺的问题上，通过科学技术，新的大量的自然资源被开发和利用；建立合理的能源结构，以贮存安全、洁净和经济的理想能源，逐步替代趋于枯竭的、产生环境污染和公害问题的化石能源，是现代能源革命的主要特征。核能、氢能以及各种可再生能源如太阳能、地热能、风能、潮汐能、海洋能，特别是发展潜力无穷的生物质能等等。

由二氧化碳排放造成的温室效应，已成为全世界普遍关注的重要环境问题。然而，二氧化碳并不只是"坏东西"，它也可以作为多种化工产品的原

---

① 马克思：《资本论》第 3 卷，人民出版社，2004 年，第 115 页。
② 马克思：《资本论》第 3 卷，人民出版社，2004 年，第 117 页。
③ 马克思：《资本论》第 3 卷，人民出版社，2004 年，第 116 页。
④ 马克思：《资本论》第 3 卷，人民出版社，2004 年，第 117 页。
⑤ 马克思：《资本论》第 3 卷，人民出版社，2004 年，第 117 页。

料，进行资源化利用。华东理工大学田恒水教授等开发的二氧化碳绿色高新精细化工产业链，每利用一吨二氧化碳可以节约 2.55 吨标煤，减少二氧化碳排放 7.38 吨，减少废水排放 7.84 吨，可以从根本上解决使用剧毒光气、硫酸二甲酯等存在的危险性。该项目的实施可促进化学工业的可持续发展，节约石油、煤炭等不可再生资源，具有非常显著的社会效益和经济效益。对低碳能源、低碳产业、低碳技术的投资不仅有利于减少排放，而且可以刺激经济复苏，创造大量的就业。据布莱尔报告的统计，目前有超过 200 万人受雇于可再生能源行业，1998 年至 2007 年期间，对新环保技术的投资从 100 亿美元上升到 660 亿美元。在中国，可再生能源领域估计已经拥有超过 100 万从业人员，其中 60% 在太阳能制造和服务领域工作。而根据联合国环境规划署预测，到 2020 年，全球在零温室气体排放能耗方面的投资将达到 1.9 万亿美元。目前，全球大约有 200 万人就职于风力与太阳能产业，其中一半在中国。在巴西，其蓬勃发展的生物能源产业大约每年能创造 100 万左右的新职位。在德国，到 2030 年，环保领域的投资大概是现在的四倍，占工业产值的 16%，就业人数将超过其汽车产业所吸纳的工人数。

美国伯明翰大学的研究人员成功使用细菌及肌醇磷酸（一种廉价植物废料的类似物）捕捉到了污染水中的金属铀，将水净化的同时实现了金属铀的循环利用。这些金属铀主要来自铀矿开采。该技术还可以应用于清洁核废料。特别是在目前的现实背景下，各国在低碳能源领域展开激烈竞争，纷纷将注意力转向核能，发展各自核能技术，铀的价格很可能会水涨船高，回收、循环利用铀就显得更加有利可图。该污水处理方法从整体上来说是十分经济的，因为除了成本效益，它还会带来环境上的好处。此外，如果使用从农业废物中提取的粗制肌醇磷酸，成本将会进一步降低。

由西班牙专家梅塞德斯·马罗托·巴莱尔领导的英国科研小组发明一项将二氧化碳（CO_2）转化为天然气的技术。该中心已经发明好几项技术，收集热电厂、水泥厂和石油提炼工厂等高污染工业释放出来的 CO_2，并将其储存在废弃油井或天然气井、碳矿或地质层等地质沉积场所。科学家利用一个与植物光合作用相似的过程发明出将 CO_2 转化成天然气主要成分——沼气的技术。植物将 CO_2、水和阳光转化成糖，而该技术则利用这三种物质合成沼气而不是碳水化合物。如果这一技术在全球范围使用，将带来完美的能源循环。不过这种将 CO_2 隐藏在地下的方法虽然减少了大气中的 CO_2 含量，但因为目前尚不清楚 CO_2 的最大储存期限，并且一旦它们大规模逸出，将造成严重的环境后果。

美国科学家最近找到一种有效的方法，成功地将柳枝稷、白杨树等植物的木质纤维素（即固态生物质能）转化为"绿色汽油"。该研究成果有助于扫清绿色汽油市场化的关键障碍。未来的生物燃料在化学组成上十分接近于现在的柴油，而化学工程师们面临的挑战就是在适合现有基础设施的条件下，找到用生物质能高效生产液体燃料的方法。

新方法是利用一种名为"ZSM5"的固体催化剂快速加热纤维素，使其分解。催化剂的作用在于加速反应过程，减少原材料不必要的消耗。而后又快速冷却生成的产物，从而制造出一种液体，其中包含多种汽油成分，比如芬芳类物质。这些液体可以被进一步加工，形成汽油的其他组分，或者作为辛烷汽油的混合物。"绿色汽油由于可以用在现有的发动机上，而且不会招致相应的经济损失，因此相比生物乙醇而言，它是另一种有吸引力的替代能源。从理论上说，绿色汽油比生物乙醇的生产需要的能量要少得多，相应的温室气体排放量和生产成本也要更低"。"以柳枝稷、白杨树作为能源作物和纤维素来源，也解决了最近一些科学家提出的作物乙醇和大豆柴油的全周期温室气体问题"。

从历史来看，每一次能源大转换实际上是技术的转换，都是从一种能源技术转换成另一种能源技术，没有技术的进步，没有新技术的实现，就不可能出现能源的大转换。蒸汽机和炼铁技术促进了煤炭的开发和利用，内燃机、燃气轮机促进了石油、天然气的开发和利用。现在的一整套能源工业，包括汽车，火车和轮船等等都是建立在煤炭、石油、天然气基础上的，第二次能源大转换不仅要重建能源工业，而且要重建一切用能设施。所以从技术上讲第三次能源大转换，无论从广度，深度来讲都要比前两次能源大转换要艰巨得多。

虽然资本是人类能够找到扩大生产、积累财富、刺激消费、追求幸福的一种社会方式，但资本的私人占有、资本的私人享用与资本之社会责任的社会化之间的内在矛盾难以克服。同样，市场是由若干追求各自利益的个人和集团组成的社会空间，在这个空间中不一定每个人都能分享财富却一定共同分享风险，这是市场自身无法解决的难题。因而，不论是市场的自治能力和自我修复能力，还是资本的运动都是有限度的，其可能性空间决定于人类正确的生产方式和正常的消费水平。当他们之间的经济依赖性已经不足以应对由交易所造成的社会问题时，市场就会把问题交给政府和社会。简言之，没有资本动力，就没有价值链的生成，使用价值链就没有保证。但是，制约资本无限扩张的一面，则是政治力量、文化伦理的责任。

三、循环经济中实现科学发展的案例

曹妃甸地处唐山南部的渤海湾西岸，北距唐山市 80 公里，毗邻京津冀城市群，距北京市 220 公里，西距天津 120 公里，东距秦皇岛 170 公里。曹妃甸的开发建设，立足国内、国外两种资源和两个市场，充分发挥腹地既有产业、技术和资源配置等优势，以大码头、大钢铁、大化工、大电能等"四大"主导产业为核心，相关工业组成布局，三次产业协调发展。

曹妃甸利用港口物流优势，实现了钢铁工业、建材工业、机械装备业、化学工业之间资源和能源在整个工业系统中循环使用，上家的废料成为下家的原料和动力，组成一个物质循环利用、能量梯级流动的企业共生链，实现链上企业资源共享、生产互补和集成创新，使各种资源、能源在企业内部和企业之间的梯级代谢中得到高效循环利用，最终排入环境的废物和废能趋于最小化、无害化。

具体而言，一是钢铁废弃物资源化。与其他企业合作建设了 30 万吨钢渣磨细粉生产线和 60 万吨高炉水渣超细磨生产线，生产混凝土掺合料，提高混凝土的质量。不仅解决了冶金渣堆放的污染，而且相应减少了生产水泥的石灰石开采和能源消耗。二是钢铁废弃物在流程内循环使用。对炼钢产生的污泥压制成球，替代进口矿石做炼钢冷却剂；将含油氧化铁皮脱油后，用于烧结原料，还可以生产粉末冶金、磁性材料；对焦化有机固体废弃物作为型煤黏结剂，实现了无害化处理和资源化利用。在矿产资源节约上，发挥钢厂功能，全部回收利用含铁尘泥。三是社会废弃物资源化。利用焦炉系统处理废塑料，转化为煤气、焦油和焦炭，既可解决白色污染，又可提高焦炭质量，降低炼焦成本。以"减量化、再利用、资源化"为原则，以低消耗、低排放、高效率为特征，对余热、余压、余气、废水、含铁物质和固体废弃物充分循环利用，基本实现废水、固体废弃物零排放。

在城市建设中，建筑安装屋顶雨水收集系统，小区院内设计草沟自然排水系统，以收集小区内路面及停车场的雨水。每个街区内各有一个存水设施，透过屋顶集水装置、街道排水收集等设施将雨水集中储存，可提高收集雨水总量。收集到的雨水能提供自然通风、消防和植物灌溉的功能。利用国际低成本、高效率的海水淡化新技术，进行海水淡化，将海水转化为饮用水。利用生物反应膜技术，进行污水来源分离处理，从废物及污水中回收资源等方式，进行污水处理，以实现水资源最大限度的再利用。在城市中大力推进家庭节水设施的使用，如节水型洗衣机和马桶等。而在城市设计相关节水装置，如防火用

雨水储存、中水利用系统、真空下水系统、通透式排水路面等。确立公共交通的主导地位，以低污染公共汽车、无轨电车、现代有轨电车、轻轨等为主。

城市建筑物通过对建筑分布、朝向、结构、体量、外立面的设计，减少使用空调和取暖设备的天数，降低取暖制冷的能源需求。设计适当的照明水平，选用低能耗装置、节能电器，减少用电需求。鼓励使用节能电器、利用太阳能发电、垃圾焚烧发电、风力发电、复合保温墙体、太阳能热水器、太阳能街灯、燃料电池、地区供给热水系统等，节约能源。推广风力发电、太阳能、海潮能、地热能等可再生的能源，煤电则退居辅助能源。

总之，曹妃甸工业区作为国家首批发展循环经济试点产业园区之一，坚持以科学发展观为统揽，建立循环经济产业体系、资源综合利用管理控制体系、生态建设和环境保护体系为重点，加快集聚钢铁、石化、电力和装备制造等循环经济示范产业群，形成完整的废旧物资和废弃物回收利用系统，最大限度地节约资源、保护环境，实现人与自然的和谐发展，各项资源、环境指标达到国家循环经济示范区标准，成为引领中国循环经济发展的示范区。

结束语

对人类生存与发展所依赖的资源的研究，从文明时代就已开始，但提上人类议事日程、需要从哲学层面思考却是在当代。本书尝试性地对其进行思考进而试图提出一些对实践具有指导意义的东西。但由于条件有限，不论是在研究的内容上，还是在研究的方法上，都有待进一步深化和拓展。第一，本文的出发点是为人类寻找永续发展的可能性及其现实性，侧重于物质领域的研究，力图包容其它方面，或者有其他内容的存在，也都为物质领域点缀。需要拓展、深化对其它方面的探究。第二，继承已有的研究方法远远满足不了资源哲学的存在与发展。需要进一步从理论自身挖掘问题的解决办法，或者借鉴科学发展的最新成果并转化到哲学层面。

历史发展表明，人类的发展动力、源泉，以及发展的基础和条件取决于人类自身的活动方式。人是在自身的对立统一中、在与环境构成的对立统一中，不断否定自身、又不断肯定自身，使自身逐渐丰富起来。人类利益是一个由个人、家庭、群体、地区、国家和作为整体的全人类的利益组成的复杂体系。从理想角度看，要使有限的生态资源满足各层次的需要以及地球不因人而毁灭，需要一种有效的利益实现机制。这种机制能够使经济社会的发展在生态系统所能承受的限度内，使人类自身的恶性竞争得以消除，人与自然的关系得以协调，使各层级利益有效地体现在人类的整体利益之中。

然而，如果把全球所有的产品都纳入统一的成本收益的市场中，那发展中国家将处于更加不利地位。发达国家有形无形地把发展中国家的自然资源和劳动力资源转移耗用或者通过跨国公司等形式耗用大部分资源，并把污染转嫁到发展中国家。而发展中国家被迫用剩余的资源换取进口工业品，由此带来生态恶化，使得许多发展中国家越来越丧失发展的基础，处于"贫困——环境陷阱"之中。

原因在于，一是在现有国际关系的原则框架内达成的共识，是在不同国家根本利益不受损害的前提下达成的一种妥协，是在要么毁灭地球毁灭人类、要么保护地球保护人类的两种抉择中作出的理性选择和最简单的价值观判断。二是世界各国的发展阶段不同，面临的问题和追求的目标也各不相同。况且，科学的理论转化为现实的存在，实现真正意义上的永续发展，其复杂性和艰巨性、长期性是不容置疑的。从经济体系到社会生命体再到生态系统循环，每个系统都只能以适度的速度运转，太慢了就会报销，太快了就会崩溃。

当今世界，共识或难求全，但作为底线的资源节约型与环境友好型社会必须谋求，也能够谋求——由粗放型增长到集约型增长，从低级经济结构到高级、优化的经济结构，从单纯的经济增长到全面协调可持续的经济发展的转变。社会主义中国正在继承中华民族的优秀传统文化和吸收世界各国的先进文明成果，抓住一个为期不定的机遇来发展自己的创新能力，将引进技术提供的机会转化为知识创造——将自己低工资万能的低技术部门，提升到高技术、知识密集型产业，建设资源节约型、环境友好型社会。我们有理由相信，只要坚持下去，历史会证明"一个社会的工业化或机械化程度可能远不如这个社会解决目前与工业制度如影随形的污染问题、能源问题和社会矛盾的程度更重要。最初由西方向世界提出的问题，未来可能会有一个非西方的回答"[1]，历史学家汤因比所提及的这个论断值得我们深入研究。

---

[1] 阿诺德·汤因比：《历史研究》，刘北成等译，上海人民出版社，2002年，第365页。

参考文献

1. 马克思：《资本论》（第1~3卷），人民出版社，2004年1月。

2. 《马克思恩格斯选集》（第1~4卷），人民出版社，1995年。

3. 《马克思恩格斯全集》（第1、4、19、22、23、30、31、32、46等卷），人民出版社，1965年。

4. 张雄，《市场经济中的非理性世界》，上海立信会计出版社，1995年12月。

5. 鲁品越，《资本逻辑与当代经济现实》，上海财经大学出版社，2006年3月。

6. 张雄、鲁品越主编，《马克思主义经济哲学及其当代意义》，河南人民出版社，2002年。

7. 张雄、鲁品越主编，《中国经济哲学评论》（货币哲学专辑），社会科学文献出版社，2005年。

8. 张雄、鲁品越主编，《中国经济哲学评论》（资本哲学专辑）社会科学文献出版社，2007年。

9. ［美］巴泽尔著，费方域、段毅才译，《产权的经济分析》，上海人民出版社1997年10月。

10. ［美］詹姆斯·布坎南著，韩旭译，《财产与自由》，中国社会科学出版社，2002年10月。

11. ［美］阿瑟·奥肯著，王奔洲等译，《平等与效率》，华夏出版社，1999年1月。

12. 张彦，《系统自组织概论》，南京大学出版社，1990年4月。

13. 盛邦和，《新亚洲文明与亚洲现代化》，学林出版社2003年。

14. ［英］埃里克·诺伊迈耶著，王寅通译，《强与弱——两种对立的可持续性范式》，上海译文出版社，2006年7月。

15. ［美］理查德·T·德·乔治著，李布译，《经济伦理学》，北京大学出版社，2002年3月。

16. ［美］戴斯·贾丁斯著，林官明等译，《环境伦理学——环境哲学导论》（第三版），北京大学出版社，2002年11月。

17. ［美］莱斯特·R·布朗著，林自新、暴永宁等译，《B模式》，东方出版社，2003

年 12 月。

18. 马克斯·韦伯著，于晓、陈维纲译，《新教伦理与资本主义精神》，生活·读书·新知三联书店，北京，1987 年 12 月。

19. C. 格鲁特尔特、T. 范·贝斯特纳尔编，黄载曦、杜卓君、黄治康译，《社会资本在发展中的作用》，西南财经大学出版社，2004 年 1 月。

20. ［美］西奥多·W·舒尔茨著，姚志勇、刘群艺译校，《报酬递增的源泉》，北京大学出版社，2001 年 8 月。

21. ［美］A. Myrick Freeman ，曾贤刚译，《环境与资源价值评估——理论与方法》，中国人民大学出版社，2002 年 8 月。

22. ［美］丹尼尔·W·布罗姆利著，陈郁、郭宇峰、汪春译，《经济利益与经济制度——公共政策的理论基础》，上海人民出版社，1996 年 8 月。

23. 盛洪主编，《现代制度经济学》（上、下卷），北京大学出版社，2003 年 5 月。

24. ［英］诺尔曼·吉麦尔编，杨冠琼、贺军译，《公共部门增长理论与国际经验比较》，经济管理出版社，2004 年 7 月。

25. ［德］笛特·森格哈斯著，张文武等译，《文明内部的冲突与世界秩序》，新华出版社，2004 年 12 月。

26. ［美］亚历山大·J·菲尔德著，赵培等译，《利他主义倾向——行为科学、进化理论与互惠起源》，长春出版社，2005 年 5 月。

27. ［德］汉斯·哈斯著，车云译，《鲨鱼灵感——人类经济行为探究》，中国城市出版社，2000 年 5 月。

28. ［美］威廉·伊斯特利著，姜世明译，《在增长的迷雾中求索》，中信出版社，2005 年 1 月。

29. ［英］E·F·舒马赫著，李华夏译，《小的是美好的》，译林出版社，2007 年 1 月。

30. ［美］J·A·熊比特著，韩宏、蒋建华等译，《从马克思到凯恩斯》，江苏人民出版社，2003 年 11 月。

31. ［秘鲁］赫尔南多·德·索托著，于海生译，《资本的秘密》，华夏出版社，2007 年 1 月。

32. ［法］让·鲍德里亚著，刘成富、全志刚译，《消费社会》，南京大学出版社，2001 年 5 月。

33 ［美］阿尔伯特·O·赫希曼著，卢昌崇译，Exit, Voice, and Loyalty, 经济科学出版社，2001 年 12 月。

34 ［美］R·柯斯林著，吴琼等译，《哲学的社会学——一种全球的学术变迁理论》（上、下），新华出版社，2004 年 2 月。

35. ［瑞典］汤姆·R·伯恩斯等著，周长城等译，STRUCTURATION：Economic and

Social Change，社会科学文献出版社，2000 年 9 月。

36. ［美］哈伊姆·奥菲克著，张敦敏译，《第二性：人类进化的经济起源》，中国社会科学出版社，2004 年 12 月。

37. ［法］埃德加·莫兰著，吴泓渺、冯学俊译，《方法：天然之性》，北京大学出版社，2002 年 2 月。

38. 程民选，《产权与市场》，西南财经大学出版社，1996 年 10 月。

39. ［英］朱利安·勒·格兰德、卡洛尔·普罗佩尔、雷·罗宾逊著，《社会问题经济学》，商务印书馆，2006 年 8 月。

40. ［美］大卫·施韦卡特著，《超越资本主义》，社会科学文献出版社，2006 年 2 月。

41. ［法］彭加勒著，《最后的沉思》，商务印书馆，2005 年 6 月。

42. ［美］罗伯特·艾尔斯著，戴星翼、黄文芳译，《转折点——增长范式的终结》，上海译文出版社，2001 年 10 月。

43. 薛晓源、李惠斌主编：《当代西方学术前沿研究报告》（2005 - 2006），华东师范大学出版社，2006 年 1 月。

44. ［德］尼克拉斯·卢曼著，瞿铁鹏译，《权力》，上海世纪出版社，2005 年 5 月。

45. ［德］尼克拉斯·卢曼著，瞿铁鹏译，《信任》，上海世纪出版社，2005 年 5 月。

46. ［法］莫里斯·哈布瓦赫著，王迪译，《社会形态学》，上海世纪出版社，2005 年 5 月。

47. ［英］约翰·梅纳德·凯恩斯著，高鸿业译，《就业、利息和货币通论》，商务印书馆，2005 年 3 月。

48. ［美］约瑟夫·熊彼特著，杨敬年译，《经济分析史》，商务印书馆，2001 年 11 月。

49. ［美］道格拉斯·C·诺思著，厉以平译，《经济史上的结构和变革》，商务印书馆，2005 年 10 月。

50. 袁祖社，《权力与自由》，中国社会科学出版社，2003 年 1 月。

51. ［美］加勒特·哈丁著，戴星翼、张真译，《生活在极限之内：生态学、经济学和人口禁忌》，上海译文出版社，2001 年 9 月。

52. ［美］阿兰·兰德尔著，施以正译，《资源经济学：从经济角度对自然资源和环境政策的探讨》，商务印书馆，1989 年 7 月。

53. 姜文来、杨瑞珍，《资源资产论》，科学出版社，2003 年 1 月。

54. 薛平编著，《资源论》，地质出版社，2004 年 12 月。

55. ［日］广松涉著，彭曦、庄倩译，《物象化论的构图》，南京大学出版社，2002 年 5 月。

56. ［美］乔治·赫伯特·米德著，霍桂桓译，《心灵、自我与社会》，华夏出版社，1999 年 1 月。

57. ［英］罗宾·柯林伍德著，吴国盛、柯映红译，《自然的观念》，华夏出版社，1999年1月。

58. ［英］伯特兰·罗素著，张师竹译，《社会改造原理》，上海人民出版社，2001年8月。

59. ［英］特里·伊格尔顿著，华明译，《后现代主义的幻象》，商务印书馆，2000年10月。

60. ［日］青木昌彦著，周黎安译，《比较制度分析》，上海远东出版社，2004年12月。

61. ［美］诺曼·迈尔斯著，王正平、金辉译，《最终的安全：政治稳定的环境基础》，上海译文出版社，2001年9月。

62. ［德］赫尔穆特·施密特著，柴方国译，《全球化与道德重建》，社会科学文献出版社，2001年2月。

63. ［美］塞缪尔·亨廷顿，周琪等译，《文明的冲突与世界秩序的重建》，新华出版社，2002年第3版。

64. ［法］弗朗索瓦·佩鲁著，张宁等译，《新发展观》，华夏出版社，1987年。

65. ［美］詹姆斯.Z.罗西瑙主编，《没有政府的治理》，江西人民出版社，2001年。

66. ［法］帕斯卡尔著，何怀宏等译，《帕斯卡尔文选》，广西师范大学出版社，2002年。

67. ［英］I.梅扎罗斯著，郑一民等译，《超越资本：关于一种过渡理论》（上、下），中国人民大学出版社，2003年11月。

68. 衣俊卿，《现代化与文化阻滞力》，人民出版社，2005年3月。

69. 刘诗白，《主体产权论》，经济科学出版社，1998年12月

70. 赵林著，《协调与超越：中国思维方式探讨》，武汉大学出版社，2005年。

71. 刘宗超等著，《生态文明观与全球资源共享》，经济科学出版社，2000年1月。

72. 何怀宏主编，《生态伦理：精神资源与哲学基础》，河北大学出版社，2002年5月。

73. 帕萨·达斯古普特等编，张慧东等译，《社会资本——一个多角度的观点》，中国人民大学出版社，2005年5月。

74. ［美］盖多·卡拉布雷西、菲利普·伯比特著，徐品飞等译，《悲剧性选择：对稀缺资源进行悲剧性分配时社会所遭遇到的冲突》，北京大学出版社，2005年。

75. ［法］亨利·柏格森著，姜志辉译，《创造进化论》，商务印书馆2004年10月。

76. ［美］本尼迪克特·安德森著，吴睿人译，《想象的共同体》，上海人民出版社，2003年1月。

77. ［德］康德著，沈叔平译，《法的形而上学原理——权利的科学》，商务印书馆，1997年。

78. ［德］康德著，苗力田译，《道德形而上学原理》，上海人民出版社，2005年4月。

79. ［德］康德著，庞景仁译，《任何一种能够作为科学出现的未来形而上学导论》，

商务印书馆，1982年。

80. ［法］鲍德里亚著，仰海峰译，《生产之镜》，中央编译出版社，2005年1月。

81. ［德］康德著，邓晓芒译，《纯粹理性批判》，人民出版社，2004年2月。

82. ［美］B·F·斯金纳著，谭力海等译，《科学与人类行为》，华夏出版社，1989年。

83. ［美］大卫·哈维著，胡大平译，《希望的空间》，南京大学出版社，2006年3月。

84. 谭根林著，《循环经济学原理》，经济科学出版社，2006年5月。

85. ［法］安德烈·朗加内、让·克洛特、让·吉莱纳、多米尼克·西莫内著，蒋梓骅、王岩译，《最动人的人类史》，复旦大学出版社，2006年4月。

86. ［法］于贝尔·雷弗、若埃尔·罗斯内、伊夫·科佩恩、多米尼克·西莫内著，吴岳添译，《最动人的世界史》，复旦大学出版社，2006年4月。

87. ［美］怀特海著，刘放桐译，《思维方式》，商务印书馆，2004年12月。

88. 诺贝尔奖讲演全集编译委员会，《诺贝尔奖讲演全集》经济卷（上、下），福建人民出版社，2003年10月。

89. ［美］曼瑟·奥尔森著，苏长河、嵇飞译，《权力与繁荣》，上海人民出版社，2005年4月。

90. ［比］伊·普里戈金、［法］伊·斯唐热著，曾庆宏、沈小峰译，《从混沌到有序：人与自然的新对话》，上海人民出版社，2005年12月。

91. ［美］约翰·贝拉米·福斯特著，耿建新、宋兴无译，《生态危机与资本主义》，上海译文出版社，2006年7月。

92. ［加拿大］埃伦·M·伍德著，王恒杰等译，《资本的帝国》，上海译文出版社，2006年5月。

93. ［美］斯蒂芬·罗思曼著，李创同等译，《还原论的局限》，上海译文出版社，2006年7月。

94. ［德］约阿希姆·拉德卡著，王国豫、付天海译，《自然与权力》，河北大学出版社，2004年4月。

95. 张耀辉，《技术创新与产业组织演变》，经济管理出版社，2004年12月。

96. 蒋昭侠，《产业结构问题研究》，中国经济出版社，2005年。

97. 周冯琦，《中国产业结构调整的关键因素》，上海人民出版社，2003年8月。

98. 王效民，《市场经济与历史传统》，中国财政经济出版社，2003年9月。

99. 李萍，《经济增长方式的制度分析》，西南财经大学出版社，2001年。

100. ［美］约拉姆·巴泽尔著，钱勇、曾咏梅译，《国家理论——经济权利、法律权利与国家范围》，上海财经大学出版社，2006年7月。

101. ［美］戴维·林德伯格，王珺等译，《西方科学的起源》，中国对外翻译出版公司，2003年第2版。

102. ［意］杰奥瓦尼·阿锐基，姚乃强等译，《漫长的20世纪：金钱、权力与我们社会的根源》，江苏人民出版社，2001 年 1 月。

103. ［英］迈克尔·波兰尼著，彭锋、贺立平等译，《社会、经济和哲学——波兰尼文选》，商务印书馆，2006 年。

104. ［美］阿尔文·托夫勒著，吴迎春等译，《权力的转移》，中信出版社，2006 年7 月。

105. ［美］阿尔文·托夫勒著，朱志焱等译，《第三次浪潮》，新华出版社，1994 年6 月。

106. ［英］彼得·罗布森著，戴炳然等译，《国际一体化经济学》，上海译文出版社，2001 年 4 月。

107. 冯之浚主编，《中国循环经济高端论坛》，人民出版社，2005 年 3 月。

108. 雷永生、王至元等著，《皮亚杰发生认识论述评》，人民出版社，1987 年 4 月。

109. 王梦奎主编，《经济全球化与政府的作用》，人民出版社，2001 年 12 月。

110. ［印度］卡瓦基特·辛格著，吴敏、刘寅龙译，Questioning Qlobalization，中央编译出版社，2005 年 7 月。

111. 刘伟、杨云龙、路林书、张立宪、刘家骐著，《资源配置与经济体制改革》，中国财政经济出版社，1989 年 8 月。

112. ［美］威廉·格雷德著，张定淮等译，《资本主义全球化的疯狂逻辑》，社会科学文献出版社，2003 年。

113. ［法］埃德加·莫兰著，陈一壮译，《迷失的范式：人性研究》，北京大学出版社，1999 年 10 月。

114. ［美］弗朗西斯·福山著，刘榜离等译，《大分裂：人类本性与社会秩序的重建》，中国社会科学出版社，2002 年 1 月。

115. ［美］A·麦金太尔著，万俊人、唐文明、彭海燕等译，《三种对立的道德探究观》，中国社会科学出版社，1999 年 3 月。

116. ［英］R·W·费夫尔著，丁万江、曾艳译，《西方文化的终结》，江苏人民出版社，2004 年 8 月。

117. 忠东，《论公私财产的功能互补》，重庆出版社，1996 年 5 月。

118. 唐贤兴，《产权、国家与民主》，复旦大学出版社，2002 年 12 月。

119. 方竹兰，《重建劳动者个人所有制论》，上海三联书店，1997 年 5 月。

120. ［德］赫尔曼·海因里希·戈森著，《人类交换规律与人类行为准则的发展》，商务印书馆，2005 年。

121. 陈世清编著，《再生型经济》，中国时代经济出版社，2005 年 5 月。

122. 周志山，《马克思社会关系理论及其当代意义》，齐鲁书社，2004 年 12 月。

123. 弓孟谦，《资本运行论——〈资本论〉与市场经济研究》（第二版），北京大学出版社，2004 年 7 月。

124. ［英］J·B·伯里著，宋桂煌译，《思想自由史》，吉林出版社，1999年12月。

125. ［英］约翰·邓恩编，林猛等译，《民主的历程》，吉林出版社，1999年12月。

126. ［美］乔治·洛奇著，胡延泓译，《全球化的管理：相互依存时代的全球化趋势》，上海译文出版社，1998年12月。

127. ［美］丹尼尔·A·科尔曼著，梅俊杰译，《生态政治：建设一个绿色社会》，上海译文出版社，2002年12月。

128. ［美］诺曼·迈尔斯著，王正平等译，《最终的安全：政治稳定的环境基础》，上海译文出版社，2002年12月。

129. ［美］A·爱伦·斯密德著，黄祖辉等译，《财产、权力和公共选择——对法和经济学的进一步思考》，上海人民出版社，1999年6月。

130. 黑格尔著，贺麟、王太庆译，《哲学史讲演录》第4卷，商务印书馆，1978年。

131. 黑格尔著，贺麟、王玖兴译，《精神现象学》，商务印书馆，1979年。

132. ［英］卡尔·波兰尼著，冯钢、刘阳译，《大转型：我们时代的政治与经济起源》，浙江人民出版社，2007年4月。

133. ［英］F·A·哈耶克著，冯克利等译，《致命的自负：社会主义的谬误》，社会科学出版社，2000年9月。

134. ［美］N·维纳著，陈步译，《人有人的用处：控制论和社会》，商务印书馆，1989年。

135. ［美］约翰·杜威著，傅统先译，《确定性的寻求：关于知行关系的研究》，上海人民出版社，2004年1月。

136. ［美］戈登·塔洛克著，李政军译，《寻租：对寻租活动的经济学分析》，西南财经大学出版社，1999年5月。

137. ［美］戈登·塔洛克著，邢玉龙译，《贫富与政治》，长春出版社，2006年1月。

138. ［美］布鲁斯·金格马著，马贵成、袁红译，《信息经济学》，山西经济出版社，1999年版。

139. 科学技术部国际合作司编译，《知识社会：信息技术促进可持续发展》，机械工业出版社，1999年1月。

140. ［日］青木昌彦等编著，周国荣译，《模块时代：新产业结构的本质》，上海远东出版社，2003年4月。

141. ［英］迈克尔·曼著，刘北成、李少军译，《社会权力的来源》（第1卷），上海人民出版社，2002年9月。

142. ［美］维娜·艾利著，刘民慧等译，《知识的进化》，珠海出版社，1998年9月。

143. ［美］达尔·尼夫主编，樊春良、冷民等译，《知识经济》，珠海出版社，1998年9月。

144. ［澳］休·史卓顿、莱昂内尔·奥查德著，费朝辉等译，《公共物品、公共企业和公共选择——对政府功能的批评与反批评的理论纷争》，经济科学出版社，2000 年 8 月。

145. ［英］伯兰特·罗素著，靳建国译，《权力论》，中华书局（香港）有限公司，2002 年 5 月再版。

146. ［美］克里斯托弗·贝里著，江红译，《奢侈的概念：概念及历史的探究》，上海世纪出版集团，2005 年。

147. 郝敬之，《整体马克思》，东方出版社，2002 年 12 月。

148. 亚当·斯密，《国民财富的性质及其原因的研究》，商务印书馆，2004 年。

149. 黄金贤主编，《循环经济：产业模式与政策体系》，南京大学出版社，2004 年 12 月。

150. ［加拿大］罗伯特·W·考克斯著，林华译，《生产、权力和世界秩序：社会力量在缔造历史中的作用》，世界知识出版社，2004 年 6 月。

151. ［德］米歇尔·鲍曼著，肖君、黄承业译，《道德的市场》，中国社会科学出版社，2003 年 6 月。

152. ［法］亨利·柏格森著，王作虹、成穷译，《道德与宗教的两个来源》，贵州人民出版社，2000 年 10 月。

153. ［英］C·D·布劳德著，田永胜译，《五种伦理学理论》，中国社会科学出版社，2002 年 12 月。

154. ［美］德怀特·H·波金斯等著，黄卫平等译，《发展经济学》，中国人民大学出版社，2005 年 11 月。

155. 余谋昌、王耀先主编，《环境伦理学》，高等教育出版社，2004 年 7 月。

156. 鲁品越，《哲学主题的历史变迁与当代走向》，《哲学研究》2004 年第 7 期。

157. 鲁品越、骆祖望，《资本与现代性的生成》，《中国社会科学》2005 第 3 期。

158. 鲁品越，《剩余劳动与唯物史观理论建构》，《哲学研究》2005 年第 10 期。

159. 鲁品越，《汇率与中国经济深层问题》，《学术月刊》2005 年第 10 期。

160. 鲁品越，《产业结构变迁与世界秩序重建》，《中国社会科学》2002 年第 3 期。

161. 鲁品越，《生产关系理论的当代重构》，《中国社会科学》2001 年第 1 期。

162. 鲁品越，《反热寂论与可持续发展》，《中国社会科学》1997 年第 6 期。

163. 鲁品越，《实践概念与马克思主义哲学体系》，《中国社会科学》1995 年第 4 期。

164. 张雄，《货币幻象：马克思历史哲学解读》，《中国社会科学》2004 年 4 期。

165. 张雄，《习俗与市场》，《中国社会科学》1996 年第 5 期。

166. 鲁品越，《资本逻辑与当代中国社会结构趋向——从阶级阶层结构到和谐社会建构》，《哲学研究》2006 年第 12 期。

167. 王知桂，《人力资源合理配置的标准探微》，《福建师范大学学报（哲学社会科学版)》2006 年第 6 期。

168. 卞敏，《论马克思主义哲学的终极关怀功能》，《江苏社会科学》2006 年第 5 期。

169. 谢地，《论我国自然资源产权制度改革》，《河南社会科学》，2006 年第 5 期。

170. 刘小英，《文明形态的演化与生态文明的前景》，《武汉大学学报（哲学社会科学版）》2006 年第 5 期。

171. 刘学敏，《基于可持续发展认识的当代经济学定理的相对性》，《中国人口、资源、环境》2007 年第 1 期。

172. 樊浩，《经济冲动的法哲学结构及其道德形而上学的概念转换》，《东南大学学报》（哲学社会科学版）2007 年第 2 期。

173. 郑丽勇，《重构基于现实假设的决策理论》，《东南大学学报》（哲学社会科学版）2007 年第 1 期。

174. 王遐见，《构建以人为本的可持续发挥模式》，《东南大学学报》（哲学社会科学版）2007 年第 1 期。

175. 任保平，《经济发展成本、经济主体行为与制度安排》，《陕西师范大学学报》（哲学社会科学版）2007 年第 1 期。

176. 余章宝，《西方经济学理论的经验论哲学基础》，《哲学研究》，2007 年第 4 期。

178. 鲍健强等，《用循环经济理念重构传统经济流程》，《自然辩证法研究》2007 年第 4 期。

179. 张晋、乔瑞金，《罗默社会不公正根源思想探析》，《自然辩证法研究》2007 年第 4 期。

180. 余谋昌，《生态学中的主体与客体》，《自然辩证法研究》1988 年第 2 期。

181. 王京跃，《试论效率伦理》，《哲学动态》2007 年第 6 期。

182. 边立新，《效率和公平》，《光明日报》2007 年 6 月 26 日。

183. 贺代贵、陈乃新，《劳动力权理论及其解释》，《光明日报》2007 年 5 月 31 日。

184. 张复明、景普秋，《资源型经济及其转型研究述评》，《中国社会科学》2006 年第 6 期。

185. 崔希福，《制度的本质及其起源的唯物史观解析》，《哲学原理》2006 年第 11 期。

186. 周天勇，《关注民生幸福是经济学研究的回归》，《光明日报》2007 年 5 月 29 日。

187. 吴育林，《论马克思的实践形而上学》，《学术研究》2006 年第 5 期。

188. 张翼，《可再生能源将进入快速前行期》，《光明日报》2007 年 9 月 12 日。

189. 《潘岳建议通过税收收费等经济政策治理污染》，http://news.sina.com.cn/c/2007 – 09 – 09/202013852102.shtml，2007 年 9 月 9 日。

190. 陆志明，《可再生能源发展是现代化的关键》，《新京报》2007 年 9 月 10 日。

191. 李宗植、汪恩华，《把节约能源资源放在突出的战略位置》，《光明日报》2007 年 2 月 6 日。

192. 张孝翠等，《人的主体地位与可持续发展》，《湖南大学学报（社会科学版）》2001 年第 9 期。

193. 周书俊,《选择的客体作为理论和作为实践对于主体的区分》,《江西财经大学学报》2005 年第 3 期。

194. 周书俊,《产业哲学与主体的选择性》,《江西财经大学学报》2006 年第 2 期。

195. Robert S. Pindyck and Daniel L. Rubinfeld, *Microeconomics*. 清华大学出版社, 2001 年 8 月。

196. Robert H. Frank and Ben S. Bernanke, *Principles of Macroeconomics*. 清华大学出版社, 2003 年 12 月。

197. Danie M. Hausman and Michael S. McPherson, *Economic analysis and moral philosophy*. Cambridge：Cambridge University Press, 1996.

198. Subroto Roy, *Philosophy of Economics—On the Scope of Reason in Economic Inquiry*. New York：Rout ledge Press, 1991.

199. Thomas Sowell, *MARXISM：Philosophy and Economics*. New YorK：Willam Morrow Company, 1985.

200. Tom Tietenberg, *Environmental and Natural Resource Economics*（Sixth Edition）. 清华大学出版社, 2005 年 3 月。

201. Peter Moser, *The Political Economy of Democratic Institutions*. Edward Elgar Publishing Limited, 2000.

202. Massimo De Angelis, *Keynesianism, Social Conflict and Political Economy*. Macmillan Press LID, 2000.

203. Carlota Perez, *Technological Revolutions and Financial Capital*. Edward Elgar Publishing, 2003.

204. R. H. Coase, *The Institutional Strudure of Production*, American Economic Review, Vol. 82. 1992.

205. 肖安宝,《均衡的三种向度及其资源观》,《哲学动态》2007 年第 5 期。

206. 肖安宝,《农地资源的产权分割及其效率》,《湖北社会科学》2008 年第 5 期。

207. 肖安宝,《和谐社会：对社会主义本质认识的深化》,《东南大学学报（哲社版）》2006 年第 4 期。

208. 肖安宝,《可变资本与当代资源危机》,《海派经济学》第 19 辑, 上海财经大学出版社, 2007 年 12 月。

209. 肖安宝,《资本时代的剥削及其消灭路径》,《广西大学学报（哲社版）》2008 年第 3 期。

210. 肖安宝,《资本视野中的资源创造》,《广西大学学报（哲社版）》2009 年第 2 期。

211. 肖安宝,《资本与落实科学发展观》,《广西大学学报（哲社版）》2009 年第 3 期。

212. 肖安宝,《价值链推动使用价值链的生成：经济发展方式转变的实质》,《生态经济》2010 年第 11 期。

213. 肖安宝，《农村资源配置与镇企业——城乡一体化建设路径》，《生态经济》2010年第6期。

214. 肖安宝，《剩余劳动及其配置》，《广西大学学报（哲社版)》2010年第6期。

215. 邹海霞、肖安宝，《构建社会主义和谐社会视野中的资源及其配置》，《特区经济》2009年第9期。

后 记

经过六个春秋，《资源创造论：新时代的资源哲学》终落笔。之所以选择这一题目，是基于学者的责任和良心。2005 年，作为马克思主义哲学的博士生，导师鲁品越教授认为，确定研究方向应遵循三个原则，一是该方向具有前瞻性和生命力；二是要体现出马克思主义不只是"认识世界"，更重要的是有利于"改造世界"；三是要根据自己已有的知识背景和研究能力。

何谓资源哲学？简言之，在生态危机、环境恶化的时代，人类不能用造成问题的思维去解决问题。我们应超越已有的视角，以资源为中介思考人与自然、人与社会以及人自身的诸多关系，从而尝试性地提出从根本上解决资源危机的路径，即开拓新的研究领域——资源哲学：哲学对于资源及其变迁的关注与追问，即追问何为资源，其出现、扩展的最一般的趋向，以及资源对于人的自由全面发展的定位。马克思以自然资源丰裕为前提，从人类劳动的共性中寻求人类的出路。运用马克思主义的观点和方法思考当下人类何去何从，是对马克思主义的继承与发展。已有的科学表明，自然资源有其存在的上限。对现有资源的利用无论多么高效，都不足以满足人类的各种需求，况且新资源的生成、维护与使用都需要消耗一定的既有资源。一旦获取的资源打破生态圈的平衡或破坏净化条件，带给人类的不是福祉而是灾难。因而，创造资源主要是使资源的获得与运行有利于维护人类的整体利益和长远利益，促进生态系统自身的良性循环——通过使用价值链与价值链的统一。这不仅使社会整体利益获得提升，摆脱生存发展困境，而且使社会主体力量得以确证，有利于人的自由全面发展。

在研究的过程中，我感到从哲学层面研究资源问题愈加重要亦愈加快乐。在贯彻落实"以人为本"科学发展观，构建社会主义和谐社会的时代，加快经济发展方式的转变，不仅需要增强自主创新能力，也需要关注民生，让广大人民群众享受到经济发展的成果。从资源哲学的视角分析这一时代需要，具有其它学科没有的优势，呈现出广阔的发展前景。因而，此拙著只是万里长征迈出的一小步。

学生的点滴进步和微小成果的取得，都离不开老师的辛勤劳动和汗水。感谢我博士生阶段的导师鲁品越教授。从选题、提纲的确立，到成文乃至出版，无不凝聚了鲁老师的大量心血。更为重要的是，鲁老师的为师之道、治学之态度无不在深深影响着我，感染着我。感谢我硕士生阶段的导师陈太福教授（已去世），是陈老师引领我走上学术道路，并告诫我"做学问首先要学会做人"。感谢在我求学路上教育、帮助过我的所有老师。

此书献给我的父母。父亲虽已去世，但他那淳朴的农民之爱，给了我无限温暖；母亲那苍老的脸庞，留下我成长的印痕。

此书献给我的夫人杨素梅。六年寒窗，她在完成繁重的工作之余，还要照看上学的儿子，经营着我们的小家庭。为了照顾我和儿子，跟随我来到南宁，放弃了原来的职业，克服诸多不便。没有她的奉献，我可能一事无成。

肖安宝

2010 年 11 月于广西大学